网页设计与制作
——Dreamweaver+Flash+Photoshop+HTML5+CSS3

慕课版

◎ **老虎工作室** 谭雪松 谭炜 雷洪芳 编著

U0340883

人民邮电出版社

北 京

图书在版编目（CIP）数据

网页设计与制作：Dreamweaver+Flash+Photoshop+HTML5+CSS3：慕课版 / 老虎工作室等编著. -- 北京：人民邮电出版社，2018.1（2021.3重印）
ISBN 978-7-115-45701-1

Ⅰ. ①网… Ⅱ. ①老… Ⅲ. ①网页制作工具 Ⅳ. ①TP393.092.2

中国版本图书馆CIP数据核字(2017)第103406号

内 容 提 要

本书是人邮学院慕课"网页设计与制作"的配套教程，共有 13 章，主要内容包括使用 Dreamweaver CC 添加基础页面元素和高级页面元素，Dreamweaver CC 中表格、站点和 IFrame 的应用，Dreamweaver CC 中 Div 和 CSS 的应用，Dreamweaver CC 中表单和行为的应用，Dreamweaver CC 中 HTML5 和 CSS3 的应用；使用 Flash CC 制作素材，使用 Flash CC 制作逐帧动画，使用 Flash CC 制作补间动画，使用 Flash CC 制作图层动画；使用 Photoshop CC 进行图像编辑与抠图，使用 Photoshop CC 进行图像调整与合成，使用 Photoshop CC 进行网站美工设计及后台修改。全书按照"边学边练"的理念设计框架结构，将理论知识与实践操作交叉融合，讲授 Dreamweaver CC、Flash CC 和 Photoshop CC 在网页制作中的基本技巧，注重实用性，以提高读者解决实际问题的能力。

本书可作为高等院校相关专业网页设计课程的教材，也适合入门级读者学习使用。

◆ 编　著　老虎工作室　谭雪松　谭　炜　雷洪芳
　责任编辑　税梦玲
　责任印制　陈　犇
◆ 人民邮电出版社出版发行　　北京市丰台区成寿寺路 11 号
　邮编 100164　电子邮件 315@ptpress.com.cn
　网址 http://www.ptpress.com.cn
　固安县铭成印刷有限公司印刷
◆ 开本：787×1092　1/16
　印张：24.25　　　　　　　2018 年 1 月第 1 版
　字数：594 千字　　　　　　2021 年 3 月河北第 4 次印刷

定价：59.80 元

读者服务热线：(010)81055256　印装质量热线：(010)81055316
反盗版热线：(010)81055315
广告经营许可证：京东市监广登字20170147号

前言　PREFACE

现代社会是信息化社会，网络知识已成为多类从业人员必备的知识之一。Internet 给我们今天的生活带来了很大的影响，随着时间的推移，还将产生更大的影响。随着各行各业以及家庭上网用户的急剧增加，越来越多的单位和个人更加重视网络这一特殊媒体，纷纷在网络上建立自己的网站、网页，因此，网页的设计与制作成为许多人渴望掌握的技能之一。

按照社会对各类人才网络知识和技能的需求，许多高等院校都开设了"网页设计与制作"课程。为了让读者能够快速且牢固地掌握网页设计与制作的方法和技巧，人民邮电出版社充分发挥在线教育方面的技术优势、内容优势、人才优势，潜心研究，为读者提供一种"纸质图书+在线课程"相配套、全方位学习网页设计与制作的解决方案，读者可根据个人需求，利用图书和人邮学院平台上的在线课程进行系统化、移动化的学习。

一、本书使用方法

本书可单独使用，也可与人邮学院中对应的慕课课程配合使用，为了读者更好地完成对网页设计与制作的学习，建议结合人邮学院的慕课课程进行学习。

人邮学院（见图1）是人民邮电出版社自主开发的在线教育慕课平台，它拥有优质、海量的课程，具有完备的在线"学习、笔记、讨论、测验"功能，提供完善的一站式学习服务，用户可以根据自身的学习程度，自主安排学习进度。

图 1　人邮学院首页

现将本书与人邮学院的配套使用方法介绍如下。

1. 读者购买本书后，刮开粘贴在图书封底的刮刮卡，获取激活码（见图2）。

2. 登录人邮学院网站（www.rymooc.com），或扫描封面上的二维码，使用手机号码完成网站注册（见图3）。

图 2　激活码

图 3　注册

3. 注册完成后，返回网站首页，单击页面右上角的"学习卡"选项（见图 4），进入"学习卡"页面（见图 5），输入激活码，即可获得慕课课程的学习权限。

图 4　单击"学习卡"选项　　　　　　　　　　　图 5　在"学习卡"页面输入激活码

4. 获取权限后，读者可随时随地使用计算机、平板电脑及手机进行学习，还能根据自身情况自主安排学习进度（见图 6）。

5. 读者在学习中遇到困难，可到讨论区提问，导师会及时答疑解惑，其他读者也可帮忙解答，互相交流学习心得（见图 7）。

6. 本书有配套的 PPT、源文件等资源，读者可在"网页设计与制作"页面底部找到相应的下载链接（见图8），也可以人邮教育社区（www.ryjiaoyu.com）下载。

图 6　课时列表　　　　　　图 7　讨论区　　　　　　　　图 8　配套资源

人邮学院平台的使用问题，可咨询在线客服，或致电 010-81055236。

二、本书特点

本书是基于目前高等院校开设相关课程的教学需求和社会上对网页设计与制作人才的需求而编写的。本书特点如下。

内容实用。本书按照"边学边练"的理念设计框架结构，精心选取目前最流行的 3 款网页制作软件——Dreamweaver CC、Flash CC、Photoshop CC 的基本功能，将知识点分成小的学习模块，各模块结构形式为"理论知识+上机练习"，适用于"边讲、边练、边学"的教学模式。

系统性强。本书从网页设计的入门基础知识开始，系统地介绍了网页设计、制作与发布的全过程，以及网站开发的基本知识。其中包括非可视化的网页编辑语言 HTML、构建网页基本结构的软件、图像处理软件、动态网页制作软件等。

互动学习。读者可在慕课平台上进行提问，通过交流互动，轻松学习。

编　者
2017 年 11 月

目 录

CONTENTS

CONTENTS

CONTENTS

CONTENTS

第1章
添加基础页面元素

如果想要让自己制作的网页功能更强大，内容更美观，那就需要学习 Dreamweaver，它是设计网页的首选工具。基础页面元素主要是指文本和图像元素，是人类表达感情、传递信息的重要表现形式。文本可使网页内容更加充实和丰满，图像可以提升网页的视觉感染力，是重要的交互式设计元素，两者共同组成页面的基础。本章将详细讲解使用 Dreamweaver CC 添加文本和图像的具体操作过程及相关知识。

学习目标

- 掌握网页设计的基础知识。
- 明确网页设计的一般流程。
- 掌握文本的添加和编排方法。
- 掌握图像的添加和编辑方法。

1.1 网页设计基础

网页虽然存在着各种各样的形式和内容，但构成网页的基本元素大体相同，主要包括标题、网站 Logo、导航栏、超链接、广告栏、文本、图片、动画、视频与音频等，如图 1-1 所示。网页设计就是要将这些元素进行有机整合，使整体达到和谐、美观的效果。

网页设计基础

图 1-1 网页的基本元素

1.1.1 网页设计的发展历史

自首个网站在 20 世纪 90 年代初诞生以来，设计师们开始尝试各种网页的视觉效果。早期的网页完全由文本构成，只有一些小图片和布局零散的标题与段落。随着时代的发展，表格布局走入大众的视线，接着出现了 Flash，最后才是如今基于 CSS 的网页设计。

1. 第一张网页

1991 年 8 月，Tim Berners-Lee 发布了首个网站，只包含了几个链接，且仅基于文本，结构极其简单。这个网站的原始网页的副本至今还在线，共有十几个链接，仿佛是在向人们传递着什么才是万维网，如图 1-2 所示。

2. 基于表格的网页设计

表格布局的使用让网页设计师制作网站时有了更大的选择空间。在 HTML 中，表格标签可以实现数据的有序排列，于是设计师们便充分利用这一优势构造他们设计的网页，让他们手上的"杰作"更加丰富精彩、引人注目。表格布局就这样流行了起来，再加上背景图片切片技术的配合参与，网页的整体结构变得充实而不繁冗，简洁而不单调，如图 1-3 所示。

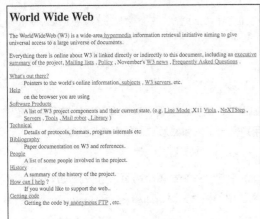

图 1-2　第 1 张网页

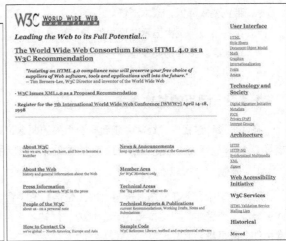

图 1-3　第 1 批应用表格布局设计的网页 W3C（1998）

3. 基于 Flash 的网页设计

　　Flash 开发于 1996 年，起初只有非常基本的工具与时间线，现在已经发展成能提供开发整套网站功能的强大工具。早期的 HTML 要实现复杂的设计，往往需要大量的表格结构和图像占位符。而 Flash 则能够实现快速地创建复杂、互动性强并且拥有动画元素的网站，并且 Flash 的影片体积小巧，在线应用的可行性更强，如图 1-4 所示。

4. 基于 CSS 的网页设计

　　21 世纪初，CSS 设计开始受到关注。与表格布局以及 Flash 网页相比，CSS 能将网页的内容与样式相分离，从而实现了表格与结构的分离，也就是现在网页设计的 Web 标准，如图 1-5 所示。它具有以下优点。

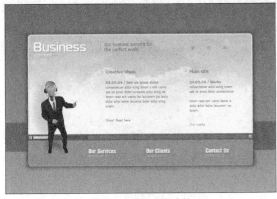

图 1-4　Flash 网站全站

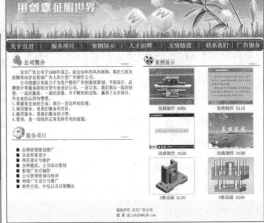

图 1-5　DIV+CSS 布局的网页

- 具有更少的代码和组件，更容易维护。
- 更便于搜索引擎的搜寻。
- 改版方便，不需要变动页面内容。

- 带宽要求降低，成本降低。
- 文件下载与页面显示速度更快。
- 能兼容更多的访问设备（包括手持设备、打印机等）。
- 用户能够通过样式选择个性化定制表现界面。

1.1.2 网页的基本概念

在网页设计过程中，经常会碰到一些相关的概念，如网站、网页、主页、静态网页、动态网页和超链接等。这些概念对于制作网页来说是非常重要的，所以用户需要了解和熟悉它们的概念和用途。

1. 网站

网站是一个存放在网络服务器上的完整信息的集合体。它包含一个或多个网页，这些网页以一定的形式连接成一个整体，如图 1-6 所示。此外，网站还包含网页中的相关素材，如图片、动画等。一个网站通常由许多网页集合而成。

图 1-6　清华大学的网站

2. 网页

简单地说，用户通过浏览器看到的任何一个画面都是网页，网页从本质上讲是一个 HTML 文件，而浏览器正是用来解读这种文件的工具。网页里面可以有文字、表格、图片、声音、视频和动画等，如图 1-7 所示。

3. 主页

主页也可以称之为首页。它既是一个单独的网页，又是一个特殊的网页，作为整个网站的起始点和汇总点，是浏览者浏览某个网站的入口，如图 1-8 所示。

4. 静态网页

静态网页是指该用户不论在何时何地浏览网页，该网页所呈现的画面和内容都是不变的。这类网页仅供浏览，不能传达信息给网站以让网站做出响应。如果需要更改网页内容就必须修改源代码，然后再上传到服务器上，如图 1-9 所示。

5. 动态网页

动态网页是指网页能够按照用户的操作做出动态响应，如网页上常见的留言板、论坛等。动态网页能根据不同时间访问的来访者显示不同的内容。动态网站的更新十分方便，一般在后台可以直接更新，如图 1-10 所示。

图 1-7　四川人事考试网主页

图 1-8　人民邮电出版社的主页

图 1-9　静态网页

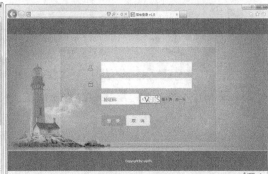

图 1-10　动态网页

6. 超链接

超链接是指从一个网页指向一个目标的连接关系，该目标可以是另一个网页，也可以是相同网页上的不同位置，还可以是一幅图片、一个电子邮件地址、一个文件，甚至是一个应用程序。而在网页中充当超链接的对象可以是一段文本也可以是一幅图片。各个网页链接在一起就构成一个网站。当浏览者单击已经创建链接的文字或图片后，链接目标将显示在浏览器上，并且根据目标的类型来打开或运行。超链接效果如图 1-11 所示。

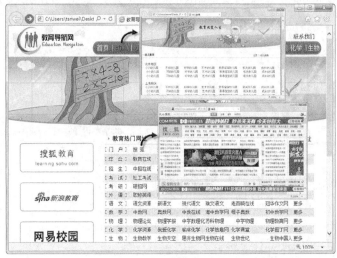

图 1-11　超链接效果

1.1.3 网页设计的基本流程

制作网页是一个比较复杂的过程，一个完整的网页制作过程有以下几个阶段。

1. 分析阶段

分析阶段是指根据用户或设计者的需要来确定 Web 站点的目标和类别。在设计之前要确定网站的类别，例如，有的网站设计是为了更好地宣传公司以提高公司的形象，有的是为了树立政府部门的形象，还有的是为了体现私人个性化。不同类型网站的要求、颜色等都不一样，如图 1-12 所示。在设计网页时，要针对不同的类别明确网站制作的定位方向，设计出适合用户需要的站点。

个人型网站类型　　　　　　　　　　　　　公司型网站类型

图 1-12　不同类型的网页

2. 设计阶段

设计阶段是指根据站点的目标整理出站点的内容框架以及逻辑结构图。目标确定后，先把目标细化，并初步收集整理出站点目标所需要包含的内容，形成站点设计的需求纲要，然后画出站点的结构图。图 1-13 所示为个人网站功能结构简图。

图 1-13　个人网站功能结构图

3. 实现阶段

实现阶段是指使用网页制作工具完成页面的制作。在网页的制作过程中，设计人员会使用到许多工具，如 Dreamweaver、Fireworks、Flash、Photoshop、Imageready 等。图 1-14 所示为使用 Dreamweaver CC 进行界面布局的效果。

图 1-14　使用 Dreamweaver 进行界面布局

4. 测试阶段

测试阶段是指使用浏览器测试网页的效果和正确性。网页制作完毕后，需要在浏览器中进行网页测试，看看制作的网页效果如何以及是否能在浏览器中正确显示，如图 1-15 所示。

图 1-15 测试阶段

5. 维护阶段

维护阶段是指把经过测试后准确无误的网页上传并发布到 Internet 上。为了让网页吸引更多浏览者的眼球，网页需要时常更新，还要对其进行定期的维护和修改。

1.2 认识 HTML

超文本标记语言（Hyper Text Mark-up Language，HTML）是一个纯文本文件，用户可以采用任何一个文本编辑器进行编写，然后通过浏览器解释执行。网页上的文字、图像和动画都是通过 HTML 表现出来的。HTML 文件的扩展名是.html 或.htm。

认识 HTML

1.2.1 HTML 的基本概念

一般的 HTML 由标签（Tag）、代码（Code）和注释（Comment）组成。HTML 标签的基本格式如下。

```
<标签>页面内容</标签>
```

1. HTML 文档特征

HTML 文档具有以下基本特征。

（1）标签都用"<"和">"框起来。

（2）标签一般情况下是成对出现的，结束标签比起始标签多一个"/"。如"<html>"和"</html>"，第一个叫开始标签，第二个叫结束标签。

（3）标签可以嵌套，但是先后顺序必须保持一致。例如：

```
<body>
这是我的<strong>第一个</strong>网页。
</body>
```

2. HTML 文档格式

一个完整的 HTML 文件包括标题、段落、列表、表格以及各种嵌入对象，这些对象统称为 HTML 元素。HTML 使用标签来分割和描述这些元素。HTML 文件就是由各种 HTML 标签和元素组成的。

```
<html> /*文件开始*/
<head> /*标头区开始*/
<title>My_Web</title> /*标题区*/
</head> /*标头区结束*/
<body> /*正方区开始*/
<p>我的第一个网页</p>/*正文部分*/
</body> /*正方区结束*/
</html> /*文件结束*/
```

 要点提示

通常，一份 HTML 网页文件包含两个部分：<head>…</head> 标头区，是用来记录文件基本信息的，如作者、编写时间；<body>…</body>本文区，即文件资料，指在浏览器上看到的网站内容。而<html>和</html>则代表网页文件格式。

运行记事本并将上述代码复制到记事本中，如图 1–16 所示，然后将其保存为名为"index.html"的 HTML 文件，在浏览器中打开的效果如图 1–17 所示。

图 1–16 用记事本电脑编写代码

图 1–17 用 HTML 语言编写的网页

1.2.2 常用 HTML 的标签

HTML 语言中涉及的标签种类很多。下面重点介绍几个常用标签，便于让读者能快速入门 HTML。

认识 HTML（操作实例）

1. 文本

在 HTML 中，文本标签为<font>，与之对应常用的属性有 color（定义字体的颜色）、size（定义文字的大小）和 face（定义文字的字体）等，使用方法如下。

```
<html>
<head>
<meta http-equiv="Content-Type" content="text/html; charset=utf-8" />
<title>文本标签案例</title>
</head>
<body>
<font color="#FF0000" size="5" face="宋体">字体颜色为：红色；文字大小为：5；字体为：宋体</font>
</body>
</html>
```

上述代码在 IE 中预览的效果如图 1-18 所示。

2. 标题

标题标签可以区分文章段落，使页面呈现出丰富的层次感。标题标签有 6 个级别，从<h1>到<h6>。
<h1>为一级标题，<h6>为六级标题，强调方式依次减弱，使用方法如下。

```
<html>
<head>
<meta http-equiv="Content-Type" content="text/html; charset=utf-8" />
<title>标题标签案例</title>
</head>
<body>
<h1>1 级标题</h1>
<h2>2 级标题</h2>
<h3>3 级标题</h3>
<h4>4 级标题</h4>
<h5>5 级标题</h5>
<h6>6 级标题</h6>
</body>
</html>
```

上述代码在 IE 中预览的效果如图 1-19 所示。

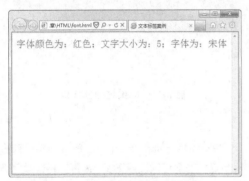

图 1-18　文本标签的使用案例

图 1-19　标题标签的使用案例

3. 图像

在 HTML 中，图像是由<img>标签定义的。该标签用于插入图像。常用的属性有 src（定义图像所在的
地点和文档名称）、alt（设置替换文本）、aling（设置对齐方式）、width（定义图像的宽）和 height（定义
图像的高）等。

```
<html>
<head>
<meta http-equiv="Content-Type" content="text/html; charset=utf-8" />
<title>图像标签案例</title>
</head>
<body>
<center>
<img src="images/08.gif" alt="building" width="600" height="300" align="middle">
</center>
</body>
</html>
```

上述代码在 IE 中预览的效果如图 1-20 所示。

4. 链接

链接是非常重要的标签。在 HTML 中，锚标签<a>用来定义链接。常用的属性有 target（定义打开链接地址的方式）、href（定义链接到的地址）等。

```
<html>
<head>
<meta http-equiv="Content-Type" content="text/html; charset=utf-8" />
<title>链接标签案例</title>
</head>
<body>
<a href="#" target="_blank">空链接的文字</a>
</body>
</html>
```

上述代码在 IE 中预览的效果如图 1-21 所示。

图 1-20　图像标签的使用案例　　　　　　　　　图 1-21　链接标签的使用案例

5. 表格

在 HTML 中，<table>标签用来定义表格。一个表格使用<tr>标签划分为若干行，使用<td>标签将每一行划分为若干单元格。表格的<table>、<tr>、<th>、<td>等标签都可以设置宽度、高度、背景颜色等多种属性，<border>可以定义表格边框的宽度大小。

```
<html>
<head>
<meta http-equiv="Content-Type" content="text/html; charset=utf-8" />
<title>表格标签案例</title>
</head>
<body>
<table width="650" border="1">
 <tr>
<th colspan="3" height="30">第 1 个表格</th>
 </tr>
 <tr>
<td width="200">单元格 1</td>
    <td width="200">单元格 2</td>
    <td width="200">单元格 3</td>
 </tr>
</table>
</body>
```

```
</html>
```

上述代码在 IE 中预览的效果如图 1-22 所示。

图 1-22　表格标签的使用案例

1.3　Dreamweaver CC 网页设计基础

Dreamweaver 与 Flash、Fireworks，统称为网页制作三剑客。这 3 款软件相辅相成，是制作网页的最佳选择。Dreamweaver CC 是设计 Web 站点和应用程序的专业工具，它将可视布局工具、应用程序开发功能和代码编辑支持组合在一起，其功能强大，便于让各个技术水平层次的开发人员和设计人员都能够快速创建出引人入胜的标准网站和应用程序。

1.3.1　Dreamweaver CC 的操作基础

工欲善其事，必先利其器，下面先认识一下 Dreamweaver 的发展史及其工作界面。

Dreamweaver CC
软件介绍

1. Dreamweaver 发展简介

Dreamweaver 是集网页制作和网站管理于一身的所见即所得网页编辑器，它是第一套针对专业网页设计师专门开发的视觉化网页开发工具。利用它可以轻而易举地制作出超越平台浏览器限制的网页。它先后开发了 Dreamweaver 4.0、Dreamweaver MX、Dreamweaver MX 2004、Dreamweaver 8.0、Dreamweaver CS3、Dreamweaver CS4、Dreamweaver CS5 和 Dreamweaver CC 几个版本。图 1-23 所示为 Dreamweaver 4.0 版本的操作界面。

图 1-23　Dreamweaver 4.0 的操作界面

2. Dreamweaver CC 界面介绍

（1）起始界面

启动 Dreamweaver CC 软件，即可进入起始界面，如图 1-24 所示。

文档操作

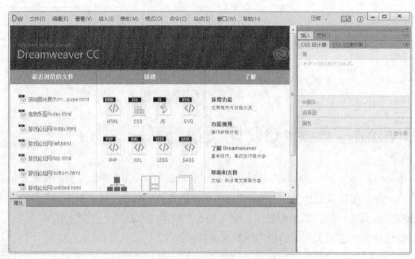

图 1-24　Dreamweaver CC 起始界面

其中包括 3 个主要板块。

- 【最近浏览的文件】：快速打开最近一段时间使用过的文件。
- 【新建】：新创建 Dreamweaver 文档。
- 【了解】：了解 Dreamweaver 的功能。

（2）操作界面

选择图 1-24 中【新建】模块的 选项，新建一个空白的 HMTL 文档，如图 1-25 所示。此操作界面
包括菜单栏、文档工具栏、插入面板、编辑区及【属性】面板等。

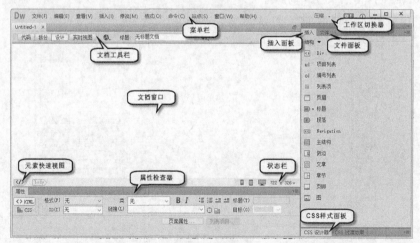

图 1-25　操作界面

Dreamweaver CC 的界面比较人性化，它提供了两个可供用户选择的界面方案，此外还有自定义选择界面。单击图 1-25 中的工作区切换器即可选择界面方案，如图 1-26 所示。

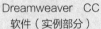
Dreamweaver CC 软件（实例部分）

图 1-26 界面方案

1.3.2 典型实例——设计"公司宣传"主页

为了让读者熟悉 Dreamweaver 的基本操作，了解使用 Dreamweaver 设计网页的一般过程，下面将以设计"公司宣传"主页为例进行讲解。设计效果如图 1-27 所示。

图 1-27 设计"公司宣传"主页

1. 创建站点

STEP 01 在计算机 E 盘上新建一个名为"my_web"的文件夹，然后将素材文件"素材\第 1 章\公司宣传"中的"images"文件夹复制到新建的文件夹中，如图 1-28 所示。

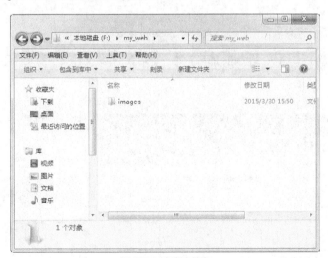
图 1-28 复制文件夹

STEP 02 运行 Dreamweaver CC，进入【起始页】面板，如图 1-29 所示。

STEP 03 选择菜单命令【站点】/【新建站点】，弹出【站点设置对象】对话框，设置【站点名称】为"MyWeb"、【本地站点文件夹】为"E:\my_web\"，如图 1-30 所示。

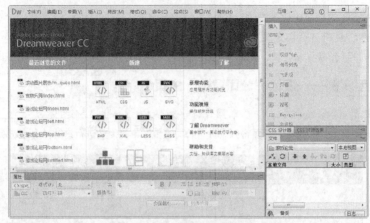

图 1-29　【起始页】面板

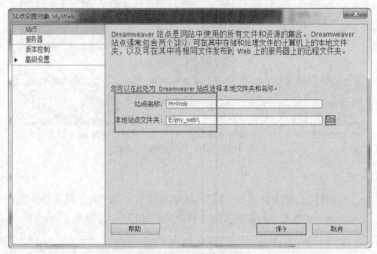

图 1-30　设置站点参数

STEP 单击 保存 按钮，即可新建一个站点，并将文件夹中的文件导入系统中，如图 1-31 所示。

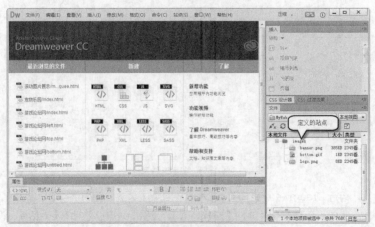

图 1-31　完成站点创建

2. 创建文档

STEP 1 在起始页面板上单击  按钮，即可创建一个空白的 HTML 文档，如图 1-32 所示。

图 1-32 创建空白文档

STEP 2 选择菜单命令【文件】/【保存】，打开【另存为】对话框，设置【文件名】为 "index.html"，如图 1-33 所示。文档会默认保存在站点目录下面。

STEP 3 单击 保存(S) 按钮，将空白文档进行保存，并返回文档。该文档已经添加到站点中，如图 1-34 所示。

图 1-33 保存文档

图 1-34 完成文档创建

3. 设置页面属性

STEP 1 选择菜单命令【修改】/【页面属性】，打开【页面属性】对话框，如图 1-35 所示。

STEP 2 选择【外观（CSS）】选项，在【外观（CSS）】面板中设置【页面字体】为【Segoe，Segoe UI，DejaVu Sans，Trebuchet MS，Verdana，sans-serif】、【大小】为 "18px"、【文本颜色】为 "#FFF"、【左边距】为 "0"、【右边距】为 "0"、【上边距】为 "0"、【下边距】为 "0"，如图 1-36 所示。

图 1-35 【页面属性】对话框　　　　　　　　　　图 1-36 设置字体各项属性和边距参数

STEP 3 选择【链接（CSS）】选项，在【链接（CSS）】面板中设置【链接颜色】为"#FFF"、【已访问链接】为"#F00"、【下画线样式】为【始终无下画线】，如图 1-37 所示。

STEP 4 选择【标题/编码】选项，在【标题/编码】面板中设置【标题】为"公司宣传"，【编码】为"Unicode（UTF-8）"，如图 1-38 所示。

图 1-37 设置超链接属性　　　　　　　　　　图 1-38 设置【标题/编码】选项

STEP 5 单击 确定 按钮，完成设置。

4. 布局网页

STEP 1 选择菜单命令【插入】/【表格】，打开【表格】对话框，参数设置如图 1-39 所示。

STEP 2 单击 确定 按钮，即可插入一个 3 行 1 列的表格，如图 1-40 所示。

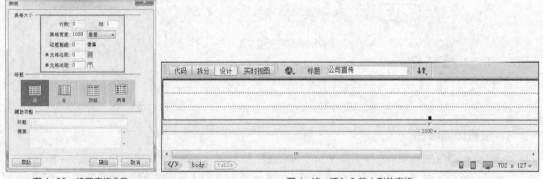

图 1-39 设置表格参数　　　　　　　　　　图 1-40 插入 3 行 1 列的表格

STEP 3 将光标置于第 1 行的单元格中，在【属性】面板中设置【水平】为【左对齐】、【垂直】为【居中】、【高】为"80"、【背景颜色】为"#000000"，如图 1-41 所示。

图 1-41　设置第 1 行单元格的属性

STEP 4 将光标置于第 2 行的单元格中，在【属性】面板中设置【高】为"478"，如图 1-42 所示。

图 1-42　设置第 2 行单元格的属性

STEP 5 将光标置于第 3 行的单元格中，在【属性】面板中设置【水平】为【右对齐】、【垂直】为【居中】、【高】为"31"，如图 1-43 所示。

图 1-43　设置第 3 行单元格的属性

5. 添加内容

STEP 1 将光标置于第 1 行单元格中，选择菜单命令【插入】/【图像】/【图像】，打开【选择图像源文件】对话框，选择"images"文件夹中的"logo.png"图像文件，如图 1-44 所示。

STEP 2 单击 确定 按钮，即可完成图片的插入，如图 1-45 所示。

图 1-44　选择要插入的图像文件

图 1-45　插入图片

STEP 3 在【属性】面板中设置【替换】文本为"蓝鹰公司"，如图 1-46 所示。

图 1-46　设置替换文本

STEP 4 在图像上单击鼠标右键，在弹出的快捷菜单中选择【对齐】/【绝对中间】命令，如图 1-47 所示。

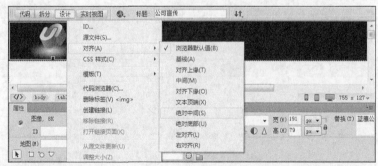

图 1-47　设置图像属性

STEP 5 将光标置于图像之后，输入文本"关于公司|新闻中心|公司产品|公司服务|人才招聘"，如图 1-48 所示。

图 1-48　输入文本

STEP **6** 在文本与竖线之间按 Ctrl + Shift + Space 组合键即可插入不换行空格，最终调整效果如图 1-49 所示。

图 1-49　调整文字与竖线之间的间距

STEP **7** 将光标置于第 2 行单元格中，选择菜单命令【插入】/【图像】/【图像】，将 "images" 文件夹中的 "banner.png" 图像文件插入到单元格中，如图 1-50 所示。

图 1-50　在第 2 行单元格中插入图像

STEP **8** 单击选中图像，在【属性】面板中设置【宽】为 "1000"，如图 1-51 所示。

图 1-51　设置图像宽度

STEP **9** 将光标置于第 3 行单元格中，在标签选择器中的 "<tr>" 代码上单击鼠标右键，在弹出的快捷菜单中选择【Quick Tag Editor…】命令，打开【编辑标签】面板，输入代码 "background="images/bottom.gif""，如图 1-52 所示。

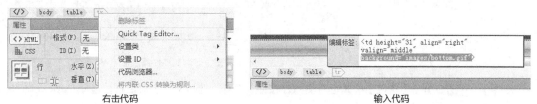

右击代码　　　　　　　　　　　　　　　　　输入代码

图 1-52　设置第 3 行单元格中的背景图像

STEP **10** 单击其他位置，即可关闭【编辑标签】面板，如图 1-53 所示，这时第 3 行单元格中已经添加了背景图像。

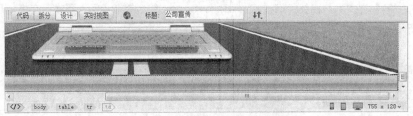

图 1-53　为第 3 行单元格插入背景图像

STEP 11　在第 3 行单元格中输入文本"批评建议 联系我们"，并调整文本间距如图 1-54 所示。

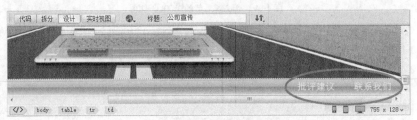

图 1-54　输入并调整文本间距

STEP 12　按 Ctrl+S 组合键保存文档，案例制作完成，按 F12 键预览设计效果，如图 1-27 所示。

6．设置超链接

STEP 1　在右边的【文件】面板的空白处单击鼠标右键，在弹出的快捷菜单中选择【新建文件】命令，创建一个新文件，并设置文件名为"about.html"，如图 1-55 所示。

 要点提示

如果需要对文件进行重新命名，可在【文件】面板中单击文件名，然后输入新的文件名称，修改过程中注意文件名的后缀。

STEP 2　返回网页设计界面，选中文本"关于公司"，在【属性】面板上单击 <> HTML 按钮切换至 HTML 属性面板，如图 1-56 所示。

图 1-55　新建文件

图 1-56　HTML 属性面板

STEP 3　单击【链接】文本框右侧的 按钮，打开【选择文件】对话框，选择"about.html"文件，如图 1-57 所示。

STEP 4　单击 确定 按钮，返回【属性】面板，【链接】文本框中出现刚才选择的文档名称，然后在【目标】下拉列表中选择【_blank】选项，如图 1-58 所示。

图 1-57　选择要链接的文件

图 1-58　设置打开方式

STEP 5　选中文本"新闻中心"，在 HTML 属性面板中设置【链接】为"#"，为选中的文本创建空链接，如图 1-59 所示。

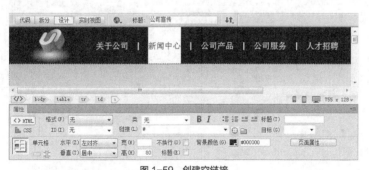

图 1-59　创建空链接

STEP 6　用同样的方法分别对"公司产品""公司服务""人才招聘"创建空链接，如图 1-60 所示。

图 1-60　为其他文本创建空链接

STEP 7 按 Ctrl+S 组合键保存文档，案例制作完成，按 F12 键预览设计效果。

1.4 添加网页文本

文本数据在网络上传输速度较快，用户可以很方便地浏览和下载，它已经成为网页主要的信息载体，而且严谨有序、清晰详尽的文本更能增强网页的视觉冲击效果，因此文本处理是迈开设计精美网站的第一步。

添加网页文本

1.4.1 文本的添加和编排方法

在 Dreamweaver CC 中添加文本主要是指添加文字、水平线、特殊字符和日期等元素；编排主要是指设置字体、颜色、段落、对齐方式及创建列表等。下面将以设计"英语一角"网页为例来介绍在 Dreamweaver CC 中添加和编排文本的具体操作。最终设计效果如图 1-61 所示。

图 1-61 设计"英语一角"网页

1. 插入文本

在使用 Dreamweaver CC 插入文本时，一些字段数较少的文本，如标题、栏目名称等可在文档窗口中直接输入；而字段数较多的段落文本则可以从其他文档中复制粘贴；整篇文章或表格可以直接导入 Word、Excel 文档。

（1）直接添加文本

STEP 1 运行 Dreamweaver CC 软件，打开素材文件"素材\第 1 章\英语一角\index.html"，如图 1-62 所示。

图 1-62　打开素材文件

STEP 02 将光标置于"英语故事专栏"下方的单元格中，然后输入文本"The Charcoal-Burner and the Fuller"，如图 1-63 所示。

图 1-63　输入文本

（2）复制粘贴文本

STEP 01 打开素材文件"素材\第 1 章\英语一角\英语故事\不同类的人难相处.doc"，并复制文档中的所有文本，如图 1-64 所示。

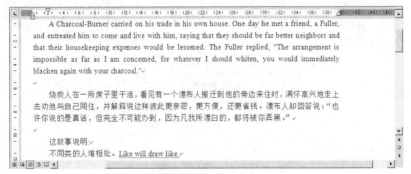

图 1-64　复制文档内容

STEP 02 返回 Dreamweaver，在文本"The Charcoal-Burner and the Fuller"后按 Enter 键，创建一个新的段落，如图 1-65 所示。

图 1-65　创建一个新的段落

STEP ⚑3 选择菜单命令【编辑】/【选择性粘贴】，弹出【选择性粘贴】对话框，然后选择【仅文本】单选项，如图 1-66 所示。

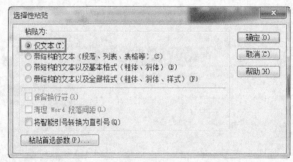

图 1-66　设置【选择性粘贴】对话框

STEP ⚑4 单击 确定(0) 按钮完成粘贴，效果如图 1-67 所示。保留 Word 中的文字内容即可，原有的格式设置可以取消。

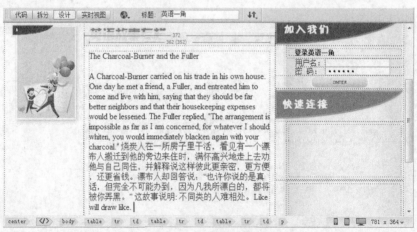

图 1-67　选择性粘贴效果

要点提示

Dreamweaver CC 软件支持 4 种粘贴方式，其对应的功能如表 1-1 所示。

表1-1　4 种粘贴方式及其所对应的功能

粘贴方式	功能
仅文本	粘贴无格式文本。如果原始文本带有格式，则所有格式设置（包括分行和段落）都将被删除
带结构的文本	粘贴文本并保留结构，但不保留基本格式设置。例如，用户可以粘贴文本并保留段落、列表和表格的结构，但是不保留粗体、斜体和其他格式设置
带结构的文本以及基本格式	可以粘贴结构化并带简单 HTML 格式的文本（例如，段落和表格以及带有 b、i、u、strong、em、hr、abbr 或 acronym 标签的格式化文本）
带结构的文本以及全部格式	可以粘贴文本并保留所有结构、HTML 格式设置和 CSS 样式

STEP 5 将光标置于文本 "A Charcoal-Burner carried on his trade in his own house." 前面，然后连续按下 Ctrl+Shift+Space 组合键，插入多个不换行空格使正文缩进，如图 1-68 所示。

图 1-68　插入不换行空格

STEP 6 将光标置于文本 "烧炭人在一所房子里干活" 前面，按 Enter 键创建一个新段落，并插入不换行空格，效果如图 1-69 所示。

STEP 7 用同样的方法编排最后两句话，效果如图 1-70 所示。

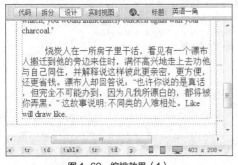
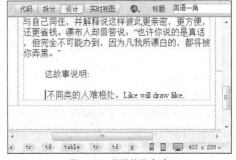

图 1-69　编排效果（1）　　　　　　　　　　图 1-70　编排效果（2）

2. 设置文本格式

设置文本格式有两种方法：第 1 种是使用 HTML 标签格式化文本，第 2 种是使用层叠样式表（CSS）设置。在 Dreamweaver CC 软件中默认使用的是 CSS 而不是 HTML 标签指定页面属性，因为通过 CSS 事先定义好的文本样式，在改变 CSS 样式表时，所有应用该样式的文本都将自动更新。

CSS 不但能够精确地定位字体的大小，还具备让字体在多个浏览器中呈现一致性等诸多优点，这些在后面的章节将详细介绍。这里主要介绍使用【属性】面板新建 CSS 规则来设置文本属性的基本操作。使用【属性】面板可以方便快捷地设置字体的类型、格式、大小、对齐及颜色等，具体参数如图 1-71 所示。

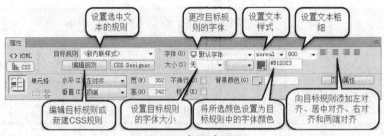

图 1-71 【属性】面板

STEP 1 选中文本 "The Charcoal-Burner and the Fuller"，在文本上单击鼠标右键，在弹出的快捷菜单中依次选择【CSS 样式】/【新建】命令，弹出【新建 CSS 规则】对话框，设置【选择器名称】为 "Title_01"，如图 1-72 所示。

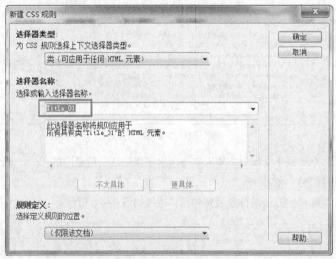

图 1-72 【新建 CSS 规则】对话框

要点提示

CSS 可创建类和标签来定义规则，本操作创建的是类，类的名称可以是任何字母和数字组合，但必须以句点开头（例如 ".myhead1"）。如果用户没有输入开头的句点，则 Dreamweaver 将自动为用户输入。

STEP 2 单击 确定 按钮，出现 CSS 规则定义对话框，此处也可以定义一些样式规则，这里无需更改任何设置，如图 1-73 所示。

STEP 3 单击 确定 按钮，返回 CSS 属性面板，选中文本 "The Charcoal-Burner and the Fuller"，在【属性】面板上单击 CSS 按钮，切换至 CSS 属性面板，如图 1-74 所示。

图 1-73　CSS 规则定义对话框

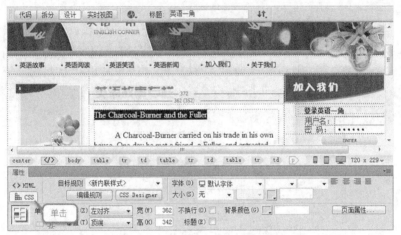

图 1-74　选中文本并打开 CSS 属性面板

STEP 04 在【目标规则】下拉列表中选择【.Title_01】选项，在【字体】下拉列表选择【Gotham，Helvetica Neue，Helvetica，Arial，sans-serif】选项，如图 1-75 所示。

图 1-75　设置字体和规则

要点提示

如果在网页中使用特殊的字体，而访问者的计算机没有安装这种特殊字体，则无法正常浏览网页。建议访问者最好将特殊的文字做成图片插入网页中，这样就可避免发生上述情况。

STEP 05 在 CSS 属性面板中设置【大小】为 "16px"，【颜色】为 "#C00"，在【文本粗细】下拉列表中选择【bold】选项，并单击 （左对齐）按钮，如图 1-76 所示。

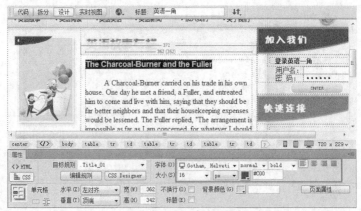

图 1-76　设置文本其他属性

要点提示

当在【字体】下拉列表中没有找到所需字体时，可添加新的字体。具体操作如下：①在【字体】下拉列表中选择【管理字体】选项，打开【管理字体】对话框，进入【自定义字体堆栈】选项卡；②在【可用字体】列表框中选择要添加的字体，然后单击 << 按钮，将选中的字体添加到【选择的字体】列表框中；③单击 完成 按钮，即可将新的字体添加到字体列表中，图 1-77 所示为添加"宋体"字体的操作示意图。

图 1-77　添加"宋体"字体

3. 添加列表

列表可使网页内容分级显示，不仅可以使侧重点一目了然，而且可使内容更有条理性。通过 Dreamweaver CC 可创建项目列表、编号列表和自定义列表 3 种，如图 1-78 所示。下面具体介绍创建列表的操作。

· 英语故事	1. 英语故事	⯈ 英语故事
· 英语阅读	2. 英语阅读	⯈ 英语阅读
· 英语笑话	3. 英语笑话	⯈ 英语笑话
· 英语新闻	4. 英语新闻	⯈ 英语新闻
· 英语听说	5. 英语听说	⯈ 英语听说
项目列表	编号列表	自定义列表

图 1-78　3 种列表形式

（1）创建列表。创建列表有两种方式：一种是创建新列表；另一种是使用现有的文本创建列表。

STEP 1 在"快速连接"模块的第 1 个单元格内输入文本"英语故事"，然后按 Enter 键创建一个新的段落，并输入文本"三个懒虫比懒"，如图 1-79 所示。

STEP 2 选中文本"三个懒虫比懒"，选择菜单命令【格式】/【列表】/【编号列表】，即可将"三个懒虫比懒"文本转换为编号列表，如图 1-80 所示。

STEP 3 在文本"三个懒虫比懒"后面按 Enter 键，即可创建新的编号，并输入文本"驴与卖驴的人"，用同样的方法创建编号 3。最终结果如图 1-81 所示。

图 1-79　输入文本

图 1-80　创建编号 1

图 1-81　创建编号 2 和 3

STEP 4 在第 2 个单元格中输入图 1-82 所示的文本。

STEP 5 选中后面的 3 段文字，在【属性】面板上单击 <> HTML 按钮，切换至 HTML 属性面板，然后单击 ☱（编号列表）按钮，即可将选中的文本直接转换为编号列表，如图 1-83 所示。

图 1-82　输入文本

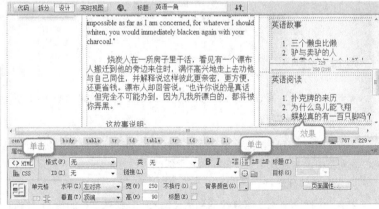

图 1-83　通过【属性】面板创建列表

STEP 6 用同样的方法，创建列表 3，如图 1-84 所示。

（2）依次选中"英语故事""英语阅读"和"英语笑话"，设置 HTML 属性面板的【类】为【Title_01】，如图 1-85 所示。

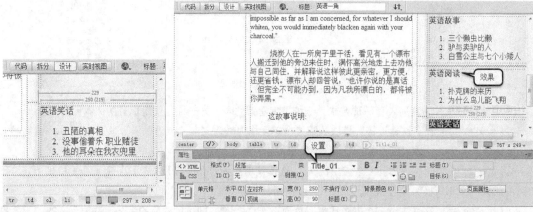

图 1-84　创建列表 3　　　　　　　　　　　　图 1-85　对标题设置格式

要点提示

此时使用的"Title_01"类是前面制作英文标题使用的类。在 Dreamweaver CC 中，类是可以重复使用的。

（3）设置列表属性。通过设置列表属性，可以改变列表的类型及样式，从而适应不同类型的网页需求。

STEP 1 选中列表 3 中的编号内容，选择菜单命令【格式】/【列表】/【属性】，弹出【列表属性】对话框，如图 1-86 所示。

STEP 2 设置【样式】为【大写字母（A，B，C...）】，如图 1-87 所示。

图 1-86　【列表属性】对话框　　　　　　　　图 1-87　设置列表的属性

STEP 3 单击 确定 按钮，完成设置，效果如图 1-88 所示。

4. 插入其他元素

网页文本不只包括文字，还包括水平线、特殊字符和日期等其他元素。下面将介绍使用 Dreamweaver CC 向网页中添加特殊字符、日期和水平线的操作方法。

（1）创建特殊字符

在制作网页的时候，经常会遇到需要输入一些特殊字符的情况，例如，版权符号"©"、注册商标"®"和货币"￥"等。选择菜单命令【插入】/【字符】，可查看 Dreamweaver CC 提供的特殊字符，如图 1-89 所示。

STEP 1 将光标置于页脚表格的第 1 个单元格中，输入文本"Copyright"，如图 1-90 所示。

STEP 2 选择菜单命令【插入】/【字符】/【版权】，插入版权符号"©"，如图 1-91 所示。

图 1-88　修改后的列表效果

图 1-89　主要的特殊字符

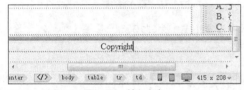

图 1-90　输入文本

图 1-91　插入版权符号

（2）创建日期

在网页中经常需要插入日期，如网页的更新日期、文章的上传日期等。在 Dreamweaver CC 中可以快捷地插入当前文档的编辑日期。

STEP 1 将光标置于版权符号后面，选择菜单命令【插入】/【日期】，弹出【插入日期】对话框，如图 1-92 所示。

STEP 2 在对话框中，设置【星期格式】为【不要星期】、【日期格式】为【1974-03-07】、【时间格式】为【10:18 PM】，并选择【储存时自动更新】复选项，如图 1-93 所示。

图 1-92　【插入日期】对话框

图 1-93　设置日期格式

STEP 3 单击 确定 按钮，即可将日期插入到文档中，如图 1-94 所示。

STEP 4 在日期之后输入文本"tanv All Rights Reserved."，如图 1-95 所示。

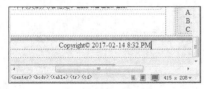

图 1-94　插入日期

图 1-95　输入文本

 要点提示

选中日期，单击【属性】面板上的 编辑日期格式 按钮，打开【插入日期】对话框，可重新对日期格式进行编辑，如图 1-96 所示。

（3）插入水平线

在内容较复杂的文档中适当地插入水平线，既使得文档变得层次分明、阅读便利，又可以使得版面更加美观大方。

STEP  将光标置于页脚的最后一个单元格中，选择菜单命令【插入】/【水平线】，即可在光标处插入一条水平线，如图 1-97 所示。

图 1-96 【属性】面板　　　　　　　　　　　　　图 1-97　插入水平线

STEP  选中插入的水平线，在【属性】面板中设置【宽】为 "100%"、【高】为 "2"，设计效果如图 1-98 所示。

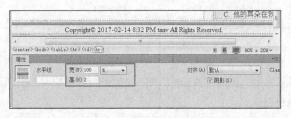

图 1-98　修改线条属性

STEP 按快捷键 Ctrl + S 保存文档，案例制作完成，按 F12 键预览设计效果。

1.4.2　典型实例——设计"公司简介"网页

为了帮助用户巩固 Dreamweaver CC 软件添加和编排文本的相关知识，熟练掌握其操作方法，下面将以设计"公司简介"网页为例讲解添加和编排文本的操作方法。设计效果如图 1-99 所示。

添加网页文本（操作实例）

图 1-99　设计"公司简介"网页

1. 设置页面属性

STEP 1 运行 Dreamweaver CC 软件，打开素材文件"素材\第 1 章\公司简介\index.html"，如图 1-100 所示。

图 1-100 打开素材文件

STEP 2 选择菜单命令【修改】/【页面属性】，打开【页面属性】对话框，如图 1-101 所示。

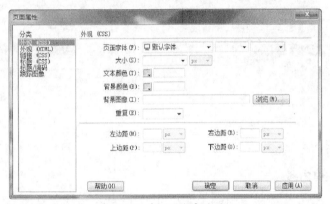

图 1-101 【页面属性】对话框

STEP 3 在【分类】列表框中选择【外观（CSS）】选项，在【外观（CSS）】面板中设置【页面字体】为【Lucida Grande, Lucida Sans Unicode, Lucida Sans, DejaVu Sans, Verdana, sans-serif】，【大小】为"14px"、【背景颜色】为"#999"，如图 1-102 所示。

STEP 4 在【分类】列表框中选择【标题/编码】选项，在【标题/编码】面板中设置【标题】为"公司简介"、【编码】为"Unicode（UTF-8）"，如图 1-103 所示。

图 1-102 设置字体属性

图 1-103 设置标题/编码

STEP 单击 确定 按钮完成设置。

要点提示

UTF-8 是世界性通用代码，同样完美地支持中文编码。用户如果想让自己制作的网站能让国外用户也能正常访问，建议使用 UTF-8，而 GB2312 属于中文编码，主要针对的使用对象是国内用户，如果国外用户访问该编码的网站，页面可能会出现乱码。

2. 设计左侧栏目

STEP 1 将光标置于左侧"公司简介"下方第 1 个单元格中，输入文本"＞公司简介"，如图 1-104 所示。

STEP 2 将光标定位在符号和文字之间按 Ctrl+Shift+Space 组合键插入不换行空格，文本编排效果如图 1-105 所示。

STEP 3 用同样的方法设计其他单元格。最终的效果如图 1-106 所示。

图 1-104 输入文本

图 1-105 编排文本

3. 设计页面主体内容

STEP 1 复制素材文件"素材\第 1 章\公司简介\公司信息.doc"中的全部内容。

STEP 2 将光标置于网页主体区域，按 Ctrl+Shift+V 组合键，打开【选择性粘贴】对话框，选择【带结构的文本（段落、列表、表格等）】单选项，如图 1-107 所示。

图 1-106 左侧栏目最终效果

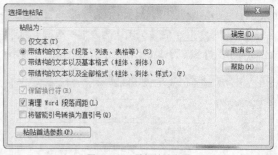

图 1-107 选择粘贴类型

STEP 3 单击 确定(O) 按钮，即可粘贴带结构的文本，如图 1-108 所示。

STEP 4 使用 Enter 键对文本进行分段处理，效果如图 1-109 所示。

STEP 5 选中"核心理念""企业文化""目标"所在的文本段，单击 HTML 属性面板中的 按钮，使所选文本按照项目列表方式排列，如图 1-110 所示。

STEP 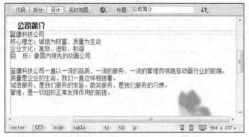 选中最后的 3 段文本，单击 HTML 属性面板中的 ⊞ 按钮，使所选文本按照编号列表方式排列，如图 1–111 所示。

图 1–108　粘贴带结构的文本内容

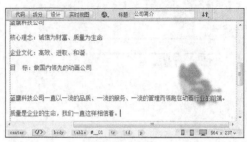

图 1–109　分段处理

图 1–110　创建项目列表

图 1–111　创建编号列表

STEP 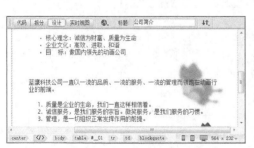 选中网页主体区域内的所有文本，单击 HTML 属性面板中的 ⊞ 按钮，使所选文本缩进，如图 1–112 所示。

STEP 选中最后两段文本，在文本上单击鼠标右键，在弹出的快捷菜单中依次选择【CSS 样式】/【新建】命令，如图 1–113 所示。

图 1–112　缩进文本

图 1–113　新建 CSS 规则

STEP 弹出【新建 CSS 规则】对话框，设置【选择器类型】为【类（可应用于任何 HTML 元素）】、【选择器名称】为【.body_01】，如图 1–114 所示。

STEP 单击 确定 按钮，打开【.body_01 的 CSS 规则定义】对话框，在【类型】面板中设置【Font-family】为【宋体】、【Font-size】为 "15px"、【Color】为 "#00F"，如图 1–115 所示。

STEP 打开【区块】面板，设置【Text-align】为【left】，如图 1–116 所示。

图 1-114　设置类名称　　　　　　　图 1-115　设置字体样式和颜色

图 1-116　设置字体对齐方式

STEP 12 单击 确定 按钮完成规则创建，并将所创建的规则应用到选中的文本中，如图 1-117 所示。

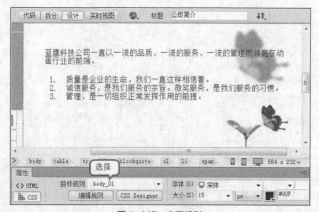

图 1-117　应用规则

4. 设计页面底部

STEP 1 将光标置于页面底部右侧第一个单元格中，输入文本 "Copyright©yuansir All Rights Reserved."，如图 1-118 所示。

STEP **2** 在第 2 个单元格中输入文本"联系方式：yyh234@126.com"，如图 1-119 所示。

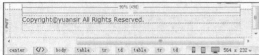 

图 1-118　输入版本信息　　　　　　　　　图 1-119　输入联系方式

STEP **3** 按 Ctrl+S 组合键保存文档，案例制作完成，按 F12 键预览设计效果。

1.5 添加网页图像

图像是网页中必不可少的元素之一，它不仅能让网页更加丰富多彩，提升视觉感染力，而且可以和文本内容完美结合，达到图文并茂的效果，传递信息更加直观。图像的格式种类繁多，在网页中常用的有 GIF、JPEG 和 PNG 3 种格式。

添加网页图像

其中 GIF 格式的图像通常用于网页中的小图标、Logo 图标和背景图像等；格式较大的图像多为 JPEG 格式；灰度图像常常以 PNG 格式存储，其优点在于能使图像与任何样式的背景图像实现无缝衔接，完美融合。

1.5.1 图像的添加和编辑方法

图像的添加主要是指图像和图像对象（如光标经过图像）的添加操作，图像编辑主要是指调整图像大小、边框、裁剪、重新取样、亮度和对比度调整、锐化等。下面将以设计"茶天下"网页中的图像为例来讲解图像的添加和编辑方法。设计效果如图 1-120 所示。

图 1-120　设计"茶天下"网页

1．插入图像

（1）插入图像

STEP 1 运行 Dreamweaver CC 软件，打开素材文件"素材\第 1 章\茶天下\index.html"，如图 1-121 所示。

图 1-121　打开素材文件

STEP 2 将光标置于"banner"栏目的表格内，选择菜单命令【插入】/【图像】/【图像】，打开【选择图像源文件】对话框，选择素材文件"素材\第 1 章\茶天下\images\banner.jpg"，如图 1-122 所示。

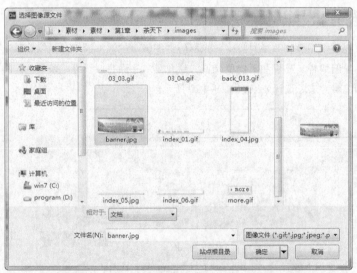

图 1-122　插入图像

STEP 3 单击 确定 按钮，完成插入图像的操作，如图 1-123 所示。

图 1-123　插入图像

（2）插入空白图像

在进行网页设计时，如果需要插入尚未制作完成的图像或者暂时缺少适合的图像，为了不影响网页设计的进度，可以先在需要插入图像的位置插入一个空白图像，等图像制作好后再替换。这一功能在网页布局的过程中应用较广泛，如图 1-124 所示。

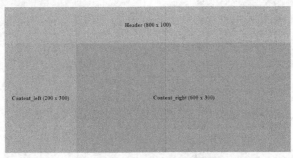

图 1-124　使用图像占位符布局网页

STEP 1 将光标置于"茶叶的种类"板块中"白茶"所对应的单元格中，选择菜单命令【插入】/【图像】/【图像】，打开【选择图像源文件】对话框，选择任意图片文件（这里选择素材文件"素材\第 1 章\茶天下\Tea\白牡丹-白茶.gif"），如图 1-125 所示。

STEP 2 在【属性】面板中设置【ID】为"BaiCha"、【宽】为"190"、【高】为"120"（设置空白图片的大小），如图 1-126 所示。

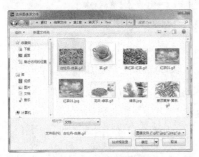

图 1-125　插入任意图片

图 1-126　设置空白图片参数

STEP 3 删除【Src】文本框内的图片参数，完成空白图片的插入，效果如图 1-127 所示。

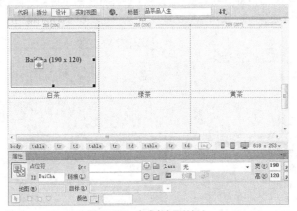

图 1-127　完成空白图片插入

STEP ４ 图片做好后，单击【Src】文本框后的▣按钮，打开【选择图像源文件】对话框，选择素材文件"素材\第1章\茶天下\Tea\白牡丹-白茶.gif"，如图1-128所示。

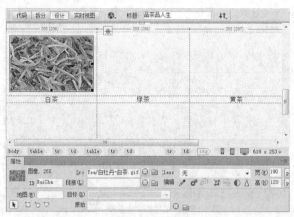

图 1-128　插入图片

2. 设置图像属性

在网页中插入图像后，还需要对其大小、位置和边框等进行调整，以更好地搭配整体的网页设计。在Dreamweaver CC 软件中，可以通过【属性】面板快速设置图像的基本属性，如图1-129所示。

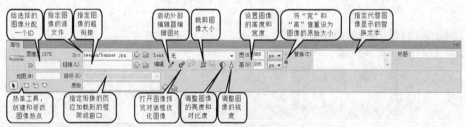

图 1-129　图像属性设置

（1）调整图像大小

STEP １ 将光标置于"喝茶的好处"板块内文本最前方，选择菜单命令【插入】/【图像】/【图像】，将本书素材文件"素材\第1章\茶天下\Tea\茶.gif"插入文档中，如图1-130所示。

STEP ２ 单击选中插入的图像，在【属性】面板中设置【宽】为"130"、【高】为"100"，然后单击图像宽、高设置参数后面的✔按钮完成设置，如图1-131所示。

图 1-130　插入图像

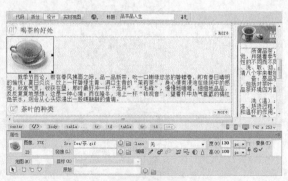

图 1-131　调整图像大小

要点提示

单击图像宽、高设置参数后面的 ◎（重设大小）按钮，可将图像的宽和高重置为原始参数。

（2）对齐图像

在网页设计中，图像与同一行中的文本、图像或其他元素对齐编排的情况十分常见，图像的默认对齐方式为"基线"对齐，即将文本基线与图像底部对齐，当然也可根据不同的页面设计需要选择不同的对齐方式。常用的对齐方式如表 1-2 所示。

STEP 1 选中"喝茶的好处"板块中的图像，在图片上面单击鼠标右键，如图 1-132 所示。

STEP 2 在弹出的快捷菜单中选择【对齐】/【左对齐】命令，效果如图 1-133 所示。

图 1-132　选中图像

图 1-133　设置左对齐

表 1-2　对齐方式

对齐方式	功能	效果图
默认值	图像以默认方式对齐，默认方式为基线对齐	
基线	将文本基线与图像底部对齐	

续表

对齐方式	功能	效果图
对齐上缘	将文本最上面一行顶端与图像的上边缘对齐	
中间	将文本基线与图像中部对齐	
对齐下缘	将文本基线与图像底部对齐，其效果与选择"基线"一样	
文本顶端	与选择"对齐上缘"效果一样	
绝对中间	将文本行的中间与图像中部对齐	

续表

对齐方式	功能	效果图
绝对底部	将文本的底部与图像底部对齐	
左对齐	将图像左对齐，文本则排列在图像的右边	
右对齐	将图像右对齐，文本则排列在图像的左边	

3.　在 Dreamweaver 中编辑图像

为了让图像能呈现出最佳的表现效果，Dreamweaver CC 软件提供了强大的编辑功能。用户无需借助外部图像编辑软件，即可轻而易举地对图像进行重新取样、裁剪、调整亮度和对比度、锐化等操作。

（1）裁剪

在 Dreamweaver CC 软件中，用户不需要借助外部图像编辑软件，只要使用其自带的裁剪功能就可以轻松地将图像中多余的部分删除，更好地突出图像的主题。

STEP 01 将光标置于"茶叶的种类"板块"绿茶"对应的单元格中，将本书素材文件"素材\第 1 章\茶天下\Tea\绿茶.gif"插入文档中，如图 1–134 所示。

STEP 02 选中图像，单击【属性】面板中的 ☒ 按钮，此时图像边框上会出现 8 个控制手柄，阴影区域为删除的部分，如图 1–135 所示。

STEP 03 用鼠标拖曳控制手柄，调整效果，如图 1–136 所示。

STEP 04 再次单击 ☒ 按钮，完成图像的裁剪，如图 1–137 所示。

STEP 05 在【属性】面板中设置【宽】为"190"、【高】为"120"。

图 1-134　插入图像

图 1-135　添加裁剪控制手柄

图 1-136　调整裁剪区域

图 1-137　裁剪效果

（2）亮度和对比度

在 Dreamweaver CC 软件中，可以通过【属性】面板上的 ◑ 按钮来调整网页中的图像色彩度和亮度，达到色调一致和层次清晰的效果。

STEP 1 将光标移至"茶叶的种类"板块"黄茶"对应的单元格中，将素材文件"素材\第 1 章\茶天下\Tea\蒙顶黄芽－黄茶.jpg"插入文档中，如图 1-138 所示。

STEP 2 单击【属性】面板中的 ◑ 按钮，弹出【亮度/对比度】对话框，设置【亮度】为"8"、【对比度】为"36"，如图 1-139 所示。

STEP 3 单击 确定 按钮完成调整，效果如图 1-140 所示。

图 1-138　插入图像

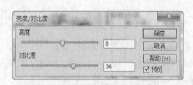

图 1-139　设置亮度和对比度

图 1-140　设置后的效果

4. 创建图像的特殊效果

使用 Dreamweaver CC 软件可以给图像增加一些特效，例如，设置图像的替换文本、创建鼠标指针经过更换图像和放大图像的效果等，这无疑使得网页设计更加生动、交互功能发挥得更加充分。

（1）Alt 属性的使用

网页中的某些图像代表着特定的意义，当需要为一些图像进行文字性的说明时，就需要用到图像的 Alt

属性,即设置图像的替换文本,即当鼠标指针放置在图像上时,就会显示指定的说明性文字,效果如图 1-141 所示。

原始状态

鼠标指针经过时的状态

图 1-141 Alt 属性效果

STEP 1 将光标置于"茶叶的种类"板块"黑茶"对应的单元格中,将素材文件"素材\第 1 章\茶天下\Tea\普洱茶-黑茶.gif"插入文档中,如图 1-142 所示。

STEP 2 在【属性】面板中设置【替换】为"普洱茶",如图 1-143 所示。

图 1-142 插入图像

图 1-143 设置 Alt 属性

STEP 3 按 Ctrl+S 组合键保存文档,按 F12 键预览设计效果,如图 1-144 所示。

(2)创建鼠标经过图像

所谓"鼠标经过图像"是指在浏览器中,当鼠标指针移动到图像上时会显示预先设置的另一幅图像,当鼠标指针移开时,又会恢复为第一幅图像,效果如图 1-145 所示。

黑茶

图 1-144 设置效果

原始图像

鼠标指针经过时的图像

图 1-145 鼠标经过图像操作效果

STEP 1 将光标置于"茶叶的种类"板块"红茶"对应的单元格中,选择菜单命令【插入】/【图像】/【鼠标经过图像】,打开【插入鼠标经过图像】对话框,如图 1-146 所示。

STEP 2 在对话框中设置【图像名称】为"Image11"、【原始图像】为"Tea/滇红茶-红茶.gif"、【鼠标经过图像】为"Tea/红茶 01.gif",如图 1-147 所示。

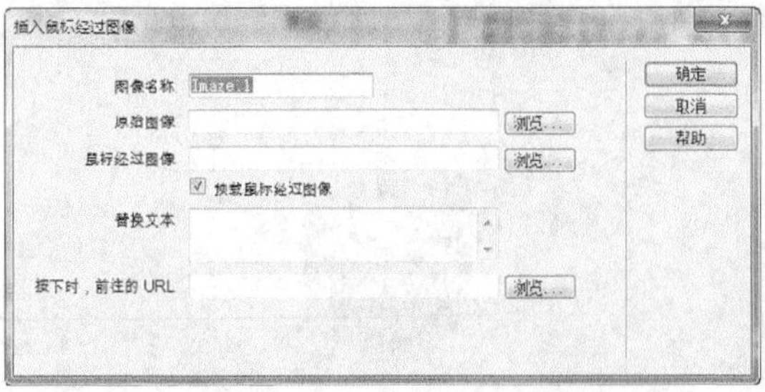

图 1-146 【插入鼠标经过图像】对话框 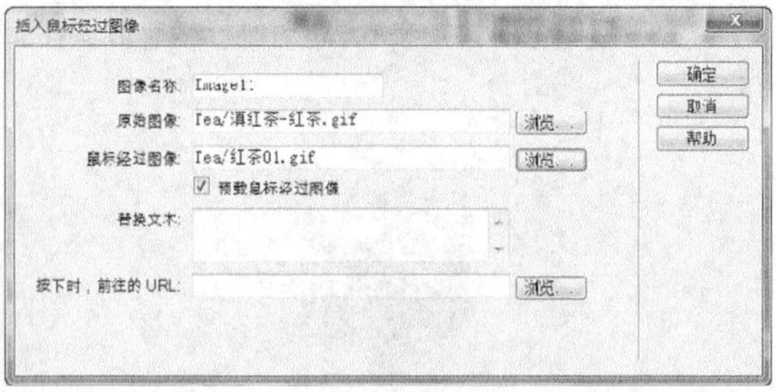   图 1-147 设置插入鼠标经过图像

要点提示

【原始图像】和【鼠标经过图像】列表框中可以直接输入图像所在的路径，也可以单击 浏览... 按钮，选择图像所在的位置。

STEP 3 单击 确定 按钮，完成操作，如图 1-148 所示。预览效果如图 1-149 和图 1-150 所示。

图 1-148 插入图像   图 1-149 原始图像   图 1-150 鼠标指针经过图像

STEP 4 将光标置于"茶叶的种类"板块"青茶"对应的单元格中，将素材文件"素材\第 1 章\茶天下\Tea\乌龙茶–青茶.gif"插入单元格中，如图 1-151 所示。

STEP 5 按 Ctrl+S 组合键保存文档，案例制作完成，按 F12 键预览设计效果。

图 1-151 "茶叶的种类"板块的最终效果

1.5.2 典型实例——设计"爱心贺卡"网页

为了让用户进一步熟练掌握图像的添加和编辑方法，下面将以设计"爱心贺卡"网页为例，讲解添加

和编辑图像的操作方法，设计效果如图 1-152 所示。

添加网页图像（操作实例）

图 1-152　设计"爱心贺卡"网页

1. 设计页面头部

STEP 01　打开素材文件"素材\第 1 章\爱心贺卡\index.html"，如图 1-153 所示。

图 1-153　打开素材文件

STEP 02　将光标移至正文空白处并单击，然后在【元素快速视图】栏用鼠标右键单击【td】标签，在弹出的快捷菜单中选择【Quick Tag Editor...】命令，如图 1-154 所示。

图 1-154　打开编辑标签窗口

STEP 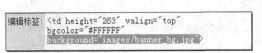 在弹出的【编辑标签】窗口中添加代码：background="images/banner_bg.jpg，如图 1-155 所示。

STEP 代码输入完成后按回车键，可以看到在导航栏中添加了背景图片，如图 1-156 所示。

编辑标签：`<td height="263" valign="top" bgcolor="#FFFFFF" background="images/banner_bg.jpg">`

图 1-155　添加代码　　　　　　　　　　　　　　图 1-156　插入顶部图片

2. 设计左侧栏目

STEP 将光标移至左侧"贺卡分类"栏目单元格中，然后选择表格的第一行，如图 1-157 所示。

STEP 选择菜单命令【插入】/【图像】/【鼠标经过图像】，打开【插入鼠标经过图像】对话框，设置【原始图像】为素材文件"素材\第 1 章\爱心贺卡\images\ZuoLanMu\LanMu_01_01.gif"、【鼠标经过图像】为"素材\第 1 章\爱心贺卡\images\ZuoLanMu\LanMu_01_02.gif"，如图 1-158 所示。

图 1-157　【插入鼠标经过图像】对话框　　　　　图 1-158　设置鼠标经过图像参数

STEP 单击 确定 按钮，插入鼠标经过图像，预览如图 1-159 所示。

　　　　　　原始图像　　　　　　　　　　　　　　　　　　鼠标经过图像

图 1-159　鼠标经过图像效果

3. 设置右侧栏目

用同样的方法设置右侧栏目内容，设置完成后的效果如图 1-160 所示。

4. 设计网页主体内容

STEP 在网页主体模块的第 1 行第 1 个单元格中插入素材文件"素材\第 1 章\爱心贺卡\ZuiXinTuiJian\01.gif"，如图 1-161 所示。

STEP 用同样的方法依次插入其他图像，效果如图 1-162 所示。

STEP 按 Ctrl+S 组合键保存文档，案例制作完成，按 F12 键预览设计效果。

图 1-160　设置贺卡分类栏目

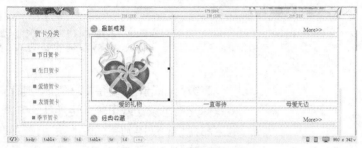

图 1-161　插入爱心礼物图像

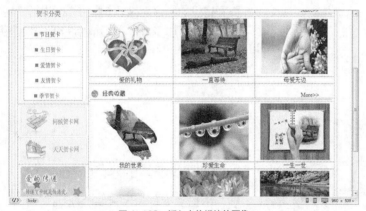

图 1-162　插入主体模块的图像

1.6　习题

1. 简述网页的发展历史。
2. 简述网页设计的基本流程。
3. 什么是网站? 什么是网页?
4. HTML 常用的标签有哪些?
5. 熟悉 Dreamweaver CC 的设计环境。
6. 添加文本的方法主要有哪几种?
7. 怎么设置文本的属性?
8. GIF、JPEG、PNG 这 3 种格式的图像分别适用于网页中的哪些内容?
9. 在【属性】面板中可对图像的哪些属性进行设置?
10. 练习在网页中插入图像并调整图像的属性。

Chapter

2

第 2 章
添加高级页面元素

　　高级页面元素主要是指多媒体和超链接这两大元素。多媒体元素可以让网页内容更加精彩丰富，赋予网页鲜活的生命力；超链接则是网站的灵魂，在网站内充当各个页面之间的导航，通过建立起一座座无形的"桥梁"将各个页面有机地结合起来。本章将详细讲解使用 Dreamweaver CC 软件添加多媒体和超链接的相关知识和具体操作过程。

学习目标

- 掌握多媒体的添加方法。
- 掌握多媒体的编辑方法。
- 掌握超链接的创建方法。
- 掌握超链接的编辑方法。

2.1 添加多媒体

随着多媒体技术的发展，多媒体元素在网页设计中得到了广泛的运用，从而极大地丰富了网页内容的表现形式，网页的呈现效果也越来越生动活泼。

添加网页媒体

2.1.1 多媒体添加和编辑方法

在网页中经常应用到的多媒体技术包括 Flash 动画、音频和视频等内容。多媒体技术是否能应用得恰到好处对提升网页效果起到至关重要的作用，用户若能灵活地运用多媒体技术可以让网页更显生机，从而激发访问者的兴趣。下面将以设计"水果百科"网为例讲解多媒体的添加和编辑方法，设计效果如图 2-1 所示。

图 2-1　设计"水果百科"网

1. 插入 Flash

Flash 动画是一种矢量动画格式，其凭借着体积小、兼容性强、直观动感、互动性强等特点，在网页设计中得到了广泛应用。

（1）插入 Flash 动画

STEP ⟮1⟯ 运行 Dreamweaver CC 软件，打开素材文件"素材\第 2 章\水果百科\index.html"，如图 2-2 所示。

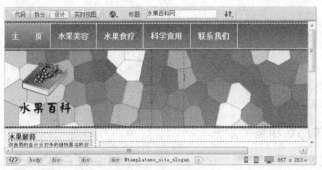

图 2-2　打开素材文件

STEP 💪2　将光标置于文档第 2 行最右端的单元格中，选择菜单命令【插入】/【媒体】/【Flash SWF（F）】，打开【选择 SWF】对话框，然后选择素材文件"素材\第 2 章\水果百科\Flash\banner.swf"，如图 2-3 所示。

STEP 💪3　单击 确定 ▼按钮，打开【对象标签辅助功能属性】对话框，设置【标题】为"flash"，如图 2-4 所示。

图 2-3　选择 SWF 文件

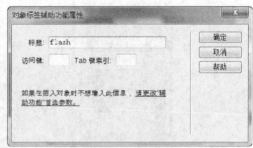

图 2-4　【对象标签辅助功能属性】对话框

STEP 💪4　单击 确定 按钮，即可在光标处插入选中的 Flash，如图 2-5 所示。

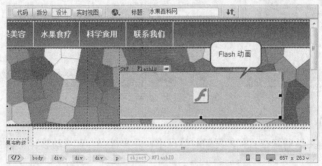

图 2-5　插入 Flash 动画

STEP 💪5　单击选中插入的 Flash，在【属性】面板中设置【品质】为【高品质】、【对齐】为【顶端】、【Wmode】为【透明】，如图 2-6 所示。

图 2-6 设置 Flash 动画的属性

（2）插入 FlashPaper

FlashPaper 是一款提供文件转换功能的电子文档类工具软件，它可以自由地将任何可打印的文档直接转换为 Flash 文档或 PDF 文档，并且保持原始文件的排版格式，并自动生成控制条，还可以实现缩小、放大画面，翻页及移动等，具有很强的可调节性。

（3）安装 Macromedia FlashPaper 2

STEP 1 打开素材文件"素材\第 2 章\水果百科\Flashpaper\水果简介.doc"，利用 Macromedia FlashPaper 2 将"水果简介.doc"转换成"fruit.swf"，如图 2-7 和图 2-8 所示。

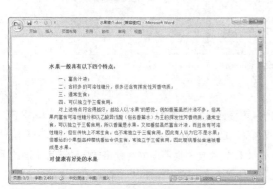

图 2-7 转换前

图 2-8 转换后

要点提示

Macromedia FlashPaper 2 可以自行在网上下载安装，此外，还有其他的电子文档类工具软件也可以对文件格式进行转换。

STEP 2 返回网页设计，将光标置于"水果之声"上面的空白单元格中，如图 2-9 所示。

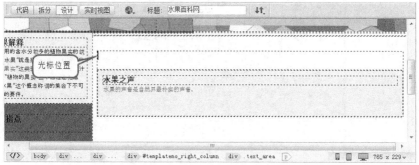

图 2-9 光标位置

STEP 3 选择菜单命令【插入】/【媒体】/【Flash SWF】，打开【选择 SWF】对话框，将上面制作的 FlashPaper 动画插入文档，如图 2-10 所示。

图 2-10 插入 FlashPaper 动画

STEP 4 选中插入的动画，在【属性】面板中设置【宽】为 "580"、【高】为 "500"、【品质】为【高品质】、【Wmode】为【不透明】，如图 2-11 所示。

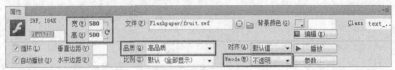

图 2-11 设置动画属性

2. 插入视频

运用 Dreamweaver CC 软件在网页上插入视频时，可根据所插入视屏的用途分为两大类：一类是 FLV 视频，另一类是普通视频（非 FLV 视频）。插入 FLV 视频时，Dreamweaver CC 软件会添加一个 SWF 组件来控制视频的播放；而插入普通视频时，Dreamweaver CC 软件会根据不同的视频格式自动选用不同的播放器。

（1）插入普通视频

普通视频是指 wmv、avi、mpg 和 rmvb 等格式的视频，Dreamweaver CC 软件会根据不同的视频格式，选用不同的播放器，默认播放器是 Windows Media Player。

STEP 1 将光标置于文档 "专家指点" 文本下方的空白单元格中，选择菜单命令【插入】/【媒体】/【插件】，打开【选择文件】对话框，选择素材文件 "素材\第 2 章\水果百科\Video\01.avi"，如图 2-12 所示。

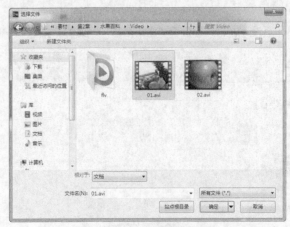

图 2-12 选择视频文件

STEP 2 单击 确定 按钮，在光标的位置插入一个视频插件，如图 2-13 所示。

STEP 3 单击视频插件，在【属性】面板中设置【宽】为"190"、【高】为"180"，如图 2-14 所示。

图 2-13　插入视频插件

图 2-14　设置插件尺寸

（2）插入 FLV 视频

FLV 是目前在使用范围上占主导地位的视频文件，全称为 Flash Video。因其具有占用空间极小、加载速度极快等特性，从而成为网页设计中的重要元素。目前所有的在线视频网站均采用 FLV 视频格式，如优酷网、土豆网、酷 6 网等。与插入 FlashPaper 动画的步骤相同，在插入 FLV 视频之前，先要制作 FLV 视频。目前 FLV 视频主要是利用 Flash 自带的转换功能或 FLV 格式转换软件把其他格式的视频进行转换而得到的。

STEP 1 打开 Ultra Flash Video FLV Converter 软件，运行界面如图 2-15 所示。

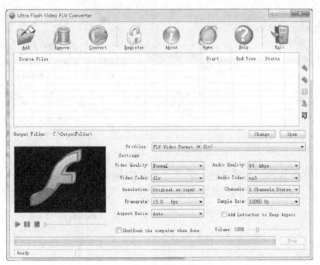

图 2-15　Ultra Flash Video FLV Converter

STEP 2 单击 按钮，将素材文件"素材\第 2 章\水果百科\Video\02.avi"添加到软件内，并设置【输出目录】和【配置文件】，如图 2-16 所示。

STEP 3 单击 按钮，系统将自动把当前添加的视频转换为 FLV 格式的视频，并保存在设置的输出目录中。

STEP 4 将光标置于文档"水果推荐"文本的下方，选择菜单命令【插入】【媒体】【Flash Video】，打开【插入 FLV】对话框，设置【视频类型】为【累进式下载视频】、【URL】为"Video/flv/02.flv"、【外观】为【Clear Skin1（最小宽度：140）】、【宽度】为"160"、【高度】为"120"，选择【自动播放】复选项，如图 2-17 所示。

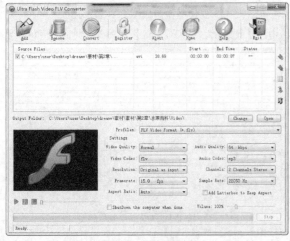

图 2-16　转换视频文件

图 2-17　设置 FLV 视频参数

STEP 5 单击 确定 按钮，插入 FLV 视频，如图 2-18 所示。

STEP 6 选中 FLV 视频，打开【属性】面板，可以重新设置其相关属性，如图 2-19 所示。

图 2-18　插入 FLV 视频

图 2-19　FLV 视频的【属性】面板

3. 插入音频

STEP 1 将光标置于"水果之声"文本下方，选择菜单命令【插入】/【媒体】/【插件】，打开【选择文件】对话框，选择素材文件"素材\第 2 章\水果百科\music\fruit.mp3"，如图 2-20 所示。

STEP 2 单击 确定 按钮，在光标的位置插入一个音频插件，如图 2-21 所示。

图 2-20　选择音频文件

图 2-21　插入音频插件

STEP 3　选中插件图标，在【属性】面板中设置【宽】为"555"、【高】为"30"，如图 2-22 所示。

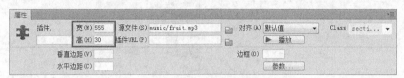

图 2-22　设置音频插件的属性

STEP 4　按 Ctrl+S 组合键保存文档，案例制作完成，按 F12 键预览设计效果。

2.1.2　典型实例——设计"视觉在线影院"网页

为了巩固 Dreamweaver CC 软件添加和编辑多媒体的相关知识，并帮助用户熟练掌握其操作方法，下面将以设计"视觉在线影院"网页为例，进一步讲解添加和编辑多媒体的操作方法，设计效果如图 2-23 所示。

添加网页媒体
（操作实例）

图 2-23　设计"视觉在线影院"网页

1. 添加 Flash 动画

STEP 1　打开素材文件"素材\第 2 章\在线影院\index.html"，如图 2-24 所示。

STEP 2　将光标置于主体部分的空白单元格中，选择菜单命令【插入】/【媒体】/【Flash SWF】，选择素材文件"素材\第 2 章\在线影院\Media\TuiJian.swf"，并设置【宽】为"570"、【高】为"260"，如图 2-25 所示。

2. 添加 FLV 视频

STEP 1　将光标置于"生命起源"文本的上方，选择菜单命令【插入】/【媒体】/【Flash Video】，打开【插入 FLV】对话框，参数设置如图 2-26 所示。

STEP 2　单击 确定 按钮，插入 FLV 视频，如图 2-27 所示。

图 2-24　打开素材文件

图 2-25　添加 Flash 动画效果

图 2-26　设置 FLV 视频的参数

图 2-27　添加 FLV 视频效果

3. 添加声音

STEP 1 将光标置于文档主体部分的最下端空白处，选择菜单命令【插入】/【媒体】/【插件】，选择素材文件"素材\第 2 章\在线影院\Media\bgsound.mp3"，并设置【宽】为"570"、【高】为"30"，如图 2-28 所示。

STEP 2 按 Ctrl + S 组合键保存文档，案例制作完成，按 F12 键预览设计效果。

图 2-28　添加声音

2.2 添加超链接

Internet 之所以备受青睐，在很大程度上是归功于在网页中所普遍使用的超级链接，它就像一条条纽带，在网页之间乃至网站之间实现无缝衔接，编织成相辅相成的关系网。

添加网页衔接

2.2.1　超链接添加和编辑方法

超链接如同一个指针，把某个对象指向另一个对象的指针，它可以是网页中的一段文字，也可以是一张图像，甚至可以是图像中的某一部分。根据链接对象的不同，超链接可分为文本链接、图像链接、锚链接、下载链接、电子邮件链接及脚本链接等。下面将以设计"教育导航网"为例讲解如何添加和编辑超链接，设计效果如图 2–29 所示。

图 2–29　设计"教育导航网"

1.　设置链接样式

在创建链接之前，首先要设置网页链接的样式，其中包括链接字体、链接颜色、变换图像链接颜色、已访问链接颜色、活动链接颜色及链接下画线样式等。

STEP 1 运行 Dreamweaver CC 软件，打开素材文件"素材\第 2 章\教育导航网\index.html"，如图 2–30 所示。

图 2–30　打开素材文件

STEP **2** 选择菜单命令【修改】/【页面属性】，打开【页面属性】对话框，如图 2-31 所示。

STEP **3** 切换至【链接（CSS）】面板，设置【链接颜色】为 "#000000"、【变换图像链接】为 "#ff0000"、【已访问链接】为 "#1200ff"、【活动链接】为 "#ffea00"、【下画线样式】为【始终无下画线】，如图 2-32 所示。

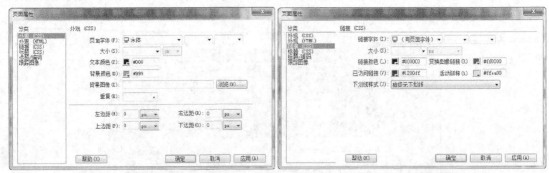

图 2-31 【页面属性】对话框　　　　　　　　　　图 2-32 设置链接样式

STEP **4** 单击 确定 按钮，完成设置。

2. 创建文本链接

网页设计中最常用的链接方式是文本链接。在 Dreamweaver CC 软件中根据链接的不同，文本链接可以分为内部链接和外部链接，设计效果如图 2-33 所示。

图 2-33 文本链接的创建效果

（1）创建内部链接

创建内部链接是指建立与本地网页文档的链接，它可以将本地站点的所有独立的文档连接起来，从而形成网站。下面介绍为文本创建内部链接的操作方法。

STEP **1** 选中导航栏的文本 "幼儿"，在【属性】面板中单击 <> HTML 按钮，打开 HTML 属性面板，如图 2-34 所示。

图 2-34　选择超链接文件

STEP  单击【链接】文本框右侧的 按钮，打开【选择文件】对话框，选择素材文件"素材\
第 2 章\教育导航网\youer.html"，如图 2-35 所示。

要点提示

此时文档的选择路径都是相对地址。绝对地址是指互联网上的独立地址，包含主域名和目录地址，在
任何网站通过这个地址可以直接跳转到目标网页；相对地址是相对于网站的地址，当域名改变时，相
对地址的"绝对地址"也会发生变化。假设有两个网站，A：www.google.com；B：www.baidu.com；
这两个网站的根目录下都有一个网页"404.html"。如果用户在这两个网站上都做同样的一个链接
/404.html（相对地址），那么在网站 A 上所指向的是 www.google.com/404.html；在网站 B 上所指向的
则是 www.baidu.com/404.html；如果希望在 A 网站上的/404.html 指向 B 网站的 404.html，那么用户就
需要编写绝对地址——www.baidu.com/404.html。

STEP 单击 确定 按钮，返回 HTML 属性面板，并设置【目标】为【_self】，如图 2-36 所示。

图 2-35　选择链接文件

图 2-36　设置目标

 要点提示

【目标】下拉列表中常用选项的功能如下：【_blank】表示在新窗口中打开；【_parent】是针对框架集的，表示在文档的父框架集中打开；【_self】表示在同一窗口中打开；【_top】也是针对框架集的，表示在整个窗口打开，并删除框架。

STEP 04 按 F12 键预览网页，单击"幼儿"文本，可在当前窗口打开"youer.html"文件，如图 2-37 所示，网页的文本链接已经成功建立。

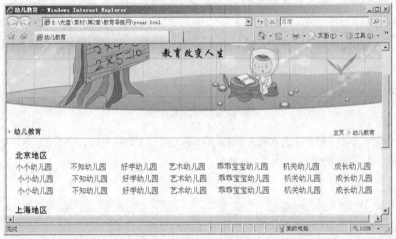

图 2-37　单击打开的网页

STEP 05 用同样的方法给文本"小学"添加链接对象为"xiaoxue.html"，并设置【目标】为【_self】，如图 2-38 所示。

图 2-38　给"小学"添加超链接

（2）创建外部链接

在设计网页时，无疑还需要与其他站点的内容建立关系，这就是指为网页创建外部链接。下面介绍为

文本创建外部链接的操作方法。

STEP 1 选中主体部分的文本"搜狐",并打开 HTML 属性面板,如图 2-39 所示。

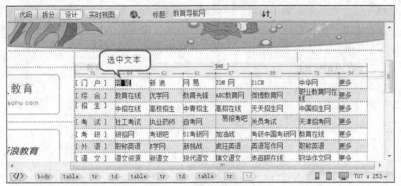

图 2-39 选中创建链接的文本

STEP 2 在 HTML 属性面板中设置【链接】为"http://www.sohu.com"、【目标】为【_blank】,
如图 2-40 所示。

图 2-40 设置链接属性

STEP 3 按 F12 键预览网页,单击"搜狐"文本,可在新窗口打开"搜狐网",如图 2-41 所示。

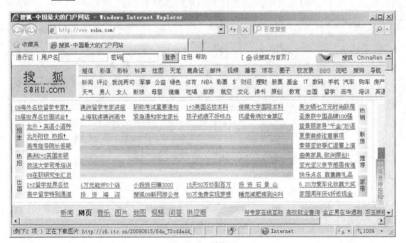

图 2-41 搜狐网

STEP 4 用同样的方法给"新浪"创建链接并设置其属性,如图 2-42 所示。

图 2-42 为"新浪"创建链接

3. 创建图像链接

图像是网页设计中的重要元素，给美轮美奂的图像添加超链接不仅是网页设计中最基础的操作之一，也是网页设计过程中的一大亮点。建立图像的超链接包括以下两种方式：在整张图像创建链接和在图像上创建热区链接。下面以为"教育导航网"首页的左侧栏目添加超链接为例讲解创建图像链接的操作方法。设计效果如图 2-43 所示。

图 2-43　图像链接效果

（1）为整张图像创建链接

为整张图像添加超链接后，当鼠标指针移至设置了链接的图像上时，指针会变成"手形"，单击图像就会跳转至指定的页面。下面将介绍为整张图像创建超链接的操作方法。

STEP 1 选中左侧栏目"搜狐教育"的 Logo 图像，如图 2-44 所示。

图 2-44　选择链接图像

STEP 2 在【属性】面板中设置【链接】为 http://learning.sohu.com、【目标】为【_blank】，如图 2-45 所示。

图 2-45　设置属性

STEP  按 F12 键预览网页，单击设置链接"搜狐教育"的 Logo 图像，就会打开"搜狐教育"网，如图 2-46 所示。

图 2-46 搜狐教育网

STEP 4 用同样的方法分别为"新浪教育"创建链接"http://edu.sina.com.cn"，为"网易校园"创建链接"http://edu.163.com"，为"新闻中心"创建链接"http://www.tom.com"，如图 2-47 所示。

图 2-47 "新闻中心"链接设置

（2）创建热区

在 Dreamweaver CC 软件中，除了为整张图像创建超链接外，还可以在一张图像上创建多个链接区域，这些区域样式的选择范围可以是矩形、圆形或者多边形，这些链接区域就叫作热区。当单击图像上的热区时，就会跳转到热区所链接的页面上。下面将介绍创建热区的操作方法。

STEP 1 选中网页左侧栏目的最后一张图像，如图 2-48 所示。

图 2-48 选中创建链接的图像

STEP 2 在【属性】面板中单击"矩形热点工具"按钮□，当鼠标指针变成十字形状时，拖曳光标，在图像上绘制一个矩形，如图 2-49 所示。

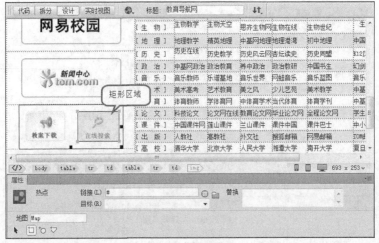

图 2-49　绘制热区域

STEP 3 在【属性】面板中设置【链接】为素材文件"素材\第 2 章\教育导航网\sousuo.html"，【目标】为【_blank】，如图 2-50 所示。

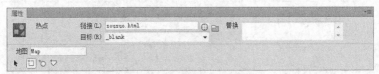

图 2-50　设置热区域的链接属性

STEP 4 按 F12 键预览网页，单击图像的热区域就会打开"闪电搜索"网，如图 2-51 所示。

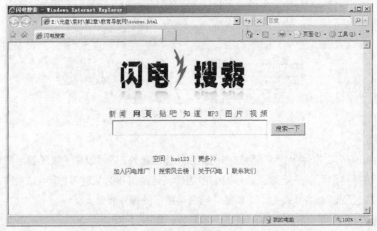

图 2-51　搜索网

4. 创建空链接

空链接是指未指定目标端点的链接，即未指派的链接。空链接一般是给页面上的对象或文字附加行为，以便访问者使用鼠标指针滑过该链接时，页面只会交换鼠标的图像样式，不会弹出新的窗口或者网页，如图 2-52 所示。

图 2-52 空链接效果

STEP 1 选中导航栏中的文本"中学",打开 HTML 属性面板,如图 2-53 所示。

图 2-53 选中需创建空链接的文本

STEP 2 在 HTML 属性面板中设置【链接】为"#",从而为选中的文本创建空链接,如图 2-54 所示。

图 2-54 创建空链接

STEP 3 按 F12 键预览网页,单击创建的空链接文本,能显示文本链接样式,但不会跳转到别的页面。

STEP 4 用同样的方法,给标题栏中的其他文本创建空链接。

5. 创建锚链接

当访问者在某个内容复杂的网页上查找信息时,可以使用锚链接来定位文档中的内容进行查找,提高信息搜查的效率。在创建锚链接之前,需要先在文档中链接目标端点创建位置 ID,然后在源端位置创建链接,并更改 ID 的命名。下面的案例设计是在页面底部与页面顶部之间创建锚链接的操作步骤,设计效果如图 2-55 所示。

(1)创建位置 ID

在创建锚链接之前,先要在页面中创建位置 ID。下面介绍其创建方法。

STEP 1 将光标置于文档最顶端的空白单元格中,如图 2-56 所示。

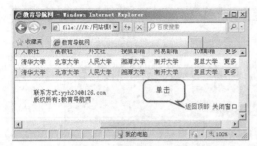 

单击前　　　　　　　　　　　　　　　单击后

图 2-55　锚链接效果

图 2-56　在目标端点插入光标

STEP 2 在【属性】面板的【ID】文本框中输入 "TOP"，如图 2-57 所示。

图 2-57　创建位置 ID

（2）链接位置

锚链接的创建方法同普通的链接相比有所不同，它分为两种情况：一种是当位置 ID 在同页面中时，输入格式为 "#命名锚记名称"，如 "#TOP"；另一种是当位置 ID 是处在同一站点的不同页面中时，输入格式则是 "文件名#命名锚记名称"，如 "lianxiwomen.html#TOP"。下面具体介绍设置链接位置的操作方法。

STEP 1 选择文档底部的文本 "返回顶部"，在 HTML 属性面板中设置【链接】为 "#TOP"，如图 2-58 所示。

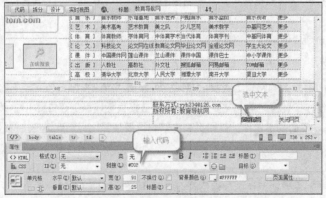

图 2-58　创建锚链接

STEP 02 按 F12 键预览网页，单击后效果如图 2-55 所示。

6．创建下载链接

为了实现网络资源共享，在网页设计中经常需要建立下载链接，访问者只需要一键按下下载链接的元素，Internet 上的诸多链接资源就可以轻松使用。下面将介绍创建下载链接的操作方法，设计效果如图 2-59 所示。

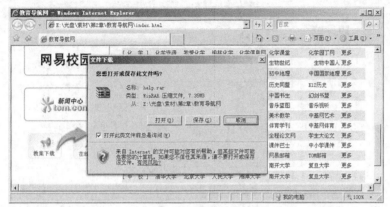

图 2-59　下载链接效果

STEP 01 选中文档中左侧最底部的图像，在【属性】面板中单击"矩形热点工具"按钮 □，在图像左边绘制热区域，如图 2-60 所示。

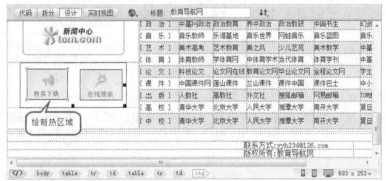

图 2-60　绘制热区域

STEP 02 单击【属性】面板，设置【链接】文件为素材文件"素材\第 2 章\教育导航网\help.rar"，【目标】为【_blank】，如图 2-61 所示。

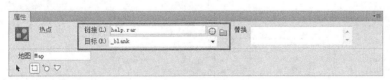

图 2-61　设置链接属性

STEP 03 按 F12 键预览网页，单击"教案下载"链接，可打开【文件下载】对话框，如图 2-59 所示。

7．创建电子邮件链接

在制作网页时，创建电子邮件链接可以给需要向站点方发送邮件的访问者提供极大的便利。它是一种特殊的链接，只要单击之后，计算机中的 Outlook Express 或其他 E-mail 程序就会自动响应并启动，用户可以把访问者书写的电子邮件发送到指定位置。下面将介绍创建电子邮件链接的操作方法，设计效果如图 2-62 所示。

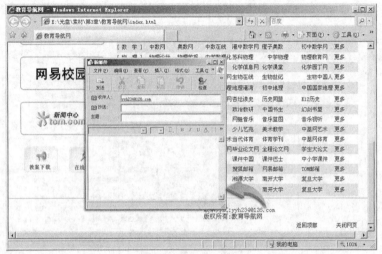

图 2-62　电子邮件链接效果

STEP 1　选择文档底部的文本"yyh234@126.com"，如图 2-63 所示。

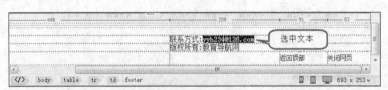

图 2-63　选择链接文本

STEP 2　在 HTML 属性面板中设置【链接】为"mailto:yyh234@126.com"，如图 2-64 所示。

STEP 3　按 F12 键预览网页，单击邮件链接将弹出图 2-65 所示的电子邮件发送窗口。

图 2-64　设置链接属性

图 2-65　电子邮件发送窗口

8.　创建脚本链接

脚本链接是指直接调用 JavaScript 语句，执行相应的程序任务，当访问者单击特定选项时，会弹出提示框、关闭窗口等，提供给访问者某些附加信息，如图 2-66 所示。

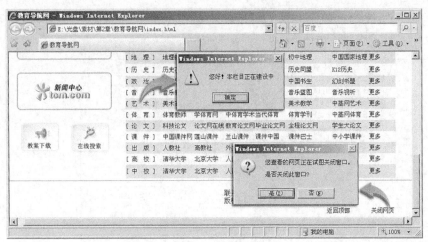

图 2-66　脚本链接效果

（1）弹出提示框

下面将介绍使用脚本链接执行弹出提示框任务的操作方法。

STEP 1 选中文档主体栏中的文本"[综合]"，在 HTML 属性面板中设置【链接】为"javascript:alert（'您好！本栏目正在建设中'）"，如图 2-67 所示。

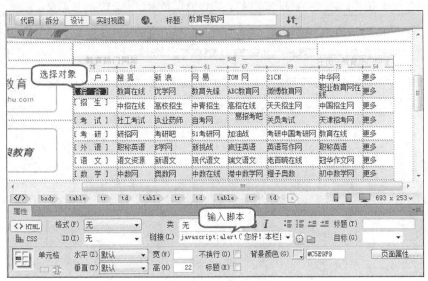

图 2-67　设置脚本链接

STEP 2 按 F12 键预览网页，用鼠标指针单击"[综合]"文本时会弹出如图 2-68 所示的提示窗口。

STEP 3 用同样的方法给其他栏目标题设置脚本链接。

（2）关闭窗口

为了方便访问者浏览网页，用户可以专门设置关闭窗口链接，只要单击链接就可以关闭当前网页。下面介绍使用脚本链接实现关闭窗口的操作方法。

STEP 1 选中文档底部的文本"关闭网页"，在 HTML 属性面板中设置【链接】为"javascript:window.close( )"，如图 2-69 所示。

图 2-68　弹出的提示窗口

STEP 2 按 F12 键预览网页，用鼠标指针单击"关闭网页"链接时会弹出如图 2-70 所示的提示窗口，单击 是(Y) 按钮将关闭该网页。

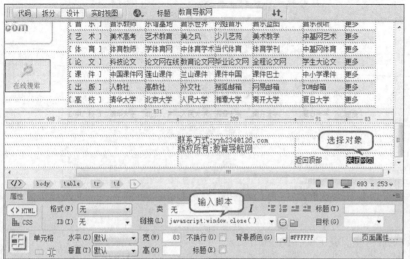

图 2-69 设置脚本链接　　　　　　　　　　图 2-70 提示窗口

STEP 3 按 Ctrl+S 组合键保存文档，案例制作完成，按 F12 键预览设计效果。

2.2.2 典型实例——设计"乖宝宝儿童乐园"网站

添加网页衔接
（操作实例）

下面将以设计"乖宝宝儿童乐园"网站为例进一步讲解超链接的创建和编辑方法，设计效果如图 2-71 所示。

图 2-71 设计"儿童乐园"网站

1. 设置链接样式

STEP 1 打开素材文件"素材\第 2 章\儿童网站\index.html",如图 2-72 所示。

图 2-72　打开素材文件

STEP 2 在【页面属性】对话框中设置【链接颜色】为"#000"、【变换图像链接】为"#f00"、【已访问链接】为"#00f"、【活动链接】为"#f00"、【下画线样式】为【始终无下画线】,如图 2-73 所示。

图 2-73　设置链接样式

2. 创建导航栏的链接

STEP 1 选中左侧栏目中的文本"首页",在 HTML 属性面板中设置【链接】文件为素材文件"素材\第 2 章\儿童网站\index.html"文件、【目标】为【_self】,如图 2-74 所示。

图 2-74　设置"首页"文本的链接属性

STEP 2 选中文本"儿童歌曲",在 HTML 属性面板中设置【链接】文件为素材文件"素材\第 2 章\儿童网站\music.html"、【目标】为【_self】,如图 2-75 所示。

图 2-75　设置"儿童歌曲"文本的链接属性

STEP 03 选中文本"儿童游戏"，在 HTML 属性面板中设置【链接】为"#"，从而为选中的文本创建空链接，如图 2-76 所示。

图 2-76　设置"儿童游戏"文本的链接属性

STEP 04 用同样的方法为导航栏内的其他文本添加空链接。

3. 创建主体模块的链接

STEP 01 选中主体模块中的文本"种太阳"，在 HTML 属性面板中设置【链接】文件为素材文件"素材\第 2 章\儿童乐园\song\ZhongTaiYang.html"、【目标】为【_self】，如图 2-77 所示。

图 2-77　设置"种太阳"文本的链接属性

STEP 02 选中"儿童歌曲"后面的"more"图像，在【属性】面板中设置【链接】为"music.html"、【目标】为【_blank】，如图 2-78 所示。

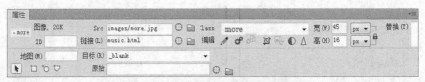

图 2-78　设置"more"图像的链接属性

STEP 03 选中文本"白雪公主"，在 HTML 属性面板中设置【链接】文件为素材文件"素材\第 2 章\儿童乐园\game\princess.rar"、【目标】为【_self】，如图 2-79 所示。

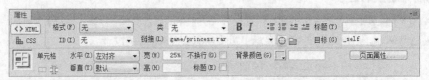

图 2-79　设置"白雪公主"文本的链接属性

4. 创建页脚的链接

STEP 01 选中页脚的文本"yyh234@126.com"，在 HTML 属性面板中设置【链接】为"mailto: yyh234@126.com"，如图 2-80 所示。

图 2-80　创建邮件链接

STEP 2 选中文本"关闭网页"，在 HTML 属性面板中设置【链接】为"javascript:window.close( )"，如图 2-81 所示。

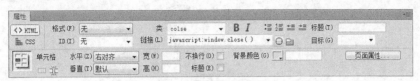

图 2-81　创建脚本链接

STEP 3 按 Ctrl+S 组合键保存文档，案例制作完成，按 F12 键预览设计效果。

2.3 习题

1. 网页上常用的媒体有哪些?
2. 超级链接主要包括哪些类型?
3. FLV 视频格式有哪些优点?
4. 创建锚链接的操作步骤与创建其他链接的区别有什么?
5. 练习在页面中插入 Flash 动画。

Chapter

3

第 3 章
应用表格、站点和 IFrame

表格（Table）是网页排版的灵魂，是页面布局的重要方法，它利用行、列、单元格来定位和排列页面中的各种元素，从而使页面更加有条不紊、美观大方。站点是 Dreamweaver CC 软件的一大特色，使用站点可以形成清晰的站点组织结构图，便于站点文件夹及各类文档的增减变动。浮动框架 IFrame 作为布局网页的又一项工具，其特点在于用户能自由地放置它在网页中的位置，增加网页设计的灵活性，易于网站维护和更新。

学习目标

- 掌握表格的 3 种创建方法。
- 掌握表格属性的设置方法。
- 掌握单元格属性的设置方法。
- 掌握不规则表格的设计方法。
- 掌握表格布局的操作方法。
- 掌握使用 Dreamweaver CC 建立站点的方法。
- 掌握使用 IFrame 制作网页的方法。

3.1 应用表格排版网页

表格通常由标题、行、列、单元格及边框组成，如图 3-1 所示。标题位于表格第一行，用来说明表格的主题；表格中的每一个格就是单元格；水平方向的一系列单元格组合在一起就是行；垂直方向的一系列单元格组合在一起就是列；边框是分隔单元格的线框。

添加表格

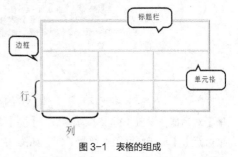
图 3-1　表格的组成

3.1.1 表格的基本操作方法

在 Dreamweaver CC 软件中对表格的基本操作包括插入表格、插入嵌套表格、设置表格和单元格的属性、添加与删除行和列、单元格的拆分与合并等。下面将以设计"666 招聘网"网页为例来讲解表格的基本操作，设计效果如图 3-2 所示。

图 3-2　设计"666 招聘网"网页

1. 创建表格

STEP 运行 Dreamweaver CC 软件，打开本书素材文件"素材\第 3 章\666 招聘网\index.html"，如图 3-3 所示。

图 3-3　打开素材文件

STEP  将光标置于主体部分的空白文档中，然后选择菜单命令【插入】/【表格】，打开【表格】对话框，设置【行数】为"25"，【列】为"5"，【表格宽度】为"98%"，【边框粗细】为"1"，【单元格边距】、【单元格间距】都为"0"，如图 3-4 所示。

要点提示

创建表格的快捷键为"Ctrl+Alt+T"。

STEP  单击 确定 按钮，即可在文档中插入一个格式为"25 行 5 列"的表格，如图 3-5 所示。

图 3-4　设置插入的表格参数

图 3-5　创建的表格效果

2. 设置表格的属性

当表格成功插入到文档后，还需要根据网页布局的特点来修改表格的属性。在 Dreamweaver CC 软件中的【属性】面板可以直接对表格的属性进行修改，图 3-6 所示为表格的常用参数设置。

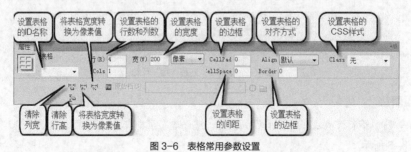

图 3-6　表格常用参数设置

STEP 1　将鼠标指针移动到表格的边框上，当其变为如图 3-7 所示的双向箭头形状时单击鼠标左键，即可选中表格，如图 3-7 所示。

图 3-7　选中表格

要点提示

将光标置于表格中，然后单击状态栏标签选择器中的 "<table>" 标签，也可以选中表格。

STEP 2　在【属性】面板中重新设置【Align】对齐方式为【左对齐】，如图 3-8 所示。

图 3-8　设置表格属性

3. 拆分与合并单元格

在应用表格时，有时需要对单元格进行拆分与合并。用户日常浏览的不规则表格都是由规则的表格拆分或合并而成。

STEP 1　将鼠标指针移至第 1 行的左侧，当鼠标指针变为➡形状时，单击鼠标左键就可以选中表格中的这一行，选中的行呈现黑色边框，如图 3-9 所示。

编辑表格

要点提示

将鼠标指针移至表格其中 1 列的上方，当鼠标指针变为↓形状时，单击鼠标左键就可以选中表格中的此列。

STEP 2　单击【属性】面板上的□按钮，即可将选中的多个单元格合并为一个单元格，如图 3-10 所示。

图 3-9　选中表格中的行

图 3-10　合并单元格

要点提示

将光标置于要拆分的单元格中，然后单击【属性】面板上的 按钮，打开【拆分单元格】对话框，利用该对话框可以设置拆分参数，轻松实现单元格的拆分，如图 3-11 所示。

图 3-11　【拆分单元格】对话框

4. 设置单元格属性

单元格是显示表格具体内容的基本单位，一个表格由若干个单元格组成。单元格的属性设置主要是内容的对齐方式、宽度、高度及背景颜色等设置。图 3-12 所示为单元格的常用属性设置。

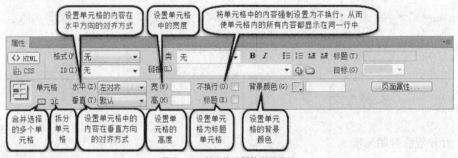

图 3-12　单元格设置的常用属性

STEP 1 将光标置于表格第 1 行单元格中，在【属性】面板中设置【水平】为【左对齐】、【高】为 "25"、【背景颜色】为 "#F1F7DB"，如图 3-13 所示。

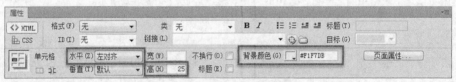

图 3-13　设置第 1 行单元格的属性

要点提示

表格选中后会在表格的边框上出现 3 个黑色小方块，先将光标移动到方块上，然后观察光标，当其变为 形状时，拖曳光标即可改变表格的大小。

STEP 2 在表格中输入文本 "基本信息"，并在 HTML 属性面板中设置【格式】为【标题 3】，如图 3-14 所示。

STEP 3 用同样的方法设置表格的第 7、13、19 行的效果，最终效果如图 3-15 所示。

图 3-14　输入文本并应用格式

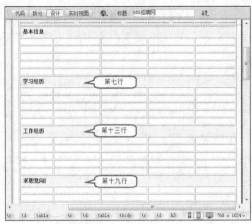

图 3-15　设置第 7、13、19 行

5.　选择多个单元格

在表格的编辑过程中，经常会执行同时选择多个单元格的任务，其中包括不连续的单元格和连续的单元格。

STEP 1 按住 Ctrl 键，用光标连续单击第 5 行的第 2、3、4 列单元格，可同时选中这些单元格，如图 3-16 所示。

 要点提示

如果用户需要选中多个不连续的单元格，首先按住 Ctrl 键，接着连续单击选中单元格，然后通过设置使其具有相同的属性，如图 3-17 所示。

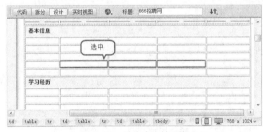

图 3-16　选中多个单元格

图 3-17　选中多个不连续的单元格

STEP 2 单击【属性】面板上的 □ 按钮，将选中的多个单元格合并为一个单元格，如图 3-18 所示。

STEP 3 用同样的方法设置表格第 6 行的第 2、3、4 列单元格，如图 3-19 所示。

图 3-18　合并单元格

图 3-19　合并第 6 行的第 2、3、4 列单元格

STEP 4 将光标置于第 2 行最后 1 列的单元格中，按住 $\boxed{\text{Shift}}$ 键，用光标单击表格第 6 行最后 1 列的单元格，即可选中连续的单元格，如图 3-20 所示。

要点提示

按住鼠标左键不放，然后拖曳光标也可选中连续的单元格。

STEP 5 单击【属性】面板上的 ▭ 按钮，将选中的多个单元格合并为一个单元格，如图 3-21 所示。

图 3-20　选中连续的单元格　　　　　　　　　图 3-21　合并单元格

STEP 6 用同样的方法，设置表格的其他单元格，最终效果如图 3-22 所示。

6. 向表格中添加内容

表格作为一个强大的载体，把许多网页元素（包括文本、图像、单元格及多媒体等）都囊括其中，这不仅能展现出元素的多元化魅力，也把表格整体与元素之间有机地契合在一起。

STEP 1 按住鼠标左键不放拖曳光标，连续选中如图 3-23 所示的单元格。

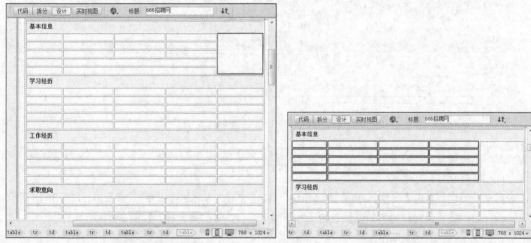

图 3-22　设置表格其他单元格　　　　　　　　图 3-23　连续选中多个表格

STEP 2 在【属性】面板中设置【高】为"20"，此时所选中的单元格的高度都变为 20px，效果如图 3-24 所示。

STEP 3 选中第 1 列的第 2、3、4、5、6 行，然后在【属性】面板中设置【水平】为【右对齐】，并输入文本，最终效果如图 3-25 所示。

STEP 4 选中第 2 列的第 2、3、4、5、6 行，然后在【属性】面板中设置【水平】为【左对齐】，并输入文本，最终效果如图 3-26 所示。

图 3-24　同时设置多个单元格的高度　　　　　图 3-25　设置第 1 列的第 2、3、4、5、6 行的效果

 要点提示

由于第 2 列的第 5 行和第 6 行是由多个无规则的单元格合并而成，所以在此次选择操作过程中必须按住 Ctrl 键，用鼠标连续单击的方法选中多个单元格。

STEP ⬆5 用同样的方法设置第 4 列和第 5 列的第 2、3、4 行，效果如图 3-27 所示。

图 3-26　设置第 2 列的第 2、3、4、5、6 行的效果　　　图 3-27　设置第 4 列和第 5 列的第 2、3、4 行的效果

STEP ⬆6 将光标置于第 1 行最后 1 列的单元格中，然后在【属性】面板中设置【水平】为【居中对齐】、【垂直】为【居中】，如图 3-28 所示。

图 3-28　设置第 1 行最后 1 列的属性

STEP ⬆7 选择菜单命令【插入】/【图像】/【图像】，打开【选择图像源文件】对话框，选择素材文件"素材\第 3 章\666 招聘网\images\my_picture.JPG"，如图 3-29 所示。

STEP ⬆8 单击 确定 按钮，即可将图像插入到单元格中，效果如图 3-30 所示。

图 3-29　选择图像文件　　　　　　　　　　图 3-30　插入图像

STEP　9　选中"学习经历"栏目中的所有单元格，然后在【属性】面板中设置【水平】为【居中对齐】、【垂直】为【居中】、【高】为"20"，并输入文本，最终效果如图 3-31 所示。

图 3-31　设置"学习经历"栏目单元格效果

STEP　10　用同样的方法在表格的其他单元格中添加元素，最终效果如图 3-32 所示。

图 3-32　设置其他单元格中的属性

7. 添加或删除不合格的行或列

STEP　1　选中表格的最后一行，如图 3-33 所示。

STEP　2　选择菜单命令【修改】/【表格】/【删除行】，即可将选中的行删除，如图 3-34 所示。

图 3-33　选中最后一行

图 3-34　删除最后一行

要点提示

选中要删除的单元格后，按 Delete 键也可删除选中的单元格。将光标置于要插入行的单元格内，然后选择菜单命令【修改】/【表格】/【插入行】，可插入行。

STEP 3 按 Ctrl+S 组合键保存文档，案例制作完成，按 F12 键预览设计效果。

3.1.2 典型实例——设计"绿色行动"网页

为了让用户进一步掌握表格的创建和编辑方法，下面将以设计"绿色行动"网页为例，深入讲解创建和编辑表格的具体操作方法，设计效果如图 3-35 所示。

添加表格（操作实例）

图 3-35 设计"绿色行动"网页

1. 创建表格

STEP 1 打开素材文件"素材\第 3 章\绿色行动\index.html"，如图 3-36 所示。

STEP 2 在文本"活动安排"模块下边的空白单元格中插入一个 18 行 4 列的表格，表格参数设置如图 3-37 所示。

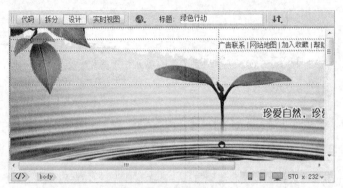

图 3-36　打开素材文件

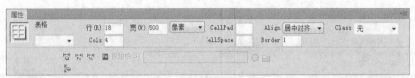

图 3-37　设置表格属性

2. 设置行属性

STEP ❶ 选中第 1 行的单元格，在【属性】面板中设置【水平】为【居中对齐】、【高】为"25"、【背景颜色】为"#39A5EE"，如图 3-38 所示。

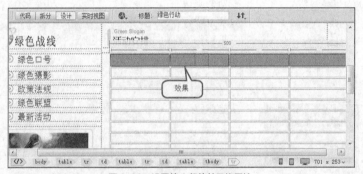

图 3-38　设置第 1 行的单元格属性

STEP ❷ 选中第 2 行的单元格，在【属性】面板中设置【水平】为【居中对齐】、【高】为"25"，如图 3-39 所示。

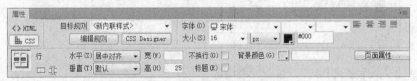

图 3-39　设置第 2 行的单元格属性

STEP ❸ 选中第 3 行的单元格，在【属性】面板中设置【水平】为【居中对齐】、【高】为"25"、【背景颜色】为"#D9E4EE"，如图 3-40 所示。

STEP ❹ 将第 4 行单元格属性设置成与第 2 行单元格相同的属性，将第 5 行单元格属性设置成与第 3 行单元格相同的属性，如图 3-41 所示。

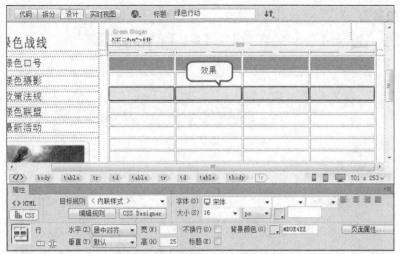

图 3-40　设置第 3 行的单元格属性

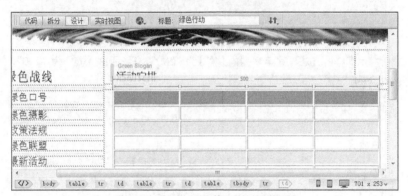

图 3-41　设置第 4 行和第 5 行的单元格属性

STEP ⑤　用同样的方法循环设置其他行单元格，最终效果如图 3-42 所示。

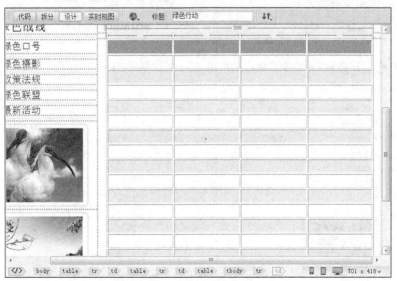

图 3-42　设置其他行单元格属性

3. 设置列属性

STEP 1 选中第 1 列所有的单元格，在【属性】面板中设置【宽】为"100"，如图 3-43 所示。

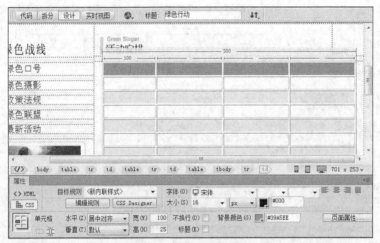

图 3-43　设置第 1 列的宽度

STEP 2 用同样的方法设置第 2 列的【宽】为"200"、第 3 列的【宽】为"100"、第 4 列的【宽】为"100"，如图 3-44 所示。

图 3-44　分别完成列宽设置后的效果

STEP 3 分别选中第 2 列和第 3 列的第 3~7 行的单元格，单击【属性】面板上的 按钮，将选中的多个单元格分别合并为一个单元格，如图 3-45 所示。

图 3-45　分别合并第 2 列和第 3 列的第 3~7 行

4. 向表格中添加元素

STEP 1　在第 1 行输入文本并在 HTML 属性面板中设置【格式】为【标题 3】，如图 3-46 所示。

图 3-46　在第 1 行输入文本

STEP 2　在其他单元格中直接输入文本，最终效果如图 3-47 所示。

活动时间	活动内容	活动地点	策划人
2010.6.10	开幕式	A单元1号	小明
2010.6.11			小王
2010.6.12			小红
2010.6.13	环保知识讲座	A单元2号	小明
2010.6.14			小袁
2010.6.15			小李
2010.6.16	环保知识竞赛-初赛	A单元3号	小袁
2010.6.17	环保知识竞赛-淘汰赛	A单元2号	小袁
2010.6.18	环保知识竞赛-半决赛	A单元2号	小袁
2010.6.19	环保知识竞赛-决赛	A单元2号	小袁
2010.6.20	本地环保考察1	A单元2号	小红
2010.6.21	本地环保考察2	A单元2号	小红
2010.6.22	本地环保考察3	A单元2号	小红
2010.6.23	本地环保考察4	A单元2号	小红
2010.6.24	环保考察总结	A单元2号	小明
2010.6.25	环保考察讨论	A单元2号	小明
2010.6.26	结束式	A单元1号	小李

图 3-47　输入其他文本内容

STEP 3　按 Ctrl+S 组合键保存文档，案例制作完成，按 F12 键预览设计效果。

3.2　应用表格布局网页

　　表格作为网页排版设计的灵魂，也是需要重点掌握的布局页面的方法，它可以实现网页中文本、图像等内容的完美融合，从而达到用户心中预想的页面设计效果。

3.2.1　表格布局的操作方法

　　表格布局的操作过程一般是先根据设计的效果图制作表格，然后再向表格中添加文本、图片等内容。下面将以设计"印象数码"网页为例来讲解以表格布局网页的基本方法，设计效果如图 3-48 所示。

应用表格布局

1. 设计结构图

根据图 3-48 所示的案例效果图分析可得到如图 3-49 所示的网页布局结构图。

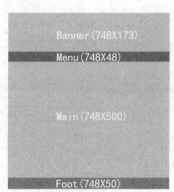

图 3-48　设计"印象数码"网页　　　　　　　　　图 3-49　布局结构图

2. 插入表格并设置表格的参数

下面根据布局结构图来创建表格。

STEP 1 运行 Dreamweaver CC，新建一个名为"index.html"的空白文档，然后设置【页面属性】，如图 3-50 所示。

STEP 2 将光标置于文档中，然后选择菜单命令【插入】/【表格】，打开【表格】对话框，设置【行数】为"4"，【列】为"1"，【表格宽度】为"748"，【边框粗细】、【单元格边距】、【单元格间距】都为"0"，如图 3-51 所示。

图 3-50　设置页面属性　　　　　　　　　　　　图 3-51　设置表格参数

STEP 3 单击 确定 按钮，即可在文档中插入一个 4 行 1 列无边框、无边距的表格，如图 3-52 所示。

图 3-52　插入表格

STEP 4 选中表格,在【属性】面板中设置【Align】为【居中对齐】,如图 3-53 所示。

图 3-53　设置表格属性

STEP 5 将光标置于第 1 行的单元格中,在【属性】面板中设置【水平】为【居中对齐】、【垂直】为【居中】、【高】为"173",如图 3-54 所示。

图 3-54　设置第 1 行单元格的属性

STEP 6 用同样的方法设置第 2 行的【高】为"48"、第 3 行的【高】为"500"、第 4 行的【高】为"50",最终效果如图 3-55 所示。

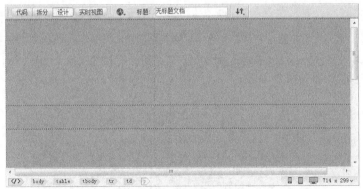

图 3-55　设置单元格高度的效果

3. 向表格中添加元素

（1）设置页面顶部

STEP 1 将光标置于第 1 行的单元格中,然后选择菜单命令【插入】/【图像】/【图像】,选择素材文件"素材\第 3 章\印象数码\images\banner.jpg",如图 3-56 所示。

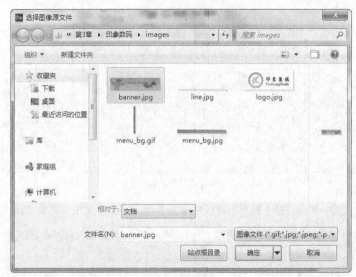

图 3-56　选择图像

STEP 单击 [确定] 按钮，将图像插入表格中，如图 3-57 所示。

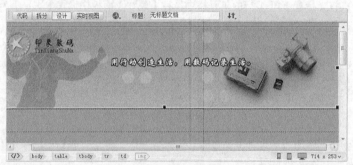

图 3-57　插入图像

（2）设置导航栏

STEP 将光标置于第 2 行的单元格中，然后在标签选择器中的"<tr>"代码上单击鼠标右键，在弹出的快捷菜单中选择【Quick Tag Editor】命令，打开【编辑标签】面板，输入代码"background="images/menu_bg.gif"'，如图 3-58 所示。

图 3-58　插入背景图像

STEP 将光标置于第 2 行单元格中，然后插入 1 个 1 行 9 列的表格，表格参数设置如图 3-59 所示。

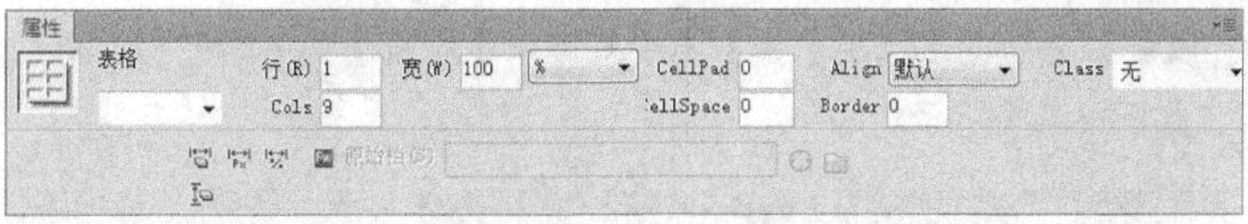

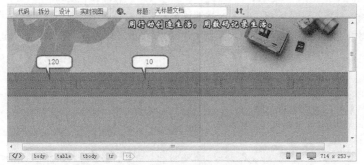

图 3-59　在第 2 行插入 1 个 1 行 9 列的表格

STEP 3　设置表格奇数列的【宽】为"120"、偶数列的【宽】为"10",并设置单元格的【水平】为【居中对齐】,效果如图 3-60 所示。

图 3-60　设置表格的宽度

STEP 4　在表格中输入文本,如图 3-61 所示。

图 3-61　输入文本

(3)设置主体部分

STEP 1　将光标置于第 3 行单元格中,然后插入 1 个 2 行 1 列的表格,表格参数设置如图 3-62 所示。

图 3-62　在第 3 行插入 1 个 2 行 1 列的表格

STEP 2　将光标置于步骤(1)插入的表格中的第 1 行,然后在【属性】面板中设置【水平】为【左对齐】【垂直】为【居中】【高】为"40"、【背景颜色】为"#FFFFFF",如图 3-63 所示。

图 3-63　设置第 1 行的属性

STEP  设置第 2 行的【水平】为【居中对齐】、【垂直】为【居中】、【高】为 "560"、【背景颜色】为 "#FFFFFF"，如图 3-64 所示。

图 3-64　设置第 2 行的属性

STEP 在第 1 行单元格中输入文本并调整版式，如图 3-65 所示。

STEP 在第 2 单元格中插入素材文件 "素材\第 3 章\印象数码\flash\Photo.swf"，效果如图 3-66 所示。

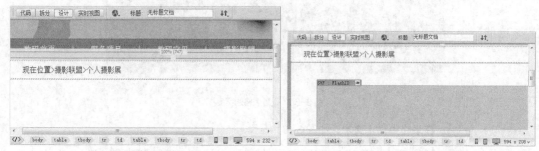

图 3-65　在第 1 行输入文本　　　　　　　　图 3-66　插入 Flash 动画

（4）设置页脚

STEP 将光标置于表格最后 1 行，在【属性】面板中设置【背景颜色】为 "#999999"，如图 3-67 所示。

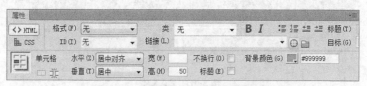

图 3-67　设置最后 1 行单元格的背景颜色

STEP 在单元格内插入 1 个 2 行 1 列的表格，表格参数如图 3-68 所示。

图 3-68　插入 1 个 2 行 1 列的表格

STEP 设置第 1 行单元格的属性并输入文本，如图 3-69 所示。

图 3-69　设置第 1 行的效果

STEP 设置第 2 行单元格的属性并输入文本，如图 3-70 所示。

STEP 按 Ctrl+S 组合键保存文档，案例制作完成，按 F12 键预览设计效果。

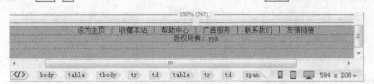

图 3-70　设置第 2 行的效果

3.2.2　典型实例——设计"全意房产"网页

在掌握创建和编辑表格的方法和步骤之后，如何让表格能更好地为网页设计服务呢？用户下一步就需要学会如何利用表格来进行网页布局。下面以设计"房产中介"网页为例，讲解在表格扩展模式下使用完全独立的表格来布局网页的操作方法，设计效果如图 3-71 所示。

添加表格（操作实例）

图 3-71　设计"全意房产"网页

1．分析确定结构图

根据图 3-71 所示的案例效果图分析可知网页的布局结构图如图 3-72 所示。

2．创建表格

STEP 新建一个名为"index.html"空白文档，然后设置页面属性如图 3-73 所示。

图 3-72 布局结构图

图 3-73 设置页面属性

STEP 2 选择菜单命令【窗口】/【插入】，打开【插入】面板，如图 3-74 所示。

STEP 3 把右侧的【插入】面板切换至【常用】类别，如图 3-75 所示。

图 3-74 打开【插入】面板

图 3-75 设置【插入】面板的【常用】类别

STEP 4 在【插入】面板中单击 ⊞ 表格　　　　　　　按钮，插入 1 个 1 行 1 列的表格，
并设置表格参数如图 3-76 所示。

图 3-76 插入表格

STEP 5 将光标置于表格单元格内，设置单元格的【高】为"321"，如图 3-77 所示。

图 3-77 设置布局表格 1

STEP **6** 选中表格，然后在【插入】面板中单击 表格 按钮，在此表格中再次插入 1 个 1 行 1 列的表格，表格的【宽】保持不变，【高】设置为 "34"，如图 3-78 所示。

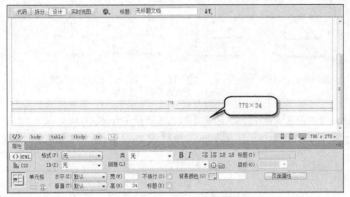

图 3-78 绘制第 2 个布局表格

STEP **7** 选中第 2 个表格，然后在【插入】面板中单击 表格 按钮，插入 1 个 1 行 3 列的表格，并设置第 1 个单元格的【宽】为 "260"、【高】为 "160"，第 2 个单元格的【宽】为 "260"、【高】为 "160"，第 3 个单元格的【宽】为 "258"，【高】为 "160"，如图 3-79 所示。

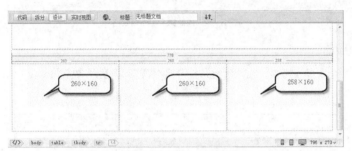

图 3-79 绘制第 3 个布局表格

STEP **8** 选中第 3 个表格，然后在【插入】面板中单击 表格 按钮，插入 1 个 1 行 1 列的表格，并设置表格的【宽】为 "778"、【高】为 "34"，如图 3-80 所示。

图 3-80 绘制第 4 个布局表格

STEP **9** 选中第 4 个表格，然后在【插入】面板中单击 表格 按钮，插入 1 个 1 行 4 列的表格，并设置第 1 个单元格的【宽】为 "150"、【高】为 "184"，第 2 个单元格的【宽】为 "255"、【高】为 "184"，第 3 个单元格的【宽】为 "160"、【高】为 "184"，第 4 个单元格的【宽】为 "213"、【高】为 "184"，如图 3-81 所示。

图 3-81　绘制第 5 个布局表格

STEP 10 选中第 5 个表格，然后在【插入】面板中单击 ⊞ 表格 按钮，插入一个 1 行 1 列的表格，并设置表格的【宽】为 "778"、【高】为 "67"，如图 3-82 所示。

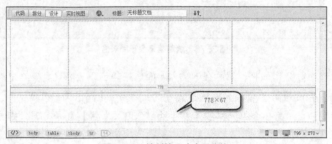

图 3-82　绘制第 6 个布局表格

3. 制作页面顶部

将光标置于第 1 个布局表格中，插入素材文件 "素材\第 3 章\房产中介\flash\ 1.swf"，效果如图 3-83 所示。

图 3-83　插入 Flash 文件

4. 制作 "房产资讯" 部分

STEP 11 将光标置于第 2 个布局表格中，通过快速标签编辑器面板为单元格添加背景图像，图像为素材文件 "素材\第 3 章\房产中介\images\Menu_bg01.gif"，效果如图 3-84 所示。

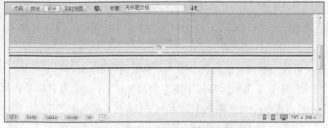

图 3-84　在第 2 个布局表格中添加背景图像

STEP 2 将光标置于第 2 个布局表格中，插入素材文件"素材\第 3 章\房产中介\images\ Menu01.gif"，如图 3-85 所示。

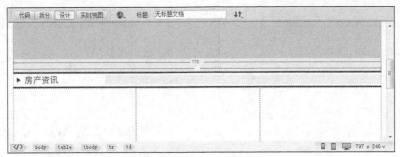

图 3-85 在第 2 个布局中添加图像

STEP 3 将光标置于第 3 个布局的第 1 个单元格中，在【属性】面板中设置【水平】为【居中 对齐】、【垂直】为【顶端】，如图 3-86 所示。

图 3-86 设置单元格的对齐属性

STEP 4 将光标置于第 3 个布局的第 1 个单元格中，插入 1 个 3 行 2 列的表格，属性设置如图 3-87 所示。

图 3-87 插入 1 个 3 行 2 列的表格

STEP 5 设置第 1 行第 1 列的单元格的【宽】为"14"、【高】为"25"，第 2 行单元格的【高】 为"115"，第 3 行单元格的【高】为"20"，如图 3-88 所示。

STEP 6 选中第 2 行的第 1 列和第 2 列单元格，在属性检查器面板中单击▢按钮合并单元格，如图 3-89 所示。

图 3-88 设置单元格的参数

图 3-89 合并单元格

STEP 7 将光标置于第 1 行第 1 列单元格中，在【属性】面板中设置【水平】为【右对齐】、【垂 直】为"居中"，然后插入素材文件"素材\第 3 章\房产中介\images\ico.gif"，如图 3-90 所示。

STEP 8 将光标置于第1行第2列单元格中，在【属性】面板中设置【水平】为【左对齐】、【垂直】为【居中】，然后输入文本并设置文本格式，如图3-91所示。

图3-90 插入图像

图3-91 输入文本

STEP 9 将光标置于第2行单元格中，在【属性】面板中设置【背景颜色】为"#CCCCCC"，并插入1个7行5列的表格，表格参数如图3-92所示，效果如图3-93所示。

图3-92 插入1个7行5列的表格

STEP 10 设置表格第1行的【水平】为【居中对齐】、【垂直】为【居中】、【高】为"20"，【背景颜色】为"#33CCFF"，其他行的【水平】为【居中对齐】、【垂直】为【居中】、【高】为"15"，效果如图3-94所示。

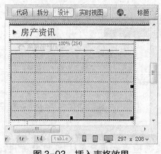

图3-93 插入表格效果

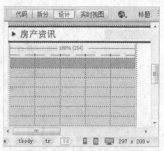

图3-94 设置表格行的参数

STEP 11 设置表格第1列的【宽】为"35"，第2列的【宽】为"56"，第3列的【宽】为"56"，第4列的【宽】为"66"，第5列的【宽】为"42"，如图3-95所示。

STEP 12 在单元格输入文本，最终效果如图3-96所示。

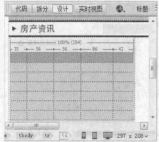

图3-95 设置表格列的宽度

图3-96 输入文本

STEP 13 将光标置于第 3 行单元格中，在【属性】面板中设置【水平】为【右对齐】、【垂直】为【居中】，然后插入素材文件"素材\第 3 章\房产中介\images\more.gif"，如图 3-97 所示。

图 3-97　插入 more 图像

STEP 14 用同样的操作方法制作"房产资讯"部分的其他两个单元格，最终效果如图 3-98 所示。

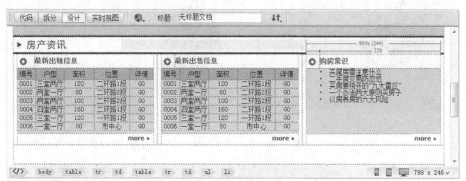

图 3-98　为其他单元格添加内容

5. 制作"公司简介"部分

STEP 1 将光标置于第 4 个布局表格中，通过快速标签编辑器面板为单元格添加背景图像，图像为素材文件"素材\第 3 章\房产中介\images\Menu_bg02.gif"，效果如图 3-99 所示。

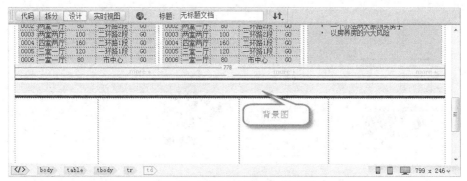

图 3-99　在第 4 个布局中添加背景图像

STEP 2 将光标置于第 4 个布局表格中，插入素材文件"素材\第 3 章\房产中介\images\Menu02.gif"，如图 3-100 所示。

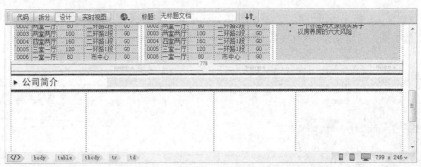

图 3-100　在第 4 个布局中添加图像

STEP 3 分别在第 5 个布局表格的第 1 列和第 3 列中插入素材文件"素材\第 3 章\房产中介\
images\people01.jpg" 和 "people02.jpg"，如图 3-101 所示。

图 3-101　添加图像

STEP 4 将光标置于第 2 列单元格，插入 1 个 3 行 1 列的表格，表格参数设置如图 3-102 所示。

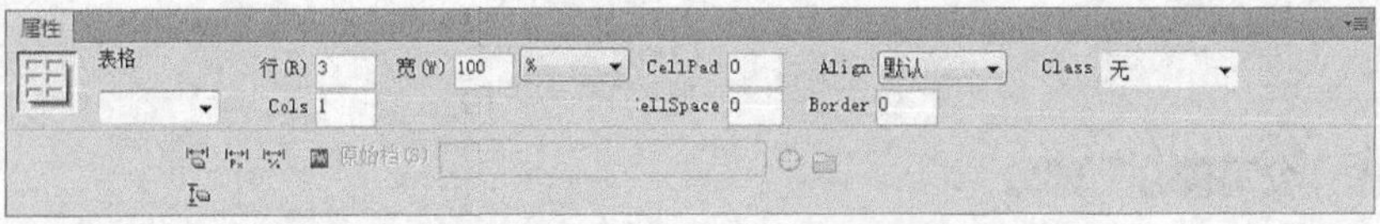

图 3-102　插入 1 个 3 行 1 列的表格

STEP 5 设置表格第 1 行的【高】为 "30"，第 2 行的【高】为 "143"，第 3 行的【高】为 "11"，
如图 3-103 所示。

图 3-103　设置表格的行高

STEP 6 在第 1 行和第 2 行单元格中分别输入文本，在第 3 行单元格中插入素材文件"素材\
第 3 章\房产中介\ images\bian.gif"，效果如图 3-104 所示。

图 3-104　向表格中添加内容

STEP 7 将光标置于第 5 个布局表格的第 4 列单元格中，插入 1 个 3 行 1 列的表格，表格参数设置如图 3-105 所示。

图 3-105　插入 1 个 3 行 1 列的表格

STEP 8 设置表格第 1 行的【高】为 "30"，第 2 行的【高】为 "143"，第 3 行的【高】为 "11"，如图 3-106 所示。

图 3-106　设置表格的行高

STEP 9 在第 1 行和第 2 行单元格中输入文本并调整文本格式，效果如图 3-107 所示。

图 3-107　向表格中添加内容

6. 制作页脚

STEP 1 将光标置于第 6 个布局表格中，通过快速标签编辑器面板为单元格添加背景图像，图像为素材文件 "素材\第 3 章\房产中介\images\foot.gif"，效果如图 3-108 所示。

图 3-108 设置页脚的背景图像

STEP 2 在单元格中输入文本并调整格式，如图 3-109 所示。

STEP 3 按 Ctrl + S 组合键保存文档，案例制作完成，按 F12 键预览设计效果。

图 3-109 输入文本

3.3 应用站点

使用 Dreamweaver CC 软件管理站点时，除了使用到如新建页面上使用 Dreamweaver 预载模板的功能之外，还可以发现 Dreamweaver CC 软件中其他强大的功能和优点，例如，检查网页中坏掉的链接，可以生成站点报告，添加 FTP 信息，动态调试脚本等，网页设计的效率可以因此得到大幅度提高。

3.3.1 Dreamweaver 站点文件夹

关于 Dreamweaver 所介绍的站点共包含 3 部分，分别是本地文件夹、远程文件夹和动态文件夹。

1. 本地文件夹

本地文件夹是工作目录，是 Dreamweaver 的本地站点，通常是指用户电脑上面的文件夹。

2. 远程文件夹

远程文件夹是存储文件的位置，这些文件用于测试、生产、协作和发布等，具体位置取决于测试的环境，Dreamweaver 将此文件夹称为远程站点。远程文件夹是运行 Web 服务器的计算机上的某个文件夹，它通常是指在网络中可以被允许公开访问的计算机，即服务器，但如果是在本机调试，那么它也是在本机的文件夹。例如，通过 FTP 连接的远程文件夹。

3. 动态文件夹

动态文件夹（"测试服务器"文件夹）是 Dreamweaver 用于处理动态页的文件夹。此文件夹与远程文件夹通常是同一文件夹。除非用户在开发 Web 应用程序，否则无需考虑此文件夹。例如，在后面章节将讲到的动态网页。

3.3.2 使用 Dreamweaver 创建站点

下面简单介绍如何使用 Dreamweaver CC 创建站点。

1. 创建一个站点

STEP 1 打开 Dreamweaver CC，选择菜单命令【站点】/【新建站点】，打开【站点设置对象】对话框，如图 3-110 所示。

STEP 2 设置站点名称，单击 按钮选择站点根目录，如图 3-111 所示。

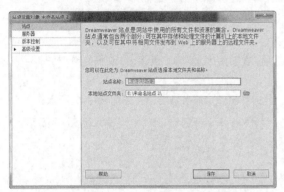

图 3-110 打开【站点设置对象】对话框   图 3-111 选择站点文件夹

STEP 3 单击 选择文件夹 按钮，设置站点名称和站点的路径，如图 3-112 所示。

STEP 4 单击 保存 按钮，完成站点创建，在文件窗口可以看到站点内各个文件及文件夹的信息，双击该文件可以对其进行编辑，完成本地站点的创建，如图 3-113 所示。

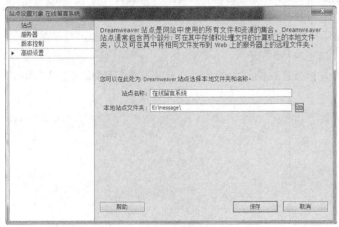

图 3-112 设置站点名称及路径   图 3-113 完成站点创建

2. 管理站点

STEP 1 选择菜单命令【站点】/【管理站点】，打开【管理站点】对话框，如图 3-114 所示。

STEP 2 双击【您的站点】列表框中需要更改的站点，弹出【站点设置对象】对话框，如图 3-115 所示。

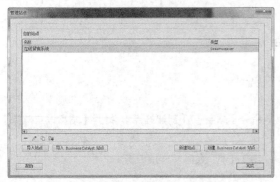

图 3-114 管理站点　　　　　　　　　　　图 3-115 【设置站点对象】对话框

3. 设置站点服务器

STEP 1 在左侧列表框中选择【服务器】选项，在右侧可以添加、删除、修改服务器，如图 3-116 所示。

STEP 2 单击＋按钮，可以添加服务器，此时弹出添加服务器窗口，如图 3-117 所示。

图 3-116 服务器窗口　　　　　　　　　　图 3-117 设置基本信息

STEP 3 在【基本】选项卡中可以设置服务器连接信息，这里设置【连接方法】为【本地/网络】，选择【服务器文件夹】及【Web URL】，如图 3-118 所示。

STEP 4 在【高级】选项卡中可以设置服务器的其他信息，这里设置【服务器模型】为【ASP VBScript】，如图 3-119 所示。

图 3-118 设置基本信息　　　　　　　　　图 3-119 设置高级信息

STEP 5 单击 保存 按钮完成设置，可以发现【服务器】列表框中添加了一条记录，用户可以通过单击－按钮删除服务器，或者双击记录编辑，如图 3-120 所示。

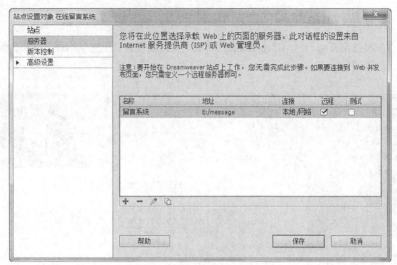

图 3-120　完成服务器设置

3.4 应用 IFrame

　　框架是网页布局的功能之一。使用框架，在同一个浏览窗口中就可以显示多个不同的文件。搭建框架可以通过<frame>及<frameset>标签来完成。IFrame 和 Frame 很相似，主要区别在于前者是个浮动框架，用户可以把它嵌入在网页中的任何位置；而 Frame 是不可活动的，在 Dreamweaver CC 软件中，主要是通过应用<IFrame>标签来构造框架的。

3.4.1　IFrame 简介

　　IFrame 使用简单，应用方式极为灵活。表 3-1 所示为常见的 IFrame 属性及含义。

　　IFrame 标签是以成对的形式出现的，以<iframe>开始，以</iframe>结束，IFrame 标签内的内容可以作为浏览器不支持 IFrame 标签时显示。

表 3-1　常见的 IFrame 属性及含义

名称	含义
Name	内嵌帧名称
Width	内嵌帧宽度
Height	内嵌帧高度
frameborder	内嵌帧边框
marginwidth	帧内文本的左右页边距
marginheight	帧内文本的上下页边距
scrolling	是否出现滚动条（"auto"为自动，"yes"为显示，"no"为不显示 ）
src	内嵌入文件的地址
style	内嵌文档的样式（如设置文档背景等）
allowtransparency	是否允许透明

3.4.2　应用 IFrame 框架创建网页

为了让用户掌握应用 IFrame 创建网页的操作方法，下面以设计"程序学习网"网页为例进行讲解，设计效果如图 3-121 所示。

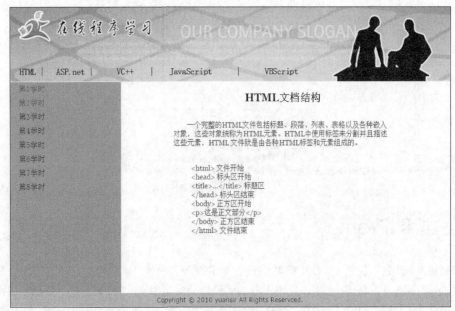

图 3-121　设计"程序学习网"

1. 设计框架

STEP ① 从网页布局来看，网站页面由 4 个部分组成，分别是 header 页面、left 页面、content 页面及 footer，新建一个名为"index.html"的空白文档，保存到"素材\第 3 章\程序学习网"。

STEP ② 插入一个 ID 为"header"的 div 标签，并新建对应 CSS 规则，设置【position】参数为【absolute】、【height】参数为"158px"、【width】参数为"1024px"、【left】参数为"80px"，如图 3-122 所示，效果如图 3-123 所示。

图 3-122　设置规则参数

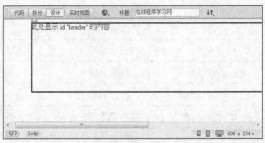

图 3-123　设置后效果

STEP ③ 用同样的方法新建一个 ID 为"left"的 div 标签。设置【position】为【absolute】、【height】为"450px"、【width】为"260px"、【left】为"80px"、【top】为"167px"，效果如图 3-124 所示。

STEP ④ 新建一个 ID 为"content"的 div 标签。设置【position】为【absolute】、【height】为"450px"、【width】为"764px"、【left】为"340px"、【top】为"167px"，效果如图 3-125 所示。

图 3-124　设置 "left" 参数

图 3-125　设置 "content" 参数

STEP 5 新建一个 ID 为 "footer" 的 div 标签。设置【position】为【absolute】、【height】为 "50px"、【width】为 "1024px"、【left】为 "340px"、【top】为 "618px"，效果如图 3-126 所示。

2. 添加页面

STEP 1 去除多余的文字，将光标移至 "header" 内，选择菜单命令【插入】/【IFRAME】，如图 3-127 所示。

图 3-126　设置 "footer" 参数

图 3-127　去除多余文字

STEP 2 此时已经插入了 IFrame 浮动框架，需要在代码视图的环境下才能进行下一步编辑，单击左上角 代码 按钮，切换到代码视图，如图 3-128 所示。

STEP 3 在 IFrame 中设置参数为 "src="header.html" width="1024" height="158" scrolling="auto" frameborder="0""，如图 3-129 所示。

图 3-128　插入 IFrame

图 3-129　设置 IFrame 参数

STEP 4 用同样的方法在 "left" 内插入 IFrame，设置参数为 "src="left.html" width="260" height="450" scrolling="auto" frameborder="0""，如图 3-130 所示。

STEP 5 在"content"内插入 IFrame，设置参数为 "name="content" src="content.html" width="764" height="450" scrolling="auto" frameborder="0""，在这里 name 属性主要用于动态改变地址，如图 3-131 所示。

图 3-130　设置"left"参数

图 3-131　设置"content"参数

STEP 6 最后在"footer"内插入 IFrame，设置参数为 "src="footer.html" width="1024" height= "50" scrolling="auto" frameborder="0""，如图 3-132 所示。

STEP 7 在<IFrame>和</IFrame>之间输入"您的浏览器不支持嵌入式框架，或者当前配置为不显示嵌入式框架。"，如图 3-133 所示。

图 3-132　设置"footer"参数

图 3-133　加入不支持显示

STEP 8 按 Ctrl + S 组合键保存文档，按 F12 键预览设计效果，可以看到页面的效果，如图 3-121 所示。

3. 创建超链接

STEP 1 在 Dreamweaver CC 软件中打开素材文件"素材\第 3 章\程序学习网\left.html"，如图 3-134 所示。

STEP 2 在页面中选择"第 1 学时"选项后，在【属性】面板中设置【链接】为"content.html"、【目标】为"content"，如图 3-135 所示。

图 3-134　打开文件

图 3-135　设置"第 1 学时"的链接

STEP 3 用同样的方法设置"第 2 学时"选项，设置【链接】为"content_01.html"、【目标】为"content"，如图 3-136 所示。

图 3-136　设置"第 2 学时"的链接

STEP 4 按 Ctrl+S 组合键保存文档，案例制作完成，按 F12 键预览设计效果。在左侧单击"第 2 学时"，右侧就会做出相应变化，如图 3-137 所示。

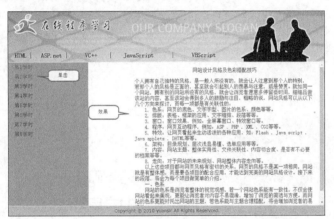

图 3-137　完成设置

3.5 习题

1. 表格主要应用在哪些方面？
2. 表格的组成部分有哪些？
3. 简单讲述表格的插入操作过程。
4. 在表格中插入的元素有哪些？
5. 练习在网页中制作表格。
6. 站点分为几部分，分别是什么？
7. 什么是 IFrame？与 Frame 的区别是什么？
8. 应用框架的相关知识，练习制作框架网页。
9. 练习使用 Dreamweaver 创建站点。

Chapter

4

第 4 章
应用 Div 和 CSS

在 Web 2.0 标准化设计理念大规模普及的时代背景之下，采用 Div+CSS 方法设计网页的方式正逐渐取代表格嵌套内容的方式。此外，国内很多大型门户网站也已经纷纷采用 Div+CSS 设计方法，Div+CSS 已然成为网页设计方法的主流选择。

学习目标

- 掌握 Div 的基础知识。
- 掌握 Div 的应用方法。
- 熟悉 CSS 的各个属性的功能。
- 掌握 CSS 规则的创建和应用方法。
- 掌握 Div+CSS 设计网页的操作过程。

4.1 应用 Div

Div 标签

Div 是网页设计中的一个重要元素，它可以自由地在网页的任意位置上安放，没有其他条件性的约束，同时也可作为网页布局的载体，把文本、图像、媒体和表格等一切 HTML 所需要的元素汇集在一个平台之上，甚至还可以在 Div 内嵌套 Div。

4.1.1 Div 的基本概念和操作

Div 标签可以把文档分割为内容不同、相互独立的部分。它具有组织文档、区隔标记的功能，可以设定字、画、表格等内容的摆放位置，并且不使用任何格式与其关联。插入 Div 标签是制作网页过程中最常用的操作方式。下面将以设计"自然写真"网页为例来讲解 Div 的概念和操作，设计效果如图 4-1 所示。

图 4-1 设计"自然写真"网页

1. 分析网页结构

从图 4-1 所示的效果图中可看出网页大致分为顶部部分、Banner 部分、内容部分和底部 4 个部分，顶部部分又包括 Logo 部分和 menu 部分。从而可得到该网页的布局结构图，如图 4-2 所示。

2. 插入 Div 标签

STEP 1 新建一个名为"index.html"的空白文档。

STEP 2 选择菜单命令【插入】/【Div】，打开【插入 Div】对话框，设置【插入】为【在插入点】、【ID】为"back"，如图 4-3 所示。

图 4-2 网页结构图

图 4-3 【插入 Div】对话框

要点提示

【插入】有 5 项选择：【在插入点】表示在当前的光标位置处插入，只有当没有任何内容被选择时该选项才可用；【在标签开始之后】表示将 Div 标签插入到选定标签内所有内容的前面，即插入到选定标签的最前端；【在标签结束之前】表示将 Div 标签插入到选定标签内所有内容的后面，即插入到选定标签的最后端；【在标签前】表示将 Div 标签代码插入到选定标签的代码前面；【标签后】表示将 Div 标签代码插入到选定标签的代码后面。

STEP 3 单击 新建 CSS 规则 按钮，打开【新建 CSS 规则】对话框，保持默认的参数设置，如图 4-4 所示。

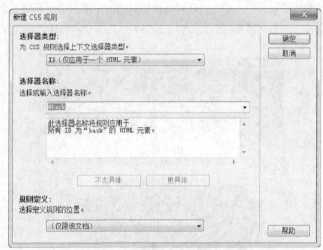

图 4-4　【新建 CSS 规则】对话框

STEP 4 单击 确定 按钮，打开【#back 的 CSS 规则定义】对话框，在【分类】列表框中选择【定位】选项，设置【Position】为【absolute】、【Width】为 "859"、【Height】为 "880"，在【Placement】选项卡中设置【Top】为 "0"、【Left】为 "80"，如图 4-5 所示。

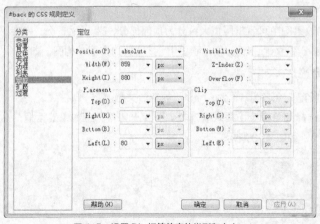

图 4-5　设置 Div 标签的定位类型和大小

STEP 5 单击 确定 按钮，返回【插入 Div】对话框，然后单击 确定 按钮创建一个 Div 标签，如图 4-6 所示。

图 4-6 创建 Div 标签

STEP 6 在标签选择栏中单击【div#back】选项，选中 Div 标签，在【属性】面板中可以对 Div 标签进行设置，现修改【背景颜色】为 "#FFFFFF"，如图 4-7 所示。

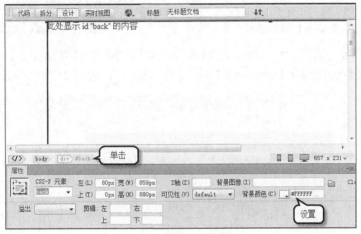

图 4-7 设置 Div 标签属性

要点提示

被选中的 AP 层边框以蓝色线条标记，并出现 AP 层的选择句柄，未被选中的 AP 层边框呈现灰色，且没有出现选择句柄。将光标移至 AP 层的边框上，当光标形状变为 4 个方向都有箭头时，单击 AP 层的边框也可以选中 AP 层。

STEP 7 【属性】面板可以快速修改标签的各项属性，其部分含义如图 4-8 所示。

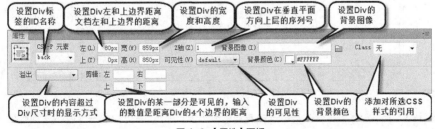

图 4-8 【属性】面板

STEP 8 将光标置于 "back" 层内，然后选择菜单命令【插入】/【Div】，打开【插入 Div】对话框，设置【插入】为【在插入点】、【ID】为 "Head"，如图 4-9 所示。

STEP 9 单击 新建 CSS 规则 按钮，打开【新建 CSS 规则】对话框，保持默认的参数设置，如图 4-10 所示。

图 4-9 【插入 Div】标签对话框

图 4-10 新建 CSS 规则

STEP 10 单击 确定 按钮，打开【#Head 的 CSS 规则定义】对话框，在【分类】列表框中选择【定位】选项，设置【Position】为【absolute】、【Width】为 "859"、【Height】为 "67"，如图 4-11 所示。

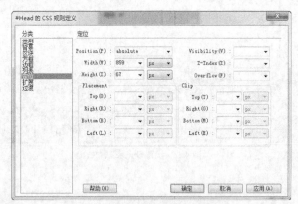

图 4-11 设置 Div 标签的定位类型和大小

STEP 11 单击 确定 按钮，可在 "back" 层内创建 "Head" 层，如图 4-12 所示。

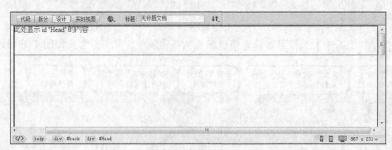

图 4-12 创建 Div 标签

STEP 12 选中 "Head" 层，选择菜单命令【窗口】/【插入】，打开【插入】面板，并打开【常用】选项卡，如图 4-13 所示。

STEP 13 单击 Div 按钮，打开【插入 Div】对话框，参数设置如图 4-14 所示。

图 4-13 打开【插入】面板

图 4-14 【插入 Div】对话框

STEP 14 单击 新建 CSS 规则 按钮，打开【新建 CSS 规则】对话框，保持默认的参数设置，单击 确定 按钮，打开【#banner 的 CSS 规则定义】对话框，设置【定位】类型的【Position】为【absolute】、【Width】为"859"、【Height】为"224"、【Top】为"67"，如图 4-15 所示。

图 4-15 设置"banner"层的属性

STEP 15 单击 确定 按钮，可在"Head"层下边创建一个 AP 层，如图 4-16 所示。

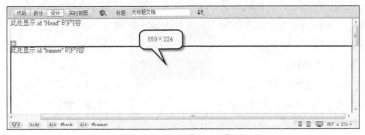

图 4-16 创建"banner"层

STEP 16 选中"banner"层，在【插入】面板上单击 Div 按钮，设置【插入 Div】对话框如图 4-17 所示。

图 4-17 设置 Div 标签的属性

STEP 17 在【#Body 的 CSS 规则定义】对话框中设置【Position】为【absolute】、【Width】为 "859"、【Height】为 "500"、【Top】为 "291"，创建效果如图 4-18 所示。

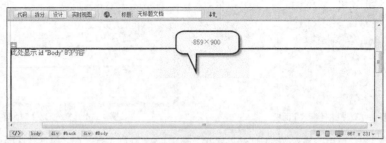

图 4-18 创建 "Body" 层

STEP 18 用同样的方法在 "Body" 层下面新建一个 "Footer" 层，如图 4-19 所示。设置【Position】为【absolute】、【Width】为 "859"、【Height】为 "89"、【Top】为 "791"。

图 4-19 创建 "Footer" 层

STEP 19 至此，完成网页的结构布局。

3. 向 Div 内插入元素

在 Div 内可以输入文本内容，也可以从其他文件中复制相应的文本粘贴进来，还可以插入图像、媒体、表格和脚本等元素。下面介绍向 Div 插入图像、文本和多媒体的操作方法。

（1）插入图像

在 Div 内可以直接插入图像，也可以为 Div 添加背景图像。

STEP 1 将光标置于 "Head" 层中，删除层中的内容，如图 4-20 所示。

STEP 2 在【插入】面板上单击 Div 按钮，设置【插入 Div】对话框如图 4-21 所示。

图 4-20 删除 "Head" 层内的文字

图 4-21 【插入 Div】对话框

STEP 3 在【#logo 的 CSS 规则定义】对话框中设置【定位】面板上的【Position】为【absolute】、【Width】为 "214"、【Height】为 "67"，创建效果如图 4-22 所示。

STEP **4** 用同样的方法插入 "Menu01" 和 "Menu02" 层，效果如图 4-23 所示。其中 "Menu01" 层设置【Position】为【absolute】、【Width】为 "645"、【Height】为 "33"、【Left】为 "214"；"Menu02" 层设置【Position】为【absolute】、【Width】为 "645"、【Height】为 "35"、【Top】为 "33"、【Left】为 "214"。

图 4-22　创建 "logo" 层　　　　　　　　　图 4-23　创建 "Menu01" 和 "Menu02" 层

STEP **5** 将光标置于 "logo" 层内，删除层中的文字，然后选择菜单命令【插入】/【图像】/【图像】，将素材文件 "素材\第 4 章\自然写真\images\logo.png" 插入到层内，如图 4-24 所示。

STEP **6** 选中 "Menu02" 层，在【属性】面板中单击【背景图像】文本框右侧的 按钮，将素材文件 "素材\第 4 章\自然写真\images\menu.png" 设置为背景图像，如图 4-25 所示。

图 4-24　插入 Logo 图像　　　　　　　　　图 4-25　插入背景图像

（2）插入文本

在 Div 内可以输入文本内容，也可以从其他文件中复制相应的文本粘贴进来。

STEP **1** 将光标置于 "Menu01" 层内，打开 CSS 属性面板，如图 4-26 所示。

图 4-26　CSS 属性面板

STEP **2** 单击 编辑规则 按钮，打开【#Menu01 的 CSS 规则定义】对话框，选择【类型】选项，设置【Font-family】为【宋体】、【Font-size】为 "12"、【Line-height】为 "33"、【Color】为 "#000"，如图 4-27 所示。

要点提示

将【Line-height】（行高）设置为 "33px"，是因为 "Menu1" 层的高度为 "33px"，这样可以方便确定文字在 "Menu01" 层的相对位置。

STEP **3** 选择【区块】选项，设置【Text-align】为【right】，如图 4-28 所示。

图 4-27　设置文本字体、大小和行高　　　　　　图 4-28　设置文字为右对齐

STEP　4　单击 确定 按钮，完成 CSS 定义，然后在"Menu01"层内输入文本"加入收藏｜设为首页｜联系我们"，如图 4-29 所示。

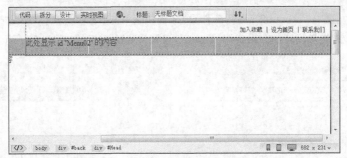

图 4-29　输入文字

STEP　5　将光标置于"Menu02"层内，在 CSS 属性面板中单击 编辑规则 按钮，打开【#Menu02的 CSS 规则定义】对话框，设置【类型】面板的【Font-family】为【宋体】、【Font-size】为"20"、【Line-height】为"34"、【Color】为"#000"，如图 4-30 所示。

图 4-30　编辑"Menu02"层的 CSS 规则

STEP　6　单击 确定 按钮，完成 CSS 编辑，然后在"Menu02"层内输入文本"山水风光 晚霞风光 天空风光 沙滩风光 庭院风光"，并调整间距，如图 4-31 所示。

图 4-31　输入文本

 要点提示

为了让导航栏在编辑和使用过程中都更加简便，在网页设计过程中一般都采用项目列表的方式来编排导航文本。

STEP 7 将光标置于"banner"层中，然后插入素材文件"素材\第 4 章\自然写真\images\banner.png"，如图 4-32 所示。

图 4-32　向"banner"层插入图像

（3）插入多媒体

在 Div 内插入多媒体和在文档或表格中插入多媒体的操作是相同的。

STEP 1 将光标置于"body"层中，删除层中的内容，然后选择菜单命令【插入】/【媒体】/【Flash SWF】，将素材文件"素材\第 4 章\自然写真\flash\ShanShui.swf"插入到层中，如图 4-33 所示。

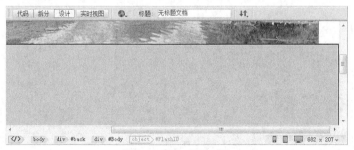

图 4-33　插入 SWF 动画

STEP 2 在标签面板上选中"Body"层，打开【属性】面板，设置【溢出】为【hidden】，属性设置及效果如图 4-34 所示。

图 4-34 设置【溢出】选项及效果

STEP 将光标置于 "Footer" 层中，设置 "Footer" 层的【# Footer 的 CSS 规则定义】对话框中的【类型】面板如图 4-35 所示。

STEP 设置【背景】面板中的【Background-color】为 "#72BBE6"，然后设置【区块】面板如图 4-36 所示。

图 4-35 设置【类型】面板

图 4-36 设置【区块】面板

STEP 单击 确定 按钮完成 CSS 编辑，输入文本 "Copyright © 2010-2012 yuansir All Rights Reserved"，如图 4-37 所示。

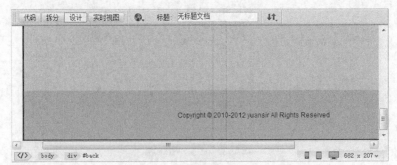

图 4-37 输入版权信息

STEP 按 Ctrl+S 组合键保存文档，案例制作完成，按 F12 键预览设计效果。

4.1.2　典型实例——设计"搜索网"

为了让用户进一步掌握 Div 的基本操作以及使用 Div 布局网页的操作方法和技巧，下面将以设计"搜索网"为例进一步讲解，设计效果如图 4-38 所示。

图 4-38　设计"搜索网"

1. 设计页面顶部

STEP 1　新建一个名为"index.html"的空白文档。

STEP 2　在文档中插入 1 个"Top"层的 Div 标签，设置 CSS 规则定义如图 4-39 所示。

图 4-39　创建"Top"层的参数

STEP 3　将光标置于"Top"层内，单击 CSS 属性面板中的 ≡ 按钮，使层内的内容居中对齐，然后插入素材文件"素材\第 4 章\搜索网\images\logo.gif"，效果如图 4-40 所示。

图 4-40　插入图像

2. 设计页面主体

STEP 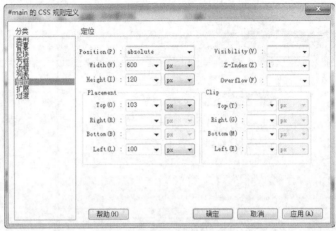1 将光标置于 top 层外，插入 1 个 "main" 层的 Div 标签，设置 CSS 规则定义如图 4-41 所示。

图 4-41　创建 "main" 层的参数

STEP 2 将光标置于 "main" 层内，然后选择菜单命令【插入】/【表单】/【表单】，插入一个表单，如图 4-42 所示。

图 4-42　插入表单

STEP 3 将光标置于表单内，打开【插入 Div】对话框，设置参数如图 4-43 所示。

STEP 4 单击 新建 CSS 规则 按钮，打开【新建 CSS 规则】对话框，然后打开【#NavDiv 的 CSS 规则定义】对话框，设置【类型】面板中的参数如图 4-44 所示。

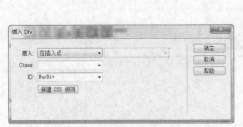

图 4-43　设置插入的 Div 标签　　　　　　图 4-44　设置【类型】面板

STEP **5** 在【区块】面板中设置【Text-align】为【center】，然后设置【定位】面板中的参数如图 4-45 所示。

图 4-45　设置【定位】面板

STEP **6** 单击 确定 按钮，插入 Div 标签，并输入文本，如图 4-46 所示。

图 4-46　输入文本

STEP **7** 在 "NavDiv" 层后面插入 1 个名为 "InputDiv" 的标签，并在【#InputDiv 的 CSS 规则定义】对话框设置【定位】面板参数如图 4-47 所示。

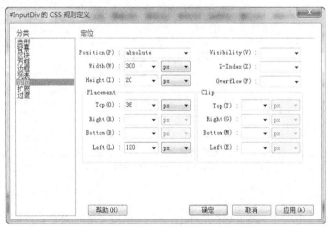

图 4-47　设置 "InputDiv" 层的【定位】面板

STEP 8 单击 确定 按钮，插入 Div 标签，然后选择菜单命令【插入】/【表单】/【文本域】，插入一个文本域并设置参数，效果如图 4-48 所示。

图 4-48　插入文本域

STEP 9 在"InputDiv"层后面插入一个命名为"MenuDiv"的 Div 标签，在【#MenuDiv 的 CSS 规则定义】对话框中设置【定位】面板参数如图 4-49 所示。

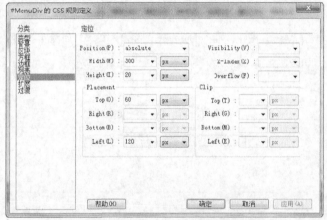

图 4-49　设置"MenuDiv"层的【定位】面板

STEP 10 单击 确定 按钮，插入 Div 标签，然后选择菜单命令【插入】/【表单】/【按钮】，插入两个按钮，如图 4-50 所示。

图 4-50　插入两个按钮

3. 设计页脚

STEP 11 在【main】层后面插入 1 个名为"Footer"的 Div 标签，并在【#Footer 的 CSS 规则定义】对话框中设置【类型】面板中的参数，如图 4-51 所示。

图 4-51　设置 "Footer" 层的【类型】面板

STEP 在【区块】面板中设置【Text-align】为【center】，然后设置【定位】面板中的参数，
如图 4-52 所示。

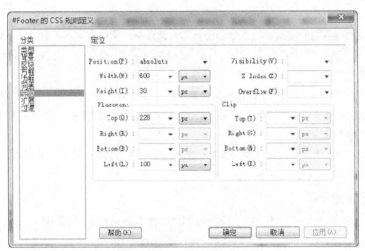

图 4-52　设置 "Footer" 层的【定位】面板

STEP 单击 确定 按钮，插入 Div 标签，然后输入版权信息，如图 4-53 所示。

图 4-53　输入版权信息

STEP **4** 按 Ctrl + S 组合键保存文档，案例制作完成，按 F12 键预览设计效果。

4.2 应用 CSS

CSS 样式表是网页制作过程中最常用的技术之一，用户采用 CSS 技术控制网页，可以更加轻松和高效地控制页面的整体布局、颜色、字体、链接和背景等，除此之外，还可以提高同一页面的不同部分乃至不同页面的外观和格式等效果控制的精确程度。

4.2.1 CSS 基础知识

CSS 是 Cascading Style Sheets 的简称，中文名为"层叠样式表"。CSS 技术在经历了反复的升级和完善阶段之后，已经在目前的网页设计中占据着主导地位。它不仅把 HTML 中各种繁琐的标签都逐一简化，还把标签原有的功能进行扩展，给用户创造出了更多意想不到的网页设计效果。

1. 认识 CSS 的优点

CSS 语言是一种标记语言，采用文本方式编写，直接由浏览器解释执行，无需编译；CSS 作为网页设计中的一种重要技术，具有以下几项优点。

（1）形式和内容相分离

CSS 实现网页的内容与外观设计的划分，在 HTML 文件中只能存放文本信息，这一优点使得页面对搜索引擎更加友好。

（2）提高页面浏览速度

对于访问同一个页面，使用 CSS 设计的网页要比由传统的 Web 设计的网页至少节约一半以上的文件大小，并且页面下载速度更快，浏览器也不用去编译繁冗的标签，访问速度也会因此提高。

（3）易于维护和修改

通过使用 CSS，可以把页面的设计部分放在一个独立的样式文件中，平常只需简单修改 CSS 文件中的参数就可以重新设计整个网站的页面效果。

2. 认识 CSS 的分类

CSS 的定义包含 3 个部分：选择器（selector）、属性（property）和取值（value）。语法规则为：selector {property：value}。选择器就是样式的名称，包括类样式、ID 样式、标签样式和复合内容样式 4 种，如图 4-54 所示。

图 4-54 选择器选项

（1）类样式

这是由用户自定义的 CSS 样式，能够应用到网页中的任何标签上。类样式的定义以句点"."开头，例如，".myStyle {color:red}"。

类样式在使用时需要通过在标签中指定 class 属性来完成，例如，"<p class="myStyle">文字</p>"。

（2）标签样式

这是把现有的 HTML 标签进行重新定义，当创建或改变该样式时，所有应用了该样式的格式都会自动更新。例如，修改一个标签样式"h1 {font-size:18px}"，则所有用"h1"标签进行格式化的文本都将被立即更新。

（3）ID 样式

这是可以定义含有特定 ID 属性的标签，例如，"#myStyle"表示属性值中有"ID="myStyle""的标签。

（4）复合内容样式

定义同时影响两个或多个标签、类或 ID 的复合规则，例如，"a:hover"就是定义鼠标放到链接元素上的状态。

3. 认识 CSS 的属性

在 Dreamweaver CC 软件中，CSS 的定义是通过【CSS 规则定义】对话框来设置的，在【CSS 规则定义】对话框中共有【类型】、【背景】、【区块】、【方框】、【边框】、【列表】、【定位】和【扩展】8 大类，这几类均可定义 CSS 规则的属性，如文本字体、背景图像和颜色、间距和布局属性以及列表元素等外观，如图 4-55 所示。

图 4-55 【类型】类别

- 【类型】类别可以定义 CSS 样式的基本字体和类型设置。
- 【背景】类别可以对网页中的任何元素设置背景属性。
- 【区块】类别可以设置网页中文本的间距和对齐方式。
- 【方框】类别可以用于控制元素在页面上的放置方式和大小。
- 【边框】类别可以设置元素周围的边框（如宽度、颜色和样式）。
- 【列表】类别为列表标签设置列表属性，如项目符号大小和类型。
- 【定位】类别是确定与选定的 CSS 样式相关的内容在页面上的定位方式。
- 【扩展】类别可以设置网页的分页、滤镜和光标形状。

4. 认识 CSS 的应用

在网页设计过程中使用 CSS 样式表，主要有以下两种方式。

（1）内部 CSS 样式表

这种方式存在于 HTML 文件中，并且只对当前页面进行样式的应用。一般存在于文档 head 部分的 style 标签内。

（2）外部 CSS 样式表

这种方式的文件扩展名为.css，它作为共享的样式表文件，可以被多个页面同时使用。不仅能有效地缩减页面文件的大小，还可以充分保证站点内的所有页面效果的一致性。通过修改样式表文件，网站还可以实现快速更新改版。

5. 常用的 CSS 定义代码

（1）基本语法规范

分析一个典型的 CSS 语句：body{ font-size: 12px;color: #FFA346; }。

其中，"body" 称为 "选择器"，指明要给 "body" 定义样式；样式声明写在一对大括号 "{}" 中；font-size 和 color 称为 "属性"，不同属性之间用分号 "；" 分隔；"12px" 和 "#FFA346" 是属性的值。

（2）颜色值

颜色值可以用 RGB 值表示，例如，color：rgb(255,0,0)，也可以用十六进制写，如上文中的 color:#FFA346。如果十六进制值是成对重复的情况，则可以简写，输入的结果是一样的。例如，:#FF0000，可以写成#F00。但如果不是成对重复的情况则禁止简写，例如，"#ED5891"，必须写满 6 位。

（3）定义字体

Web 标准推荐如下字体定义方法。

```
body { font-family : "Lucida Grande", Verdana, Lucida, Arial,
Helvetica, 宋体,sans-serif; }
```

字体按照所列出的顺序选用。如果用户的计算机含有 Lucida Grande 字体，文档将优先被指定为 Lucida Grande，其次被指定为 Verdana 字体，再次则被指定为 Lucida 字体，以此类推。Lucida Grande 字体适合 Mac OS X 系统，Verdana 字体适合所有的 Windows 系统，Lucida 适合 UNIX 用户，宋体适合中文简体用户。如果所列出的字体都不能用，则选用默认的 sans-serif 字体。

（4）群选择器

当几个元素样式属性一样时，可以共同调用一个声明，元素之间用逗号分隔。

```
p, td, li { font-size : 12px ; }
```

（5）派生选择器

可以使用派生选择器给一个元素里的子元素定义样式，例如：

```
li strong { font-style : italic; font-weight : normal; }
```

给 li 下的子元素 strong 定义一个斜体不加粗的样式。

（6）id 选择器

用 CSS 布局主要用层 "div" 来实现，而 Div 的样式通过 "id 选择器" 来定义。例如，首先定义一个层：

```
<div id="menubar"></div>
```

然后在样式表里定义：

```
#menubar {margin: 0px;background: #FEFEFE;color: #95DEFE;}
```

其中，"menubar" 是用户自己定义的 id 名称，注意在前面加 "#" 号。

id 选择器也同样支持派生，例如：

```
#menubar p { text-align : right; margin-top : 10px; }
```

这个方法主要用来定义层和有些比较复杂且有多个派生的元素。

（7）类别选择器

在 CSS 里用一个点开头表示类别选择器定义，例如：

```
.footer {color : #f60 ;font-size:14px ;}
```

在页面中，用 class="类别名" 的方法调用：

```
<span class="footer" >14px 大小的字体</span>
```

此方法比较简单灵活，可以随时根据页面需要进行新建和删除操作。

（8）定义链接的样式

CSS 中用 4 个伪类来定义链接的样式，分别是 a:link、a:visited、a:hover 和 a : active，例如：

```
a:link{font-weight : bold ;text-decoration : none ;color : #F00 ;}
a:visited {font-weight : bold ;text-decoration : none ;color : #F30 ;}
a:hover {font-weight : bold ;text-decoration : underline ;color : #F60 ;}
a:active {font-weight : bold ;text-decoration : none ;color : #F90 ;}
```

以上语句分别定义了"链接、已访问过的链接、鼠标停在上方时、点下鼠标时"的样式。用户需要特别注意的是，样式的编写顺序不能被打乱，否则显示的结果很可能和预想的不一样，它们的正确顺序是"LVHA"，这需要用户牢记。

4.2.2　应用 CSS 表美化网页

为了让用户掌握应用 CSS 的操作方法，下面以设计"个人博客"网页为例进行讲解，设计效果如图 4-56 所示。

图 4-56　设计"个人博客"网页

1. 应用标签样式

标签样式主要用于重新定义特定 HTML 标签的默认格式，修改之后，会自动应用到文档之中。下面将介绍 CSS 布局中常用的以图换字效果。

STEP 打开素材文件"素材\第 4 章\个人博客\index.html"，如图 4-57 所示。

图 4-57　打开素材文件

STEP 2 选中页面顶部的文本"My Blog",然后在 HTML 属性面板中设置【格式】为"标题 1",如图 4-58 所示。

图 4-58　设置文本格式

STEP 3 选择菜单命令【窗口】/【CSS 设计器】,打开【CSS 设计器】面板,如图 4-59 所示。

STEP 4 在【CSS 设计器】面板的【源】面板中选择【style.css】,然后单击【选择器】面板右侧的 **+** 按钮,输入名称为"h1",新建一个 CSS 规则,如图 4-60 所示。

图 4-59　【CSS 设计器】面板

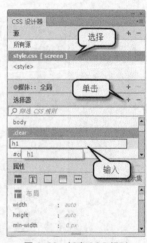

图 4-60　新建 CSS 规则

> 步骤 2 设置文本的【格式】为"标题 1","标题 1"的 HTML 代码为"<h1>…</h1>",因此此处输入规则为"h1"。

STEP 5 单击【属性】面板中的▒按钮,切换至【背景】面板,单击【url】选项,再单击【url】文本框右边的▒按钮,选择素材文件"素材\第 4 章\个人博客\images\header02.jpg",如图 4-61 所示。

STEP 6 单击【属性】面板中的▒按钮,切换至【文本】面板,设置【Text-indent】为"-9999

px"，如图 4-62 所示。

图 4-61　设置背景图像

图 4-62 设置文本首行缩进

 要点提示

Text-indent 属性规定文本块中首行文本缩进。该操作中将其值设置为 "-9999 px"，目的是让网页上不显示文字。

STEP　7 单击【属性】面板中的 按钮，切换至【布局】面板，设置【Width】为 "692"、【Height】为 "100"、【Padding】为 "0"、【margin】为 "0"，如图 4-63 所示。

STEP　8 完成 "h1" 的 CSS 规则定义，并在 "style.css" 文件中生成对应的代码，如图 4-64 所示。

图 4-63　设置方框属性

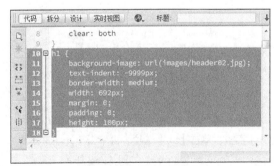

图 4-64　"h1" 规则的代码

STEP　9 同时 "h1" 规则已经自动应用到文档中，效果如图 4-65 所示。

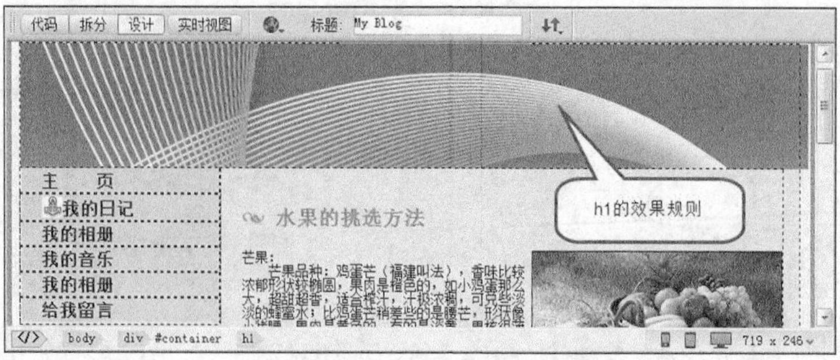

图 4-65　自动应用"h1"规则后的文档效果

2. 应用复合内容样式

复合内容样式是可以同时影响两个或多个标签、类或 ID 的复合规则。下面以添加 CSS 特效的导航条的鼠标为例进行讲解。

STEP 1 在【CSS 设计器】面板的【源】面板中选择【style.css】，然后单击【选择器】面板右侧的 **+** 按钮，输入名称"#navcontainer ul li a:link"，新建一个 CSS 规则，如图 4-66 所示。

STEP 2 在选择器中选择"#navcontainer ul li a:link"，然后单击【属性】面板中的 T 按钮，切换至【文本】面板，设置【color】为"#5c604d"，如图 4-67 所示。

图 4-66　新建 CSS 规则

图 4-67　设置文字颜色

STEP 3 在选择器中选择"#navcontainer ul li a:link"，单击【属性】面板中的 按钮，切换至【背景】面板，单击【url】选项，再单击【url】文本框右边 按钮，选择素材文件"素材\第 4 章\个人博客\images\bg_navbutton.gif"，如图 4-68 所示。

STEP 4 完成"#navcontainer ul li a:link"样式的创建，它会跟随"#navcontainer"样式而产生效果，此时的导航条如图 4-69 所示。

图 4-68　设置背景图片

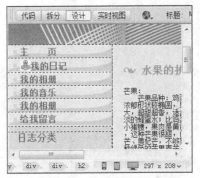

图 4-69　应用样式后的效果

STEP **5** 在【CSS 设计器】面板的【源】面板中选择【style.css】，然后单击【选择器】面板右侧的 **+** 按钮，输入名称"#navcontainer ul li a:hover"，新建一个 CSS 规则，如图 4-70 所示。

STEP **6** 在选择器中选择"#navcontainer ul li a:hover"，然后单击【属性】面板中的 **T** 按钮，切换至【文本】面板，设置【color】为"#5c604d"，如图 4-71 所示。

图 4-70　应用样式后的效果

图 4-71　【新建 CSS 规则】对话框

STEP **7** 在选择器中选择"#navcontainer ul li a:hover"，单击【属性】面板中的 按钮，切换至【背景】面板，单击【url】选项，再单击【url】文本框右边的 按钮，选择素材文件"素材\第 4 章\个人博客\ images\bg_navbutton_ over.gif"，如图 4-72 所示。

STEP **8** 完成"#navcontainer ul li a:hover"样式的创建之后，就会产生基于"#navcontainer"样式的效果，预览网页，当鼠标指针经过导航条的文字时，文字的背景图像会改变，如图 4-73 所示。

STEP **9** 再新建一个 CSS 规则，其名称为"#navcontainer ul li a:visited"，如图 4-74 所示。

图 4-72　设置背景图像　　　　　　　　　　　图 4-73　鼠标指针经过导航栏的效果

STEP 10 按照前面的方法设置文字颜色为"#5c604d"，背景图片为素材文件"素材\第 4 章\个人博客\images\bg_navbutton.gif"，如图 4-75 所示。

图 4-74　新建 CSS 规则　　　　　　　　　　　图 4-75　设置背景图像

STEP 11 完成"#navcontainer ul li a:visited"样式的创建，预览网页，当鼠标指针单击导航条后，文字的背景图像会改变为 bg_navbutton.gif，如图 4-76 所示。

图 4-76　文本单击后的效果

3. 应用类样式

类样式是把用户自定义的 CSS 样式应用到网页中的任何标签上。在此之前,需要先创建样式,再将样式应用到对应的元素上。

STEP 1 新建一个 CSS 规则,其名称为 ".text",如图 4-77 所示。

STEP 2 单击【属性】面板中的 T 按钮,切换至【文本】面板,设置【color】为 "#5b604c"、【font-family】为【宋体】、【font-size】为 "12px"、【line-height】为 "18px",如图 4-78 所示。

图 4-77 新建类 ".text"

图 4-78 设置【文本】面板参数

STEP 3 单击【属性】面板中的 按钮,切换至【布局】面板,设置【margin】图形的 bottom 为 "0px",完成 ".text" 的 CSS 规则定义,如图 4-79 所示。

STEP 4 选中网页主体部分的文本,然后在 HTML 属性面板中设置【类】为【text】,如图 4-80 所示。

图 4-79 设置行距

图 4-80 应用样式

4. 应用 ID 样式

ID 样式可以定义含有特定 ID 属性的标签，但用户需要应用该样式时，ID 名称必须是唯一的。

STEP 1 选中主体部分的图像，然后在【属性】面板中设置【ID】为"image"，如图 4-81 所示。

图 4-81 设置图像的 ID

STEP 2 新建一个 CSS 规则，其名称为"#image"，如图 4-82 所示。

STEP 3 单击【属性】面板中的 按钮，切换至【背景】面板，设置【background-color】为 "#ffffff"，如图 4-83 所示。

图 4-82 创建 ID

图 4-83 设置背景参数

STEP 4 单击【属性】面板中的 按钮，切换至【边框】面板，设置参数设置如图 4-84 所示。

STEP 5 切换至【布局】面板，设置参数如图 4-85 所示。

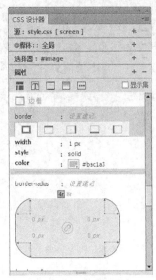

图 4-84　设置方框参数

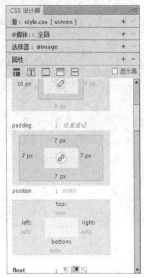

图 4-85　设置布局参数

STEP 6　完成样式的创建，所做改动将自动应用到"ID"为"image"的元素上，如图 4-86 所示。

图 4-86　应用"image"更新效果

4.2.3　典型实例——设计"登录首页"网页

为了进一步讲解 CSS 样式的定义和应用操作，下面将以设计"登录首页"网页为例进行讲解，设计效果如图 4-87 所示。

1. 新建文件

STEP 1　新建一个名为"index.html"的空白文档。

STEP 2　添加 div 标签，添加完成后源码如图 4-88 所示。

STEP 3　在【CSS 设计器】面板的【源】面板中单击右侧的 + 按钮，在弹出的菜单中选择【附加现有的 CSS 文件】选项，如同 4-89 所示。

CSS 应用实例

STEP 4　弹出【创建新的 CSS 文件】对话框，在【文件/URL】文本框中输入"login"，选中【链接】单选项，然后单击 确定 按钮，如图 4-90 所示。

STEP 5　在【CSS 设计器】面板的【源】面板中选择【style.css】，然后单击【选择器】面板右侧的 + 按钮，输入名称"body"，新建一个 CSS 规则，如图 4-91 所示。

图 4- 87 "登录首页" 效果

```
1   <!doctype html>
2   <html>
3   <head>
4   <meta charset="utf-8">
5   <title>无标题文档</title>
6   </head>
7   <div>
8       <div>
9           <div>
10              <label>账号</label>
11              <input placeholder="请输入账号">
12          </div>
13          <div>
14              <label>密码</label>
15              <input placeholder="请输入密码" type="password">
16          </div>
17          <div>
18              <button>登录</button>
19          </div>
20      </div>
21      <div>
22          <button>创建新账号</button>
23      </div>
24  </div>
25  <body>
26  </body>
```

图 4-88 设置 div 标签

图 4-89 创建新的 CSS 文件

图 4-90 新建 CSS 文件

图 4-91 新建 CSS 规则

STEP 6 在【属性】面板中设置 "body" 规则，在【background-image】选项卡的【url】右侧单击■按钮，在弹出的对话框中打开附盘文件 "素材\第 4 章\建筑公司\bg.png"，如图 4-92 所示。

STEP 7 单击 拆分 按钮，可以看到网页背景图片已经成功更改，如图 4-93 所示。

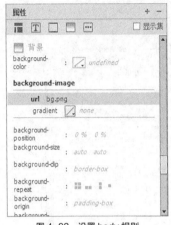

图 4-92　设置 body 规则

图 4-93　更改背景效果

2. 设置 CSS 样式

STEP 1　新建一个 CSS 规则，名称为 ".content"，如图 4-94 所示。

STEP 2　单击【属性】面板中的 ▦ 按钮，切换至【布局】面板，设置【margin-top】为 "200px"，如图 4-95 所示。

图 4-94　新建 "_.content" CSS 规则

图 4-95　设置 content 规则

STEP 3　新建一个 CSS 规则，名称为 ".content button"，在【属性】面板中设置【height】为 "30px"、【padding】为 "0px"，如图 4-96 所示。

STEP 4　在【属性】面板中设置【color】为 "#FFFFFF"、【font-size】为 "18px"、【border】为 "0px"、【cursor】为【pointer】，如图 4-97 所示。

STEP 5　新建一个 CSS 规则，名称为 ".content .panel"，在【属性】面板中设置【width】为 "302px"、【margin】为 "0px auto"、【padding-top】为 "20px"、【text-align】为 "center"，如图 4-98 所示。设置【padding-bottom】为 "20px"、【border】为 "1px solid #4F5DC9"、【background-color】为 "#5FA3E9"、【border-radius】为 "5px"，如图 4-99 所示。

图 4-96　新建 ".content button" 规则

图 4-97　设置 ".content button" 规则

图 4-98　新建 ".content .panel" CSS 规则

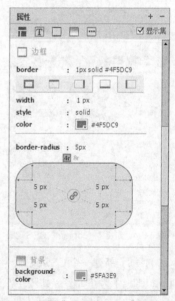

图 4-99　设置 ".content .panel" CSS 规则

STEP 6 新建一个 CSS 规则，名称为 ".content .panel .group"，在【属性】面板中设置【text-align】为【left】、【width】为 "262px"、【margin】为 "0px auto 20px"，如图 4-100 所示。

STEP 7 新建一个 CSS 规则，名称为 ".content .panel .group label"，在【属性】面板中设置【line-height】为 "30px"、【font-size】为 "18px"，如图 4-101 所示。

STEP 8 新建一个 CSS 规则，名称为 ".content .panel .group input"，在【属性】面板中设置

【display】为【block】、【width】为 "250px"、【height】为 "30px"、【border】为 "1px solid #ddd"、【padding】为 "0px 0px 0px 10px"、【font-size】为 "16px"，如图 4-102 所示。

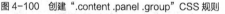

图 4-100　创建 ".content .panel .group" CSS 规则　　　图 4-101　创建 ".content .panel .group label" CSS 规则

STEP 9 新建一个 CSS 规则，名称为 ".content .panel .login button"，在【属性】面板中设置【background-color】为 "#CC865E"、【width】为 "260px"，如图 4-103 所示。

图 4-102　创建 ".content .panel .group input" CSS 规则　　图 4-103　创建 ".content .panel .login button" CSS 规则

STEP 10 新建一个 CSS 规则，名称为 ".content .panel .login button:hover"，在【属性】面板中设置【background-color】为【white】、【color】为 "#CC865E"、【border】为 "1px solid #CC865E"，如图 4-104 所示。

STEP 11 新建一个 CSS 规则，名称为 ".content .register"，在【属性】面板中设置【text-align】为【center】、【margin-top】为 "20px"，如图 4-105 所示。

STEP 12 新建一个 CSS 规则，名称为 ".content .register button"，在【属性】面板中设置【background-color】为 "#466BAF"、【width】为 "180px"，如图 4-106 所示。

图 4-104　创建 ".content .panel .login button:hover" CSS 规则　　　图 4-105　创建 ".content .register" CSS 规则

STEP 13 新建一个 CSS 规则，名称为 ".content .register button:hover"，在【属性】面板中设置【background-color】为【white】、【color】为 "#466BAF"、【border】为 "1px solid #466BAF"，如图 4-107 所示。

图 4-106　创建 ".content .register button" CSS 规则　　　图 4-107　创建 ".content .register button:hover" CSS 规则

3. 美化图像

STEP 1 选中如图 4-108 所示的 div 标签，设置其【Class】属性为【content】，如图 4-108 所示。

STEP 2 设置完成后，效果如图 4-109 所示。

STEP 3 用同样的方法设置其他 div 标签的 class 属性，设置完成后效果如图 4-110 所示。

STEP 4 按 Ctrl + S 组合键保存文档，案例制作完成，按 F12 键预览设计效果。

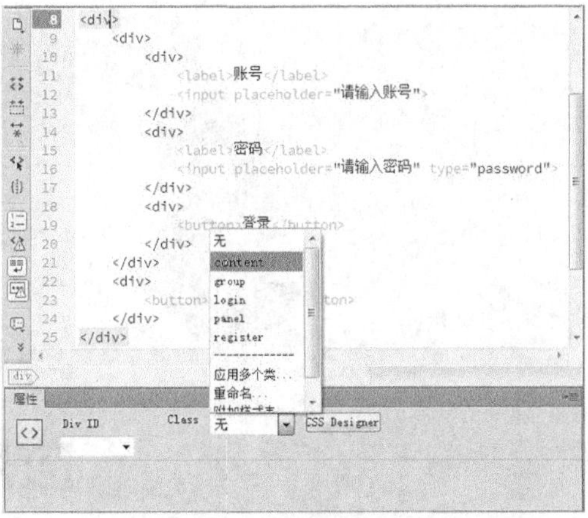

图 4-108　设置 content 属性

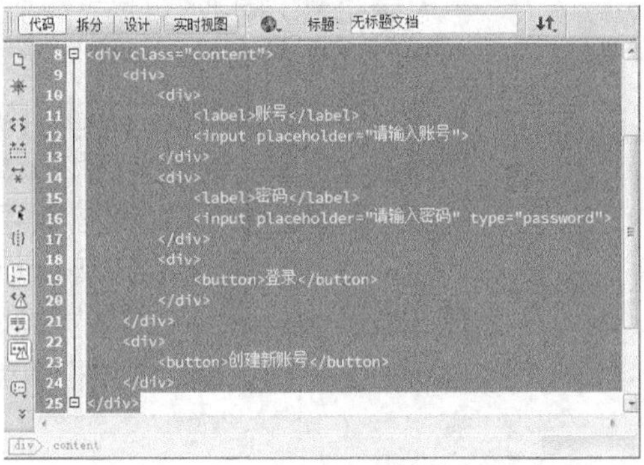

图 4-109　content 属性设置后效果

图 4-110　设置其他 div 属性

4.3　习题

1. 可以向 AP 层内插入的元素有哪些？
2. CSS 样式表有哪些优点？
3. CSS 样式分为几类？
4. 简述 AP 层各溢出选项的功能。
5. CSS 属性有几大类？简述每一类的主要功能。

Chapter

5

第 5 章
应用表单和行为

表单是访问者与网站管理者进行信息传递和交流的主要窗口，Web 管理者和用户之间可以通过表单作为载体建立起沟通和反馈信息的渠道。Dreamweaver CC 软件给网页设计提供了更为丰富和开阔的设计空间，让网页对象的动态效果更加新颖，还实现了网页对象之间的信息交互功能。即便是不熟悉 JavaScript 语言的网页设计师也可以在 Dreamweaver CC 的协助下方便、快捷地设计出与 JavaScript 语言应用效果相媲美的网页。

学习目标

- 熟悉表单的基本概念和应用方法。
- 掌握创建表单元素的操作方法。
- 掌握验证表单的操作方法。
- 熟悉常用的行为命令。
- 掌握添加行为的操作方法。
- 掌握安装插件的操作方法。

5.1　创建表单

使用 Dreamweaver CC 软件可以创建各种表单元素，如文本域、复选框、单选框、按钮和文件域等。在【插入】面板的【表单】类别中列出了所有表单元素，如图 5-1 所示。

表单基础

5.1.1　创建表单的操作方法

下面将以设计"海底世界"网站的注册页面为例来讲解表单的创建和设置方法，设计效果如图 5-2 所示。

图 5-1　【表单】类别

图 5-2　设计"海底世界"网

1.　插入表单

表单是表单元素的载体。为了能让浏览器正确处理表单元素所包含的相关数据信息，表单元素必须插入表单之中。表单用红色虚线框来表示，但实际上是隐匿在浏览器中。

STEP 打开素材文件"素材\第 5 章\海底世界\index.html"，如图 5-3 所示。

图 5-3　打开素材文件

STEP 2 将光标置于主体文本"加入我们"下方的空白单元格中，选择菜单命令【插入】/【表单】/【表单】，即可在光标处插入 1 个空白表单，如图 5-4 所示。

图 5-4　插入表单

要点提示

表单以红色虚线框显示。

STEP 3 单击红色虚线选中表单，然后在【属性】面板中设置【ID】为"form1"、【Method】为【POST】、【Enctype】为【application/x-www-form-urlencoded】、【Target】为"_blank"，如图 5-5 所示。

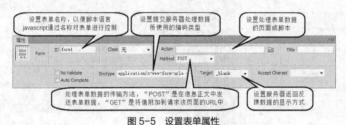

图 5-5　设置表单属性

要点提示

长表单不能使用 GET 方法。

STEP 4 将光标置于表单中，然后插入一个格式为 10 行 2 列的表格，表格参数如图 5-6 所示。

STEP 5 设置表格第 1 列单元格的【水平】为【右对齐】、【垂直】为【顶端】、【宽度】为"20"，并输入文本，然后设置第 2 列单元格的【水平】为【左对齐】，最终效果如图 5-7 所示。

图 5-6　插入表格

图 5-7　设置表单内容

2. 插入文本域

文本域是表单中常用的元素之一，它包括单行文本域、密码文本域和多行文本域 3 类，如图 5-8 所示。

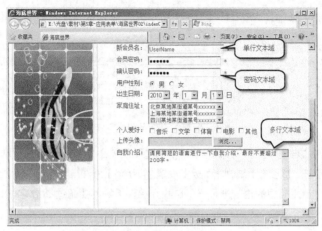

图 5-8　插入文本域

STEP 1 将光标置于"新会员名:"右侧的单元格中,选择菜单命令【插入】/【表单】/【文本】,如图 5-9 所示。

图 5-9　设置文本域参数

STEP 2 删除文本前面的英文字符,然后选中文本,在【属性】面板中设置【Size】为"25"、【Max Length】为"20"、【Name】和【Value】为"Username",如图 5-10 所示。

图 5-10　设置文本域参数

STEP 3 在"会员密码:"右侧的单元格中选择菜单命令【插入】/【表单】/【密码】,删除密码前面的英文字符,然后在【属性】面板中设置【Name】为"password"、【Size】为"25"、【Max Length】为"20"、【Value】为"123456",如图 5-11 所示。

图 5-11　设置密码文本域

STEP 4 在"确认密码:"右侧的单元格中插入一个密码,删除密码前面的英文字符,然后在【属性】面板中设置【Name】为"password1"、【Size】为"25"、【Max Length】为"20"、【Value】为"654321"，如图 5-12 所示。

图 5-12　插入"确认密码："文本域

STEP 5 在"自我介绍："右侧的单元格中选择菜单命令【插入】/【表单】/【文本区域】，删除文本区域前面的英文字符，然后在【属性】面板中设置【Name】为"Introduce"、【Cols】为"40"、【Rows】为"8"、【Value】为"请用简短的语言进行一下自我介绍，最好不要超过 200 字。"，如图 5-13 所示。此时的文档效果如图 5-14 所示。

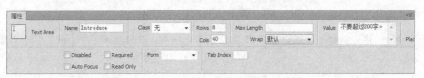

图 5-13　设置多行文本域

图 5-14　文档效果

3. 插入单选按钮

单选按钮是指在一组选项中只允许选择一个选项，如性别、血型和文化程度等。

STEP 1 将光标置于"用户性别："右侧的单元格中，选择菜单命令【插入】/【表单】/【单选按钮】，即可在光标处插入 1 个单选按钮，如图 5-15 所示。

图 5-15　插入单选按钮

STEP 2 将单选按钮后面的文本改为"男"，然后再插入 1 个单选按钮，并将其后文本改为"女"，效果如图 5-16 所示。

图 5-16　设置完成后的性别选择

STEP 3　单击选中第 1 个单选框，然后在【属性】面板中设置【Name】为"Sex"、【Value】为"1"，选择【Checked】复选框，如图 5-17 所示。

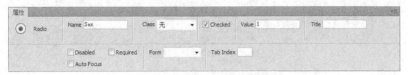

图 5-17　设置第 1 个单选按钮的属性

STEP 4　设置第 2 个单选按钮的参数如图 5-18 所示。

图 5-18　设置第 2 个单选按钮的属性

 要点提示

Dreamweaver CC 提供的"单选按钮组"功能可以一次性插入多个单选按钮。具体操作顺序为：选择菜单命令【插入】/【表单】/【单选按钮组】，打开【单选按钮组】对话框，设置【名称】为"Sex"，在【标签】列中设置标签分别为"男""女"，在【值】列中设置分别为"1""2"，并选择【表格】单选按钮，如图 5-19 所示。单击 确定 按钮，即可插入一个单选按钮组，如图 5-20 所示。

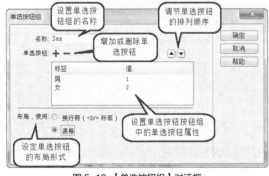

图 5-19　【单选按钮组】对话框

图 5-20　插入的单选按钮组

4. 插入列表/菜单

列表和菜单也是表单中常用的元素之一，它可以显示多个选项，用户可以通过滚动条在多个选项中进行选择。

STEP 1 将光标置于"出生日期："右侧的单元格中，选择菜单命令【插入】/【表单】/【选择】，即可在光标处插入 1 个列表/菜单域，如图 5-21 所示。

图 5-21　插入列表/菜单域

STEP 2 删除【选择】前面的字符，在【选择】后面输入文本"年"，然后再插入两个列表/菜单域，并分别在其后面输入文本"月""日"，效果如图 5-22 所示。

图 5-22　插入 3 个列表/菜单域

STEP 3 选中第 1 个列表/菜单域，在【属性】面板中单击 列表值... 按钮，打开【列表值】对话框，然后添加【项目标签】和【值】，如图 5-23 所示。

图 5-23　设置列表值

STEP 4 单击 确定 按钮返回【属性】面板，设置【Name】为"DateYear"，如图 5-24 所示。

图 5-24　设置"年"列表/菜单域的属性

STEP 5 使用同样的方法分别设置第 2 个和第 3 个列表/菜单域，其中"月"的列表值从"1~

"12"，"日"的列表值从"1～31"，属性面板如图 5-25 和图 5-26 所示。

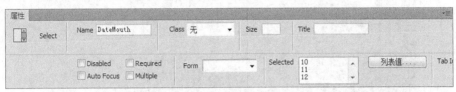

图 5-25 设置月份列表/菜单域的属性

图 5-26 设置日期列表/菜单域的属性

STEP 6 在"家庭地址："后面的单元格中插入【选择】，并设置【Name】为"Address"，【Size】为"3"，如图 5-27 所示。其中【列表值】的设置如图 5-28 所示。

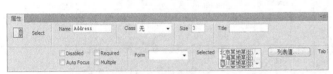

图 5-27 设置列表属性

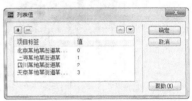

图 5-28 设置列表值

STEP 7 最终的设计效果如图 5-29 所示。

图 5-29 列表的设计效果

5. 插入复选框

复选框是指在一组选项中允许用户选中多个选项。当用户选中某一项时，与其对应的小方框内就会出现一个对勾。再次单击光标，对勾消失，表示此项已被取消选择。

STEP 1 将光标置于"个人爱好："右侧的单元格中，选择菜单命令【插入】/【表单】/【复选框】，即可在光标处插入 1 个复选框，如图 5-30 所示。

STEP 2 用同样的方法再插入 4 个复选框，并调整文本，效果如图 5-31 所示。

STEP 3 选中第 1 个复选框，在【属性】面板中设置【Name】为"YinYue"、【Value】为"1"，如图 5-32 所示。

图 5-30　插入复选框

图 5-31　插入多个复选框

图 5-32　设置第 1 个复选框参数

STEP 选中第 2 个复选框，在【属性】面板中设置【Name】为 "WenXue"、【Value】为 "2"，如图 5-33 所示。

STEP 按照上述方法依次设置其他复选框。

图 5-33　设置第 2 个复选框参数

6. 文件域

文件域的作用是让用户在浏览的同时可以选择本地的某个文件，并将该文件作为表单数据进行上传。

STEP 将光标置于 "上传头像:" 右侧的单元格中，然后选择菜单命令【插入】/【表单】/【文件】，即可在光标处插入 1 个文件，删除前面的英文，如图 5-34 所示。

STEP 选中文件域，在【属性】面板中设置【Name】为 "TouXiang"，如图 5-35 所示。

图 5-34 插入文件域

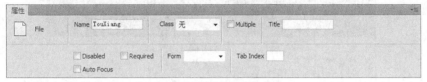

图 5-35 文件域参数

7. 插入按钮

在表单中,按钮是用来控制表单的操作的。使用按钮可以执行将填写完成的表单数据信息传送给服务器的指令,或者也可以设置成重新填写的指令。

STEP 1 将光标置于表格最后一行的第 2 个单元格中,然后选择菜单命令【插入】/【表单】/【"提交"按钮】,即可在光标处插入 1 个提交按钮,如图 5-36 所示。

图 5-36 插入"提交"按钮

STEP 2 选中按钮,在【属性】面板中设置【Name】为"Submit"、【Value】为"注册",如图 5-37 所示。

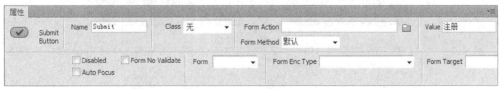

图 5-37 设置按钮的参数

STEP 3 将光标置于第一个按钮后面,然后选择菜单命令【插入】/【表单】/【"重置"按钮】,在【属性】面板中设置【Name】为"Cancel"、【Value】为"取消",如图 5-38 所示。

STEP 4 按 Ctrl+S 组合键保存文档,案例制作完成,按 F12 键预览设计效果。

图 5-38　设置第 2 个按钮的参数

5.1.2　典型实例——设计"平民社区"网页

为了让用户能充分巩固运用 Dreamweaver CC 软件创建并设置表单的相关知识，熟练掌握其操作方法，下面将以设计"平民社区"网页为例讲解，设计效果如图 5-39 所示。

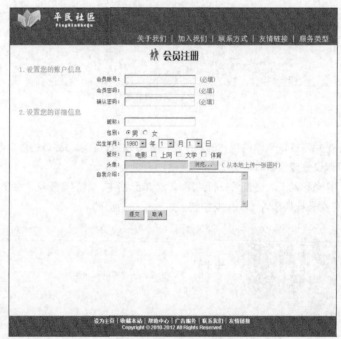

图 5-39　设计"平民社区"网页

1．布局表单

STEP 1　打开素材文件"素材\第 5 章\平民社区 01\HuiYuanZhuCe.html"，如图 5-40 所示。

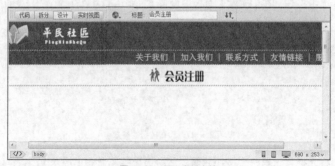

图 5-40　打开素材文件

STEP 2　在文本"会员注册"下方的单元格中插入 1 个空白表单，如图 5-41 所示。

图 5-41　插入表单

STEP 3 在表单内插入一个 12 行 3 列的表格，表格参数如图 5-42 所示。

图 5-42　设置表格参数

STEP 4 设置表格第 1 列的【宽】为"200"、【水平】为【右对齐】、【垂直】为【居中】，如图 5-43 所示。

图 5-43　设置第 1 列表格的参数

STEP 5 设置表格第 2 列的【宽】为"80"、【水平】为【右对齐】、【垂直】为【居中】，如图 5-44 所示。

图 5-44　设置第 2 列表格的参数

STEP 6 在第 1 列第 1 行和第 4 行的单元格中输入文本，并对文本应用".text01"规则，如图 5-45 所示。

图 5-45　输入文本并设置文本规则

STEP 7 在第 2 列中输入文本并应用".text02"规则，如图 5-46 所示。

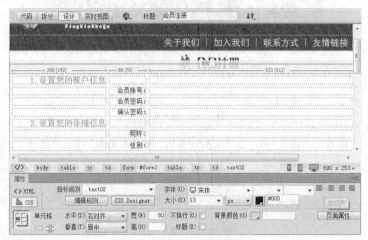

图 5-46 设置第 2 列单元格的文本

2. 插入各类型的表单

STEP 1 在第 3 列的第 2 行~第 4 行和第 6 行插入文本域，并设置【size】为"24"，最终效果如图 5-47 所示。

图 5-47 插入文本域

STEP 2 在文本域输入文本"（必填）"并对文本应用".text03"规则，最终效果如图 5-48 所示。

图 5-48 输入"必填"文本

STEP 3 在第 3 列第 7 行插入单选按钮，并输入文本，如图 5-49 所示。

STEP 4 在第 3 列第 8 行插入列表/菜单，并设置参数和文本，如图 5-50 所示。

图 5-49 插入单选按钮

图 5-50 插入列表/菜单

STEP 5 在第 3 列第 9 行插入复选框，并设置参数和文本，如图 5-51 所示。

图 5-51 插入复选框

STEP 6 在第 3 列第 10 行插入文件域，如图 5-52 所示。

图 5-52 插入文件域

STEP 7 在第 3 列第 11 行插入文本区域，如图 5-53 所示。

图 5-53　插入文本区域

STEP 8 在第 3 列第 12 行插入两个按钮，最终效果如图 5-54 所示。

STEP 9 按 Ctrl + S 组合键保存文档，案例制作完成，按 F12 键预览设计效果。

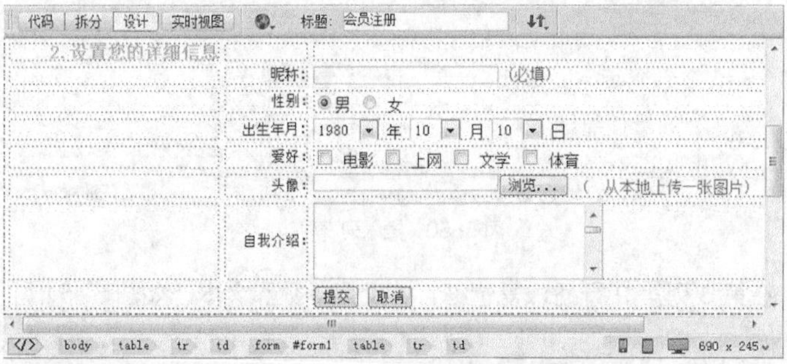

图 5-54　完成表单设计

5.2　验证表单

为了确保表单的正确信息能准确无误地发送到服务器端，在提交表单之前需要对表单进行验证。那么如何在 Dreamweaver CC 软件中设计表单的验证操作呢?

表单的实例与
验证表单

5.2.1　验证表单的操作方法

下面将以设计"海底世界"网页为例来讲解在 Dreamweaver CC 软件中验证表单的操作方法，设计效果如图 5-55 所示。

图 5-55　设计"海底世界"网页表单验证

STEP 1 打开素材文件"素材\第 5 章\海底世界 02\index.html",如图 5-56 所示。

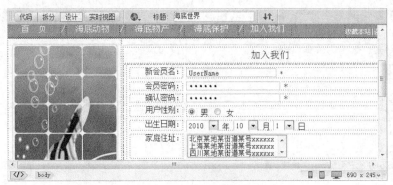

图 5-56 打开素材文件

STEP 2 将光标置于表单内,单击文档左下角的"<form#form1>"标签,将整个表单选中,如图 5-57 所示。

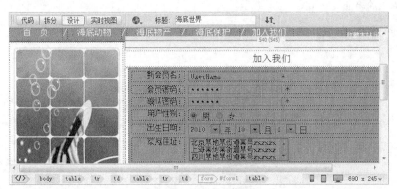

图 5-57 选中整个表单

STEP 3 选择菜单命令【窗口】/【行为】,打开【行为】面板,如图 5-58 所示。

STEP 4 单击 +. 按钮,在弹出的菜单中选择【检查表单】选项,打开【检查表单】对话框,如图 5-59 所示。

图 5-58 【行为】面板

图 5-59 【检查表单】对话框

STEP 5 在【域】列表框中分别选中"input "UserName""、"input "PassWord"" 和 "input "passWord1"" 选项,然后设置【值】为"必需的"、【可接受】为"任何东西",如图 5-60 所示。

STEP 6 选中【textarea "Introduce"】选项，设置【可接受】为【任何东西】，如图 5-61 所示。

 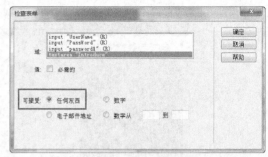

图 5-60 PassWord1 参数设置　　　　　　　　　　图 5-61 Introduce 参数设置

STEP 7 单击 确定 按钮完成设置，返回【行为】面板，系统会自动添加事件 "onSubmit"，如图 5-62 所示。

STEP 8 在表单中用光标单击 注册 按钮，编辑标签【input#Submit】，并输入验证代码，如图 5-63 所示。输入的验证代码如图 5-64 所示。

图 5-62 添加事件

图 5-63 【标签编辑器-input】对话框

```
onclick="if(PassWord.value!=PassWord1.value)
{
alert('两次输入的密码不相同');
PassWord.focus();
return false;
}
else if(PassWord.value.length<6||PassWord.value.length>10)
{
alert('密码长度不能少于 6 位，多于 10 位！');
PassWord.focus();
return false;
}"
```

图 5-64 添加的代码

STEP 9 按 F12 键预览设计效果，当用户密码和确认密码输入不相同时，单击 注册 按钮会自动弹出如图 5-65 所示的警示框。当两次输入相同的密码长度小于 6 位或大于 10 位时，单击 注册 按钮会自动弹出如图 5-66 所示的警示框。

图 5-65　警示框（1）

图 5-66　警示框（2）

5.2.2　典型实例——设计"平民社区 02"网页

为了让用户能更熟练地设计表单验证，下面将以设计"平民社区 02"网页为例进行讲解，设计效果如图 5-67 所示。

图 5-67　设计"平民社区 02"网页

STEP 1 打开素材文件"素材\第 5 章\平民社区 02\HuiYuanZhuCe.html"，如图 5-68 所示。

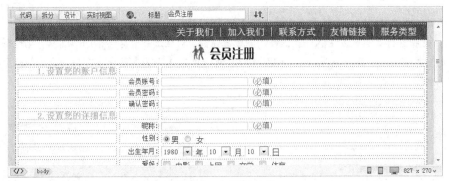

图 5-68　打开素材文件

STEP 2 选中整个表单，打开【行为】面板，如图 5-69 所示。

STEP 3 打开【检查表单】对话框，将"UserName"、"PassWord01"和"PassWord02"选项的【值】设置为【必需的】，如图 5-70 所示。

图 5-69　选中表单并打开【行为】面板

STEP 04　返回【行为】面板，检查默认事件是否为"onSubmit"。

STEP 05　编辑 提交 按钮标签，内容如图 5-71 所示。

图 5-70　【检查表单】对话框

图 5-71　输入代码

STEP 06　按 Ctrl + S 组合键保存文档，案例制作完成后，按 F12 键预览设计效果。

5.3　应用 Dreamweaver CC 内置行为

Dreamweaver CC 内置的行为种类多达 20 多种，与不同的事件搭配，所产生的效果也不同，这样一来网页的交互性就愈发地凸显。这些行为可以附加到整个文档（即附加到 <body> 标签）中，也可以附加到链接、图像、表单元素和多种其他 HTML 元素中。

应用行为

5.3.1　认识行为的基本概念

一个完整的行为需要完全具备两方面的内容才能运行，即"事件"和"动作"。其中，"事件"是指在计算机上发生的一些操作，如单击鼠标、页面加载完毕等；而"动作"则是指在触发事件后，所触发并执行的一系列处理动作。如图 5-72 所示，在【行为】面板中左边的是行为触发事件，右边的是行为动作，其实现的效果如图 5-73 所示。

图 5-72　【行为】面板

原始显示的图像　　　鼠标经过时显示的图像

图 5-73　预览效果

1. 事件

事件是指用户触发动作的操作，是动作发生的条件，一般由浏览器所设定。打开 Dreamweaver CC 软件，选择菜单命令【窗口】/【行为】，打开【行为】面板，然后单击"显示所有事件"按钮 ▤ 可在行为列表中列出所有事件，如图 5-74 所示。常用事件的功能如表 5-1 所示。

表 5-1　常用的事件及含义

事件名称	事件含义
onBlur	当指定的元素停止从用户的交互动作上获得焦点时，触发该事件。例如，当用户在交互文本框中单击后，再在文本框之外单击，浏览器会针对该文本框产生一个"onBlur"事件
onClick	单击使用行为的元素，则会触发该事件
onDblClick	在页面中双击使用行为的元素，就会触发该事件
onError	当浏览器下载页面或图像发生错误时触发该事件
onFocus	指定元素通过用户的交互动作获得焦点时触发该事件。例如，在一个文本框中单击时，该文本框就会产生一个"onFocus"事件
onKeyDown	按下一个键后且尚未释放该键时，就会触发该事件。该事件常与"onKeyPress"与"onKeyUp"事件组合使用
onKeyPress	事件会在键盘按键被按下并释放一个键时发生
onKeyUp	按下一个键后又释放该键时，就会触发该事件
onLoad	当网页或图像完全下载到用户浏览器后，就会触发该事件
onMouseDown	单击网页中建立行为的元素且尚未释放鼠标之前，就会触发该事件
onMouseMove	当鼠标在使用行为的元素上移动时，就会触发该事件
onMouseOut	当鼠标从使用行为的元素上移出后，就会触发该事件
onMouseOver	当鼠标指向一个使用行为的元素时，就会触发该事件
onMouseUp	在使用行为的元素上按下鼠标并释放后，就会触发该事件
onUnload	离开当前网页（关闭浏览器或跳转到其他网页）时，就会触发该事件

2. 动作

在【行为】面板中单击"添加行为"按钮 +，即可弹出行为下拉菜单，如图 5-75 所示。常用的行为命令及含义如表 5-2 所示。

表 5-2　常用的行为命令及含义

行为命令	命令含义
交换图像	创建图像变换效果。可以是一对一的变换，也可以是一对多的变换
弹出信息	在浏览器中弹出一个新的信息框
恢复交换图像	将设置的变换图像还原成变换前的图像
打开浏览器窗口	在新浏览器中载入一个 URL。用户可以为这个窗口指定一些具体的属性，也可以不加以指定
拖动 AP 元素	可让访问者拖动绝对定位的"AP"元素。使用此行为可创建拼板游戏、滑块控件和其他可移动的界面元素

续表

行为命令	命令含义
改变属性	改变页面元素的各项属性
效果	可改变对象的各种显示效果，包括增大/收缩、挤压、渐隐、晃动、遮帘及高亮颜色
显示-隐藏元素	可显示、隐藏或恢复一个或多个页面元素的默认可见性。此行为适用于用户与网页进行交互时显示信息
检查插件	可根据访问者是否安装了指定的插件这一情况将它们转到不同的页面
检查表单	可检查指定文本域的内容以确保用户输入的数据类型正确
设置文本	使指定文本替代当前的内容。设置文本动作包括设置层文本、设置框架文本、设置文本域文本及设置状态栏文本
调用 JavaScript	在事件发生时执行自定义的函数或 JavaScript 代码行
跳转菜单	跳转菜单是文档内的弹出菜单，对站点访问者可见，并列出链接到文档或文件的选项
跳转菜单开始	"跳转菜单开始"行为与"跳转菜单"行为密切关联；"跳转菜单开始"允许用户将一个"转到"按钮和一个跳转菜单关联起来，在使用此行为之前，文档中必须已存在一个跳转菜单
转到 URL	可在当前窗口或指定的框架中打开一个新页。此行为适用于通过一次单击更改两个或多个框架的内容
预先载入图像	可以缩短显示时间，其方法是对在页面打开之初不会立即显示的图像（例如，那些将通过行为或 JavaScript 换入的图像）进行缓存

图 5-74　显示所有事件

图 5-75　添加行为

5.3.2　典型案例——设计"知天下信息网"

　　行为是指某个事件和由该事件触发的动作两者组合形成的。行为的创建操作一般是先在【行为】面板中指定一个动作，然后指定触发该动作的事件，以此将行为添加到页面中。下面将以设计"知天下信息网"为例来讲解常用行为的添加方法，设计效果如图 5-76 所示。

图 5-76 设计"知天下信息网"

1. 弹出信息

"弹出信息"行为显示一个包含指定消息的 JavaScript 警告。因为 JavaScript 警告对话框只有一个 确定 按钮，所以使用此行为可以向访问者提供信息，但不向访问者提供任何操作选择，如图 5-77 所示。

图 5-77 弹出信息对话框

STEP 运行 Dreamweaver CC 软件，打开素材文件"素材\第 5 章\信息发布网\index.html"，如图 5-78 所示。

图 5-78 打开素材文件

STEP 2 单击文档左下角的"<body>"标签，从而选中整个文档内容，如图5-79所示。

图5-79　选中整个文档

STEP 3 按 Shift + F4 组合键，打开【行为】面板，如图5-80所示。

STEP 4 单击"添加行为"按钮 + ，在弹出的下拉菜单中选择【弹出信息】选项，打开【弹出信息】对话框，设置【消息】为"欢迎光临信息发布网！"，如图5-81所示。

STEP 5 单击 确定 按钮返回【行为】面板，并单击事件名称右侧的下拉箭头，在打开的下拉列表中选择【onLoad】事件，如图5-82所示。

STEP 6 按 F12 键预览设计效果，当页码加载完成后，即会弹出一个信息提示框。

图5-80　【行为】面板

图5-81　设置【弹出信息】对话框

要点提示

如果对设置的行为命令进行修改，可用鼠标右键单击已经添加的行为，在弹出的快捷菜单中选择【编辑行为】命令，如图5-83所示。

图5-82　设置事件

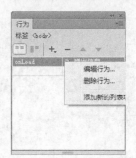

图5-83　【行为】面板的快捷菜单

2. 打开浏览器窗口

执行"打开浏览器"行为命令，可以在事件发生时打开一个新的浏览器窗口，同时，用户可以设置新窗口的各种属性，如窗口名称、大小等，效果如图 5-84 所示。

图 5-84　打开新的窗口

STEP 1 选中文档中的 banner 图像，如图 5-85 所示。

图 5-85　选中图像

STEP 2 在【行为】面板上单击 + 按钮，在弹出的下拉菜单中选择【打开浏览器窗口】选项，打开【打开浏览器窗口】对话框，设置【要显示的 URL】为素材文件"素材\第 5 章\信息发布网\windows.html"，【窗口宽度】为"550"、【窗口高度】为"275"，选择【状态栏】复选框，设置【窗口名称】为"信息发布网宣传动画"，如图 5-86 所示。

STEP 3 单击 确定 按钮返回【行为】面板，设置事件为【onClick】，如图 5-87 所示。

图 5-86　设置窗口参数

图 5-87　设置鼠标触发事件

STEP 4 按 F12 键预览设计效果，单击 banner 图像即会弹出一个窗口。

3. 改变属性

执行"改变属性"行为命令，用户即可轻松改变执行对象的属性，例如，改变层、表格和单元格的背景颜色等属性。当鼠标指针移至右侧导航条中指定的单元格时，单元格的颜色发生变化；当鼠标指针移开时，单元格颜色恢复为最初的颜色，如图 5-88 所示。

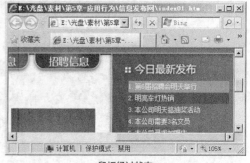

初始状态   鼠标经过状态

图 5-88 改变单元格的属性

STEP 1 将光标置于右侧导航栏第 1 行单元格中，在下面的标签选择器中单击<a>标签前的<td>标签，然后在 HTML 属性面板中设置单元格的【ID】为"1"，如图 5-89 所示。

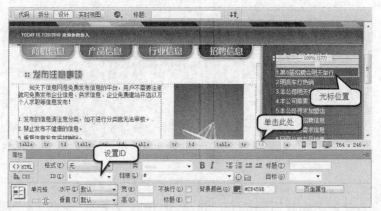

图 5-89 设置第 1 行单元格的 ID

要点提示

在执行"改变属性"行为命令之前，必须先给要设置的元素对象命名，以方便在【改变属性】对话框中找到指定的对象。

STEP 2 用同样的方法依次设置 2~15 单元格的 ID，最后 1 个单元格的设置效果如图 5-90 所示。

STEP 3 将光标置于第 1 行单元格中，并单击<td>标签，然后在【行为】面板中单击 + 按钮，在弹出的下拉菜单中选择【改变属性】选项，打开【改变属性】对话框，如图 5-91 所示。

STEP 4 设置【元素类型】为【TD】、【元素 ID】为【TD"1"】、【属性】（选择）为【backgroundColor】、【新的值】为"#999999"，如图 5-92 所示。

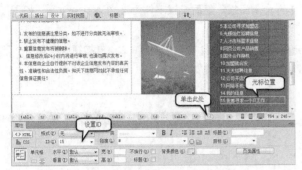

图 5-90　设置第 15 行单元格的 ID

图 5-91　【改变属性】对话框

STEP 5 单击 确定 按钮返回【行为】面板，然后设置事件为【onMouseOver】，如图 5-93 所示。

图 5-92　设置单元格的新属性

图 5-93　添加鼠标经过触发事件

STEP 6 按 F12 键预览设计效果，当光标经过时，文字所在的单元格背景就会发生改变，效果如图 5-94 所示。

图 5-94　预览效果

STEP 7 再次将光标置于第 1 行单元格中，然后在【行为】面板中单击 + 按钮，在弹出的下拉菜单中选择【改变属性】选项，打开【改变属性】对话框，设置其属性如图 5-95 所示。

图 5-95　【改变属性】对话框

STEP 8 单击 确定 按钮返回【行为】面板，然后设置事件为【onMouseOut】，如图 5-96 所示。

STEP 9 将光标置于第 2 行单元格中，然后单击【行为】面板中的 +、按钮，在弹出的下拉菜单中选择【改变属性】选项，打开【改变属性】对话框，设置其参数如图 5-97 所示。

图 5-96　添加鼠标移开触发事件　　　　　　　图 5-97　设置鼠标经过时单元格的属性

STEP 10 单击 确定 按钮返回【行为】面板，然后设置事件为【onMouseOver】。

STEP 11 再次将光标置于第 2 行单元格中，然后单击【行为】面板中的 +、按钮，在弹出的下拉菜单中选择【改变属性】选项，打开【改变属性】对话框，设置参数如图 5-98 所示，并为其设置【onMouseOut】触发事件，如图 5-99 所示。

图 5-98　鼠标移开时的单元格属性　　　　　　　图 5-99　添加鼠标移开触发事件

STEP 12 用同样的操作方法为其他行的单元格添加"改变属性"行为。

4. 设置状态栏信息

在执行"设置状态栏信息"行为命令时，可以在网页的状态栏中添加一些特定的文字信息，例如，可以编辑对当前网页的内容主题进行说明的文字或者欢迎信息，设计效果如图 5-100 所示。

图 5-100　状态栏信息

STEP **1** 单击文档左下角的 "<body>" 标签，选中整个文档内容，如图 5-101 所示。

图 5-101 选中整个文档

STEP **2** 在【行为】面板中单击 **+.** 按钮，在弹出的下拉菜单中选择【设置文本】/【设置状态栏文本】选项，打开【设置状态栏文本】对话框，设置【消息】为 "知天下信息网完全免费的信息发布网!"，如图 5-102 所示。

STEP **3** 单击 确定 按钮返回【行为】面板，然后设置触发事件为【onLoad】，如图 5-103 所示。

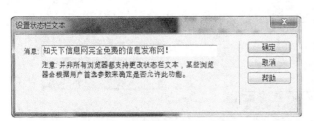

图 5-102 【设置状态栏文本】对话框

图 5-103 添加事件

STEP **4** 按 F12 键预览设计效果，在网页的状态栏中就会显示设置的文字信息。

5. 渐隐效果

执行 "fade" 行为命令，即可在页面中添加渐隐效果。例如，将鼠标指针移至设置行为已完成的图像上时，图像会渐渐消失，可起到增强图像动态性的作用，设计效果如图 5-104 所示。

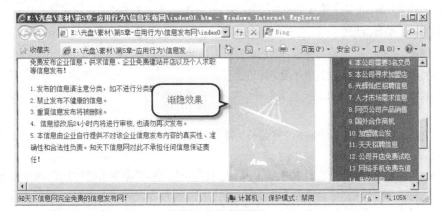

图 5-104 设计效果

STEP 1 选中文档主体部分中的图像，然后在【属性】面板中设置图像【ID】为"image"，如图 5-105 所示。

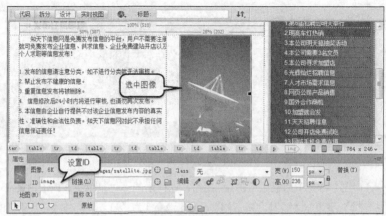

图 5-105 设置图像 ID

STEP 2 在【行为】面板中单击 +. 按钮，在弹出的下拉菜单中选择【效果】/【Fade】选项，打开【Fade】对话框，设置【目标元素】为【img"image"】、【效果持续时间】为"2000"、【可见性】为【hide】，如图 5-106 所示。

STEP 3 设置触发事件为【onMouseOver】，如图 5-107 所示。

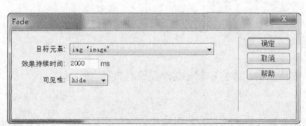

图 5-106 【Fade】对话框

图 5-107 设置触发事件

STEP 4 按【F12】键预览设计效果，鼠标指针经过图像时会产生渐隐效果。

6. 调用 JavaScript

执行"调用 JavaScript"行为命令，可以给网页中的对象添加一段具有特定功能的 JavaScript 代码。当访问者在浏览网页并触发对应的事件后，即可执行这一段 JavaScript 代码所编译的指令。下面将介绍如何在网页中利用"调用 JavaScript"的指令来设置一个"关闭窗口"快捷按钮的操作方法，设计效果如图 5-108 所示。

STEP 1 选中文档最底部的文本"关闭网页"，然后在【属性】面板中设置【链接】为"#"，如图 5-109 所示。

STEP 2 在【行为】面板中单击 +. 按钮，在弹出的下拉菜单中选择【调用 JavaScript】选项，打开【调用 JavaScript】对话框，设置【JavaScript】为【window.close( )】，如图 5-110 所示。

STEP 3 单击 确定 按钮返回【行为】面板，设置触发事件为【onClick】，如图 5-111 所示。

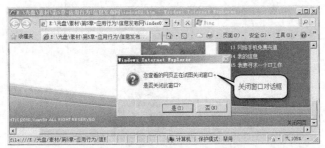

图 5-108 "关闭窗口"询问窗口

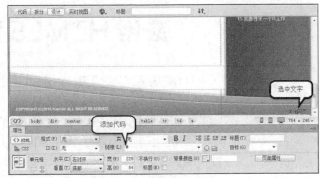

图 5-109 添加空链接

图 5-110 输入代码

图 5-111 设置鼠标触发事件

STEP 04 按 F12 键预览设计效果,单击"关闭网页"文本即可弹出关闭浏览器窗口的询问对话框。单击 是(Y) 按钮,可关闭当前浏览器窗口。

5.4 习题

1. 表单的元素主要有哪些?

2. 如何验证表单?

3. 表单中的多行文本域和文本区域功能是否相同?

4. 练习制作留言表单页面。

5. Dreamweaver CC 提供的事件有哪些?

6. Dreamweaver CC 提供的行为有哪些?

7. 文本行为包括哪些方面?

8. 效果行为包括哪些方面?

9. 简述插件安装和应用过程。

Chapter

6

第 6 章
应用 HTML5 和 CSS3

HTML5 和 CSS3 在 Internet 上的使用热潮正扑面而来，它们包含着丰富的技术和内容。HTML5 简化了很多细微的语法，具有跨平台、跨分辨率及版本控制等诸多优点；CSS3 的出现，不仅让代码更简洁，页面结构更合理，还能同时兼顾性能和效果，实现两者的完美同步；CSS2 的效果只能依靠图片来实现，而 CSS3 却可以使用代码编写，不仅让加载网页速度更快，而且效果也更加美观。

学习目标

- 掌握 HTML5 的基本用法。
- 掌握 CSS3 的基本用法。
- 掌握使用 HTML5 和 CSS3 制作网页的方法。

6.1　应用 HTML5

　　HTML5 是用来取代 1999 年所制定的 HTML 4.01 和 XHTML 1.0 标准的 HTML [1]（标准通用标记语言下的一个应用）标准版本，现在仍处于发展阶段，但大部分浏览器已经支持某些 HTML5 技术。HTML 5 有两大特点：一是它强化了 Web 网页的表现性能，二是它追加了本地数据库等 Web 应用的功能。从广义上来说，HTML5 实际指的是包括 HTML、CSS 和 JavaScript 在内的一套技术组合，它的设计初衷是为了能够减少浏览器对于需要插件的丰富性网络应用服务（Plug-in-based Rich Internet Application，简称 RIA），如 Adobe Flash、Microsoft Silverlight，与 Oracle JavaFX 的需求，从而提供更多可以有效增强网络应用的标准集。

HTML5（上）

HTML5（下）

6.1.1　HTML5 的新元素

　　为了更好地适应当下互联网应用的发展，HTML5 添加了很多新元素及功能，包括 canvas、多媒体、表单、语义以及结构。

1. Canvas

　　Canvas 的描述如表 6-1 所示。

表 6-1　Canvas 标签的描述

标签	描述
\<canvas\>	标签定义图形，如图表和其他图像。该标签基于 JavaScript 的绘图 API

2. 多媒体

　　多媒体标签的描述如表 6-2 所示。

表 6-2　多媒体标签的描述

标签	描述
\<audio\>	定义音频内容
\<video\>	定义视频（video 或者 movie）
\<source\>	定义多媒体资源\<video\>和\<audio\>
\<embed\>	定义嵌入的内容，如插件
\<track\>	为诸如\<video\>和\<audio\>元素之类的媒介规定外部文本轨道

3. 表单

　　表单标签的描述如表 6-3 所示。

表 6-3　表单标签的描述

标签	描述
\<datalist\>	定义选项列表。请与 input 元素配合使用该元素来定义 input 可能的值
\<keygen\>	规定用于表单的密钥对生成器字段
\<output\>	定义不同类型的输出，如脚本的输出

4. 语义和结构

语义和结构标签的描述如表 6-4 所示。

表 6-4　语义和结构标签的描述

标签	描述
<article>	定义页面的侧边栏内容
<aside>	定义页面内容之外的内容
<bdi>	允许设置一段文本，使其脱离其父元素的文本方向设置
<command>	定义命令按钮，如单选按钮、复选框或按钮
<details>	用于描述文档或文档某个部分的细节
<dialog>	定义对话框，如提示框
<summary>	标签包含 details 元素的标题
<figure>	规定独立的流内容（图像、图表、照片及代码等）
<figcaption>	定义<figure>元素的标题
<footer>	定义 section 或 document 的页脚
<header>	定义了文档的头部区域
<mark>	定义带有记号的文本
<meter>	定义度量衡。仅用于已知最大和最小值的度量
<nav>	定义运行中的进度（进程）
<progress>	定义任何类型的任务的进度
<ruby>	定义 ruby 注释（中文注音或字符）
<rt>	定义字符（中文注音或字符）的解释或发音
<rp>	在 ruby 注释中使用，定义不支持 ruby 元素的浏览器所显示的内容
<section>	定义文档中的节（section、区段）
<time>	定义日期或时间
<wbr>	规定在文本中的何处添加换行符

6.1.2　应用 HTML5 元素创建网页

HTML5 包含了许多新的表单输入类型。这些新特性为表单设计提供了更好的输入控制和验证。常见的输入元素如表 6-5 所示。

表 6-5　常见的输入元素

标签	描述
<email>	email 类型用于应该包含 e-mail 地址的输入域。在提交表单时，会自动验证 email 域的值
<url>	url 类型用于应该包含 URL 地址的输入域。在提交表单时，会自动验证 url 域的值
<number>	number 类型用于应该包含数值的输入域。在提交表单时，会自动验证 number 域的值
<range>	range 类型用于应该包含一定范围内数字值的输入域。其效果在网页上面显示滑块

续表

标签	描述
\<Date pickers\>	可供选取日期和时间的新输入类型
\<search\>	search 类型用于搜索域
\<color\>	颜色选择器

下面为了让用户掌握应用 HTML5 的操作方法，以设计"个人信息"网页为例进行讲解，设计效果如图 6-1 所示。

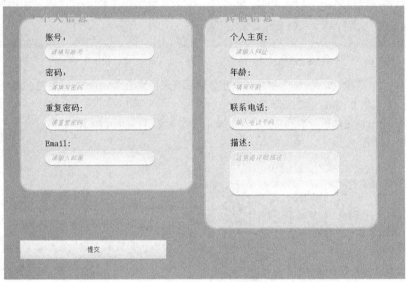

图 6-1　设计"个人信息"网页

1. 设计页面基础元素

STEP 1 新建一个名为"index.html"的空白文档，然后设置其页面属性如图 6-2 所示。

图 6-2　设置页面属性

STEP 2 在【CSS 设计器】选项卡的【源】面板中单击右侧的 + 按钮，在弹出的下拉菜单中选择【附加现有的 CSS 文件】选项，弹出【使用现有的 CSS 文件】对话框，在【文件/URL】列表框中选择"css/style.css"文件，然后单击 确定 按钮。如图 6-3 所示。

STEP 3 选择菜单命令【插入】/【Div】，打开【插入 Div】对话框，设置【ID】为【wrapper】，如图 6-4 所示。

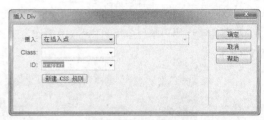

图 6-3　使用现有 CSS 文件　　　　　　　　　　　　图 6-4　插入 div 标签

STEP 4 删除"wrapper"层内的文字，然后将光标置于"wrapper"层内，选择菜单命令【插入】/【表单】/【表单】，如图 6-5 所示。

STEP 5 选择菜单命令【插入】/【表单】/【域集】，打开【域集】对话框，设置【标签】为"个人信息"，如图 6-6 所示。

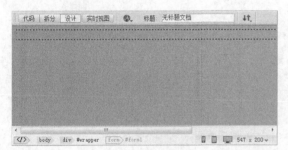

图 6-5　插入表单　　　　　　　　　　　　　　　图 6-6　插入域集

STEP 6 在标签栏中选择<fieldset>标签，然后在【ID】下拉列表中选择【account】选项，如图 6-7 所示。

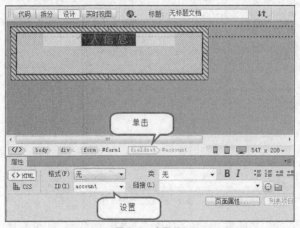

图 6-7　应用 ID

STEP 7 将光标置于"个人信息"域集后，选择菜单命令【插入】/【表单】/【域集】，设置【域集】标签值为"其他信息"，并选择<fieldset>标签的【ID】为【personal】，如图 6-8 所示。

图 6-8　添加域集

STEP 8 选择菜单命令【插入】/【Div】，设置【插入 Div】对话框中的参数，如图 6-9 所示。最终效果如图 6-10 所示。

图 6-9　插入 Div

图 6-10　最终效果

2. 添加 HTML5 标签

STEP 1 将光标移至"个人信息"栏内，选择菜单命令【插入】/【表单】/【文本】，将光标移至标签内，修改文本为"账号:"，如图 6-11 所示。

STEP 2 选中文本框，在【属性】面板中设置文本框的【Class】为【textbox】、【Place Holder】为"请填写账号"，并选择【Required】复选框，如图 6-12 所示。

图 6-11　插入账号

图 6-12　修改属性

STEP 3 将光标移至文本框后，选择菜单命令【插入】/【表单】/【密码】，将光标移至标签内，修改文本为"密码:"，如图 6-13 所示。

STEP 4 选中文本框，在【属性】面板中设置文本框的【Class】为【textbox】、【Place Holder】为"请填写密码"，并选择【Required】复选框，如图 6-14 所示。

STEP 5 将光标移至密码框后，选择菜单命令【插入】/【表单】/【密码】，将光标移至标签内，修改文本为"重复密码："，然后选择文本框，设置其他属性，其中，【Place Holder】为"请重复密码"，如图 6-15 所示。

图 6-13　插入密码

图 6-14　修改属性

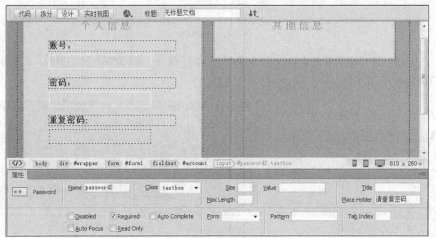
图 6-15　插入重复密码

STEP 将光标移至重复密码框后，选择菜单命令【插入】/【表单】/【电子邮件】，将光标移至标签内，修改文本为"Email："，然后选择文本框，设置其他属性，其中，【Place Holder】为"请输入邮箱"，如图 6-16 所示。

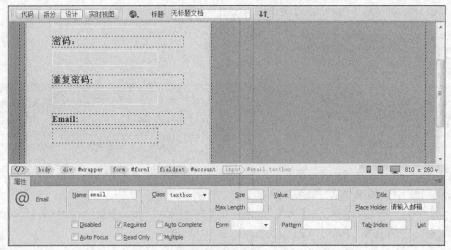
图 6-16　插入电子邮件

STEP 7 将光标移至其他信息栏，选择菜单命令【插入】/【表单】/【Url】，按以上步骤进行设置，其中标签名称为"个人主页"，【Place Holder】为"请输入网址"，如图 6-17 所示。

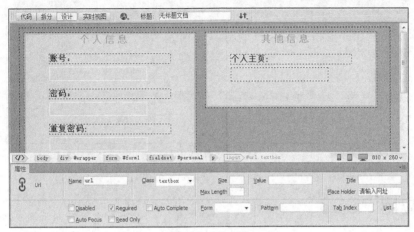

图 6-17　插入 URL

STEP 8 将光标移至个人主页框后，选择菜单命令【插入】/【表单】/【数字】，其中标签名称为"年龄"，【Place Holder】为"填写年龄"。

STEP 9 将光标移至年龄框后，选择菜单命令【插入】/【表单】/【Tel】，标签名称为"联系电话"，将【Place Holder】选项设置为"输入电话号码"，如图 6-18 所示。

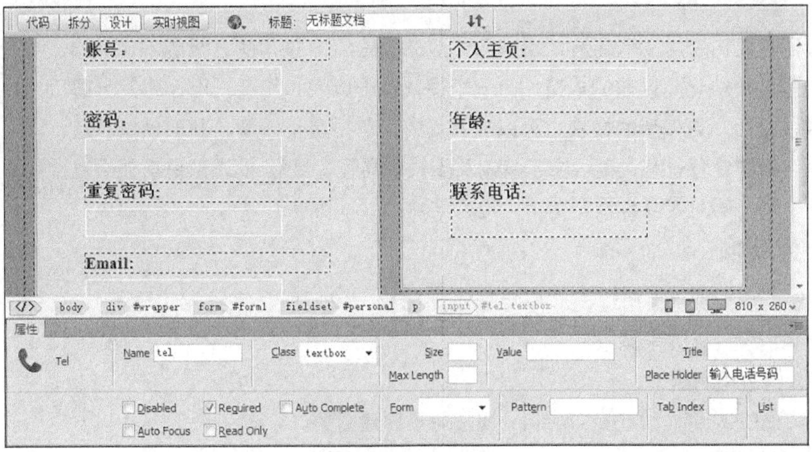

图 6-18　插入数字

STEP 10 将光标移至联系电话框后，选择菜单命令【插入】/【表单】/【文本区域】，其中标签名称为"描述"，设置【Place Holder】选项为"这里是详细描述"，其他设置如图 6-19 所示。

STEP 11 在"div#confirm"标签内插入  提交 按钮。

STEP 12 按 Ctrl+S 组合键保存文档，完成网页设计，按 F12 键预览。

要点提示

目前各个版本的浏览器对 HTML5 的支持都不一样，本例为了能给用户呈现最佳的预览效果，使用的是谷歌浏览器，IE 浏览器暂不支持 HTML5 的大部分功能。

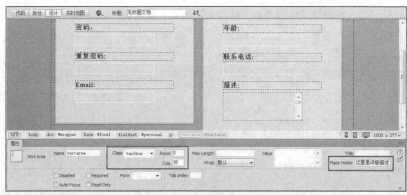

图 6-19 插入文本区域

6.2 应用 CSS3

作为 CSS 的下一个版本，CSS3 在 Web 开发上发挥了革命性的作用。例如，以前很多需要图片呈现的界面效果，现在只要将 CSS3 结合 HTML 一起使用就可以实现，运用 CSS3 实现的复杂动画效果甚至能和应用 JavaScript 语言所产生的效果相媲美。本节将介绍 CSS3 圆角、渐变、旋转和变换等特性在网页设计中的简单应用。

CSS3 基础（上）

6.2.1 CSS3 的简介

现在一般用户架构的网页基础是 CSS2 版本，CSS3 是 CSS 技术的升级版本，CSS3 语言开发趋势呈现模块化。以前的规范作为一个模块过于庞大和复杂，现在将其分解为一些小的模块之后，更多新的模块也可以加入其中，包括盒子模型、列表模块、超链接方式、语言模块、背景和边框、文字特效及多栏布局等。虽然 CSS3 目前处于普及阶段，但各个浏览器对其兼容性还存在一定的差异。

CSS3 基础（下）

1. CSS3 边框

运用 CSS3 可以创建圆角边框、向矩形添加阴影、使用图片来绘制边框等，这些都不需要像类似 Photoshop 这样的设计软件来完成。

（1）CSS3 的边框功能

- CSS3 的圆角边框：border-radius 属性用于创建圆角。
- CSS3 的边框阴影：box-shadow 用于向方框添加阴影。
- CSS3 的边框图片：border-image 可以使用图片来创建边框。

（2）兼容性

浏览器对 CSS3 的边框支持情况如表 6-6 所示。

表 6-6 浏览器对 CSS3 的边框支持情况

标签	IE 浏览器	火狐浏览器	谷歌浏览器	Safari 浏览器	欧朋浏览器
border-radius	支持	支持	支持	支持	支持
box-shadow	支持	支持	支持	支持	支持
border-image	不支持	支持	支持	支持	支持

2. CSS3 背景

CSS3 包含多个新的背景属性，它们可以向背景提供更多的控制选择。

（1）CSS3 的背景属性

- background-size：规定背景图片的尺寸。
- background-origin：规定背景图片的定位区域。

（2）兼容性

浏览器对 CSS3 的新背景属性支持情况如表 6-7 所示。

表 6-7　浏览器对 CSS3 的新背景属性支持情况

标签	IE 浏览器	火狐浏览器	谷歌浏览器	Safari 浏览器	欧朋浏览器
background-size	支持	支持	支持	支持	支持
background-origin	支持	支持	支持	支持	支持

3. CSS3 文本效果

CSS3 包含多个新的文本属性，它们可以向文本编辑提供更多的选择。

（1）CSS3 的文本属性

- CSS3 文本阴影：text-shadow 属性能够规定水平阴影、垂直阴影、模糊距离以及阴影的颜色。
- CSS3 自动换行：word-wrap 属性允许用户对文本进行强制性换行。

（2）兼容性

浏览器对 CSS3 的文本效果支持情况如表 6-8 所示。

表 6-8　浏览器对 CSS3 的文本效果支持情况

标签	IE 浏览器	火狐浏览器	谷歌浏览器	Safari 浏览器	欧朋浏览器
text-shadow	支持	支持	支持	支持	支持
word-wrap	支持	支持	支持	支持	支持

4. CSS3 的 2D 和 3D 转换

CSS3 可以改变元素的形状、尺寸和位置等，其中包含着的多个新的文本属性可以给文本编辑提供更多的选择。

（1）CSS3 的 2D 和 3D 转换

- CSS3 2D 转换：transform 属性主要包括 translate（移动）、rotate（旋转）、scale（缩放）、skew（翻转）及 matrix（综合变换）5 个函数。
- CSS3 3D 转换：transform 属性主要包括 rotateX（x 轴旋转）和 rotateY（y 轴旋转）两个函数。

（2）兼容性

浏览器对 CSS3 的 2D 和 3D 转换支持情况如表 6-9 所示。

表 6-9　浏览器对 CSS3 的 2D 和 3D 转换支持情况

标签	IE 浏览器	火狐浏览器	谷歌浏览器	Safari 浏览器	欧朋浏览器
Transform（2D）	支持	支持	支持	支持	支持
Transform（3D）	支持	支持	支持	支持	不支持

5. CSS3 的过渡和动画

CSS3 可以在不使用 Flash 动画或 JavaScript 的情况下，让元素在从某种样式变换为另一种样式的过程中添加动态效果，并制作出动画。

（1）CSS3 的过渡和动画

- CSS3 过渡：transition 属性主要用于设置 4 个过渡属性。
- CSS3 动画：@keyframes 规则用于创建动画。

（2）兼容性

浏览器对 CSS3 的过渡和动画支持情况如表 6-10 所示。

表 6-10　浏览器对 CSS3 的过渡和动画支持情况

标签	IE 浏览器	火狐浏览器	谷歌浏览器	Safari 浏览器	欧朋浏览器
transition	支持	支持	支持	支持	支持
@keyframes	支持	支持	支持	支持	不支持

6.2.2　应用 CSS3 美化网页

下面以美化"印象数码"网页为例，讲解应用 CSS3 美化网页的方法（使用浏览器为"谷歌浏览器"），设计效果如图 6-20 所示。

应用 CSS3 美化
网页

图 6-20　美化"印象数码"网页

1. 设计旋转文字

STEP 打开素材文件"素材\第 6 章\印象数码\index.html",如图 6-21 所示。

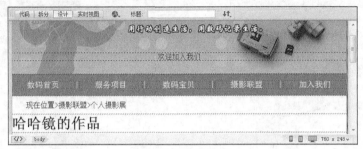

图 6-21 打开素材文件

STEP 在标签选择器中选择<div#pic1>标签,首先在【CSS 设计器】选项卡的【源】面板中选择【style】选项,然后在【选择器】面板中选择【#pic1】选项,如图 6-22 所示。

STEP 在【属性】面板中设置【width】为"200px"、【color】为"#D8FF00"、【font-family】为【宋体】。在【自定义】属性面板中添加属性名称为"transform"、值为"rotate(-30deg)",如图 6-23 所示。

图 6-22 选择规则

图 6-23 修改属性

STEP 按 F12 键预览,可以发现文字已经旋转了 30°,如图 6-24 所示。

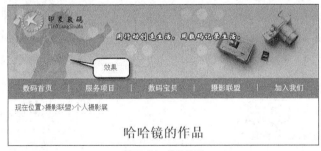

图 6-24 旋转效果

2. 给文字添加圆角边框

STEP 在标签选择器中选择<td.menu>标签,首先在【CSS 设计器】选项卡的【源】面板中选择【style】选项，然后在【选择器】面板中选择【menu】选项，如图 6-25 所示。

STEP 2 按照图 6-26 所示，在【属性】面板中设置各选项参数。

图 6-25　选择规则

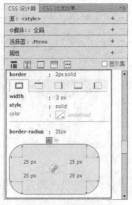

图 6-26　设置属性

STEP 3 按 F12 键预览，可以发现菜单栏又被加上了边框，如图 6-27 所示。

图 6-27　圆角边框效果

3. 给文字添阴影

STEP 1 在标签选择器中选择<h1>标签，首先在【CSS 设计器】选项卡的【源】面板中选择【style】选项，然后在【选择器】面板中选择【h1】选项，如图 6-28 所示。

STEP 2 按照图 6-29 所示在【属性】面板中设置各选项参数。

图 6-28　选择规则

图 6-29　设置属性

STEP 3 按 F12 键预览，可以发现标题加上了阴影，如图 6-30 所示。

图 6-30 阴影文字效果

4. 添加动画效果

CSS3 可以在不使用 Flash 和 JavaScript 的情况下制作出漂亮的动画效果，本例使用 CSS3 制作图片旋转放大的特效。

STEP 1 按照上面的方法，在【CSS 设计器】选项卡中选中 "#image" 样式，如图 6-31 所示。

STEP 2 在【自定义】属性栏添加一个属性，名称为 "transition"，值设置为 "width 2s, height 2s"，然后再添加一个属性，该属性名称为 "-webkit-transition"，值为 "width 2s, height 2s, -webkit-transform 2s"，如图 6-32 所示。

图 6-31 选择规则

图 6-32 设置属性

STEP 3 添加一个新的 CSS 样式，样式名称为 "#image:hover"，如图 6-33 所示。

STEP 4 选中 "#image:hover" 样式，设置【width】和【height】的值分别为 "500" 和 "350"，设置【background-image】值为 "images/image2.png"，为其添加两个自定义属性，一个属性名称为 "transform"，值为 "rotate(360deg)"，另一个属性名称为 "-webkit-transform"，值为 "rotate(360deg)"，如图 6-34 所示。

STEP 5 用同样的方法设置 "#image1" 样式，如图 6-35 所示。

STEP 6 再用同样的方法添加并设置"#image1:hover"样式，如图6-36所示。

图6-33　新建规则

图6-34　设置属性

图6-35　设置属性

图6-36　设置属性

STEP 7 按 F12 键预览，当光标移动到图片上时，图片就会通过旋转的动画进行放大或缩小，如图6-20所示。

6.2.3　典型实例——设计"成长记录"网页

下面将以设计"成长记录"网页为例，进一步讲解如何使用HTML5和CSS3设计网页的应用方法，设计效果如图6-37所示。

STEP 1 新建一个HTML文档，设置页面属性如图6-38所示。

STEP 2 新建一个名为"style.css"的文件，并将其连接到index.html页面，如图6-39所示。

STEP 3 在主窗口插入一个ID为"main"的div标签，然后新建CSS规则，并将规则定义在style.css上，再设置 main 的规则，设置【width】属性为"1000px"、【background-image】属性为"images/bg.jpg"、【background-repeat】属性为"no-repeat"、【background-position】属性为"center 0"，如图6-40所示。

图 6-37　设计"成长记录"网页

图 6-38　新建页面属性

图 6-40　设置 main 规则

图 6-39　新建 CSS 文件

STEP 04　将光标移至 main 标签内，选择菜单命令【插入】/【结构】/【页眉】，在 main 内插入一个【Class】和【ID】为"header"的<header>标签，如图 6-41 所示。

STEP 05　设置"header"的属性，设置【width】属性为"1000"、【background-image】属性为"images/header.jpg"、【background-repeat】属性为"no-repeat"、【background-position】属性为"right　0"，如图 6-42 所示。

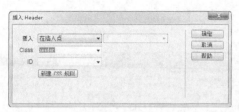

图 6-41　插入页眉

图 6-42　设置属性

STEP　6 在"header"内新建一个名为"top"的标签，并设置#top 的【height】属性为"120px"，如图 6-43 所示。

STEP　7 创建"wenzi"动画效果。

① 在<top>标签内插入一个名为"wenzi"的标签，并设置"#wenzi"的 CSS 属性，设置【width】属性为"100px"、【height】属性为"30px"、【left】属性为"100px"、【top】属性为"30px"、【font-size】属性为"24px"、【position】属性为"relative"，另外添加一个属性，该属性名称为"-webkit-animation"，值为"mywenzi 10s linear 0s infinite alternate"，如同 6-44 所示。

图 6-43　设置 top 属性

图 6-44　设置 wenzi 属性

② 将光标移至"wenzi"标签内，输入"成长记录"文字，页面效果如图 6-45 所示。

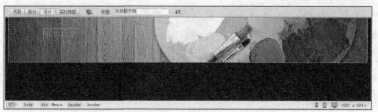

图 6-45　输入文本

③ 打开 CSS 代码编辑器，在 style.css 文件后面添加如图 6-46 所示的代码，然后按 F12 键预览动画效果。

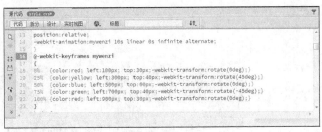

图6-46 添加代码

STEP 8 在<top>标签后插入<div>标签，并在该<div>标签中插入一个格式为1行5列的表格，然后在表格中输入文字，并为每个文字添加超链接，效果如图 6-47 所示。

STEP 9 新建一个名为".nav"的规则，并设置其属性，设置【color】为"#14C500"、【font-size】为"32px"、【border】为"2px solid"、【border-radius】为"25px"、【box-shadow】为"3px 3px 3px #888888"、【background-color】为"#A3F1D8"，如图 6-48 所示。

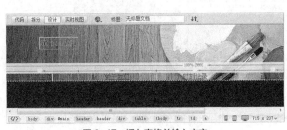

图6-47 插入表格并输入文字

图6-48 新建规则

STEP 10 新建一个名为".nav a:link"的规则，设置【text-decoration】属性为"none"。

STEP 11 将导航栏的文字全部应用 nav 规则。按 F12 键预览，会发现文字加上了边框和阴影，如图 6-49 所示。

图6-49 应用规则效果

STEP 12 插入 HTML5 视频。

① 在<top>标签后插入一个名为<movie>的 div 标签，设置<#movie>的 CSS 属性。设置【text-align】为"center"、【background-image】为"images/slider-bg.png"、【padding-top】为"45px"、【padding-bottom】为"40px"、【background-repeat】为"no-repeat"、【height】为"485px"，如图 6-50 所示。

② 将光标移至<movie>标签内，选择菜单命令【插入】/【HTML5 video】，插入一个视频文件，如图 6-51 所示。

图 6-50　设置 movie 属性

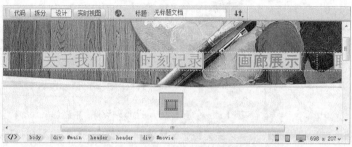

图 6-51　插入 HTML5 视频文件

③ 按照图 6-52 所示设置视频属性，完成视频的插入。

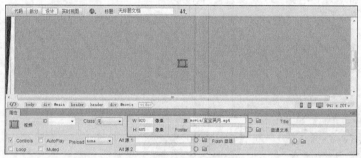

图 6-52　设置视频属性

STEP **13** 选择菜单命令【插入】/【结构】/【章节】，设置【ID】为 "content"，在<header>标签后插入一个<section>标签，如图 6-53 所示。

STEP 14 设置 "#content" 的属性。设置【margin】为 "0 auto"、【background-image】为 "images/ content-img.png"、【background-repeat】为 "no-repeat"、【background-position】为 "1px bottom"，如图 6-54 所示。

图 6-53　插入章节

图 6-54　设置属性

STEP **15** 在 content 里插入 div 标签，并设置布局和内容，如图 6-55 所示。

图 6-55 设置布局及内容

STEP **16** 选择菜单命令【插入】/【结构】/【页脚】，插入一个<footer>标签，如图 6-56 所示。

STEP **17** 在<footer>标签内输入文字，如图 6-57 所示。

图 6-56 插入页脚

图 6-57 输入页脚内容

STEP **18** 按 Ctrl+S 组合键保存文档，案例制作完成，按 F12 键预览设计效果。

6.3 习题

1. 简述 HTML5 和 CSS3 的优点。
2. 简要列举 HTML5 和 CSS3 的一些新元素。
3. 简要总结应用 CSS3 美化网页的主要手段。

Chapter

7

第 7 章
使用 Flash CC 制作素材

随着动画的快速发展，动画制作工具也在日新月异地更替。Flash CC 版本使 Flash 变得更加强大，使用 Flash 的动画开发变得更加快捷。使用 Flash CC 进行动画开发时需要大量的素材，取得动画素材的途径一般有使用 Flash CC 软件自带的绘图工具进行动画素材绘制和导入外部素材两种方式。使用 Flash 自带的绘图工具进行动画素材绘制也是制作优秀动画作品的基础，本章将从绘制素材入手进行讲解。

学习目标

- 熟悉 Flash CC 的操作界面。
- 掌握绘图工具的使用方法。
- 了解绘图和填色的技巧。
- 掌握导入素材的方法。
- 了解使用导入素材制作动画的方法。

7.1 动画制作基础

动画是一个范围很广的概念，通常是指连续变化的帧在时间轴上播放，从而使人产生运动错觉的一种艺术。图 7-1 所示为一组连续变化的图片，只要将其放到连续的帧上，以一定的速度连续播放，就可以形成人物打斗的视觉效果。

动画制作基础

图 7-1 动画的原理

7.1.1 了解图像基本知识

动画是在某种介质上记录一系列单个画面，并通过一定的速率回放所记录的画面，其中包含了大量的多媒体信息，融合了图、文、声、像等多种媒体形式。

1. 图形与图像

计算机屏幕上显示出来的画面与文字通常有两种描述方法：一种称为矢量图形或几何图形，简称图形（ Graphics ）；另一种称为点阵图像或位图图像，简称图像（ Image ）。

（1）矢量图形

矢量图形用一个指令集合进行描述。这些指令描述构成一幅图形的所有图元（ 直线、圆形、矩形及曲线等 ）的属性（ 位置、大小、形状及颜色 ）。显示时，需要相应的软件读取这些指令，并将其转变为计算机屏幕上能够显示的形状和颜色。矢量图形可以方便地实现图形的移动、缩放和旋转等变换。绝大多数 CAD 软件和动画软件都使用矢量图形。

（2）位图图像

位图图像由描述图像中各个像素点的亮度与颜色的数值集合而成，适合表现比较细致、层次和色彩比较丰富、包含大量细节的图像。位图必须指明屏幕上显示的每个像素点的信息，所以所需的存储空间较大。

 要点提示

显示一幅图像所需的 CPU 计算量要远小于显示一幅图形的 CPU 计算量，这是因为显示图像一般只需把图像写入到显示缓冲区中，而显示一幅图形则需要 CPU 计算组成每个图元（如点、线等）的像素点的位置与颜色，这需要较强的 CPU 计算能力。

2. 亮度、色调和饱和度

只要是色彩都可用亮度、色调和饱和度来描述，人眼中看到的任一色彩都是这 3 个特征的综合效果。

（1）亮度

亮度是光作用于人眼时所引起的明亮程度的感觉，它与被观察物体的发光强度有关。一般说来，亮度是用来表示某彩色光的明亮程度。

（2）色调

色调是当人眼看到一种或多种波长的光时所产生的彩色感觉，它反映颜色的种类，决定颜色的基本特性，如红色、棕色就是指色调。

（3）饱和度

饱和度指的是颜色的纯度，即掺入白光的程度，或者说颜色的深浅程度。对于同一色调的彩色光线，饱和度越深，颜色越鲜明或越纯。

通常把色调和饱和度统称为色度，色度用来表示颜色的类别与深浅程度。

3. 分辨率

分辨率是影响位图质量的重要因素，分为屏幕分辨率、图像分辨率、显示器分辨率和像素分辨率。在处理位图图像时要理解这 4 者之间的区别。

（1）屏幕分辨率

屏幕分辨率指在某一种显示方式下，以水平像素点数和垂直像素点数来表示计算机屏幕上最大的显示区域。例如，VGA 方式的屏幕分辨率为 640 像素×480 像素、SVGA 方式的为 1 024 像素×768 像素。

（2）图像分辨率

图像分辨率指数字化图像的大小，以水平和垂直的像素点表示。当图像分辨率大于屏幕分辨率时，屏幕上只能显示图像的一部分。

（3）显示器分辨率

显示器分辨率指显示器本身所能支持各种显示方式下最大的屏幕分辨率，通常用像素点之间的距离来表示，即点距。点距越小，同样的屏幕尺寸可显示的像素点就越多，自然分辨率就越高。例如，点距为 0.28mm 的 14 英寸显示器，它的分辨率为 1 024 像素×768 像素。

（4）像素分辨率

像素分辨率指一个像素的宽和长的比例（也称为像素的长度比）。在像素分辨率不同的计算机上显示同一幅图像，会得到不同的显示效果。

4. 图像色彩深度

图像色彩深度是指图像中可能出现的不同颜色的最大数目，它取决于组成该图像的所有像素的位数之和，即位图中每个像素所占的位数。例如，图像深度为 24，则位图中每个像素有 24 个颜色值，可以包含 16 772 216 种不同的颜色，称为真彩色。

生成一幅图像的位图时要对图像中的色调进行采样，调色板随之产生。调色板是包含不同颜色的颜色表，其颜色数依图像深度而定。

7.1.2　Flash CC 操作基础

1. Flash 发展简介

Flash 的前身叫作 FutureSplash Animator，由美国乔纳森·盖伊在 1996 年夏季正式发行，并很快获得了微软和迪斯尼两大巨头公司的青睐，之后成为这两家公司的最大客户。

由于 FutureSplash Animator 的巨大潜力吸引了当时实力较强的 Macromedia 公司的关注，于是在 1996 年 11 月，Macromedia 公司仅用 50 万美元就成功收购乔纳森·盖伊的公司，并将 FutureSplash Animator 改名为 Macromedia Flash 1.0。

经过 9 年的升级换代，2005 年 Macromedia 公司推出 Flash 8.0 版本，同时 Flash 也发展成为全球最流行的二维动画制作软件，同年 Adobe 公司以 34 亿美元的价格收购了整个 Macromedia 公司，并于 2010 年发行 Flash CC。从此，Flash 发展到了一个新的阶段。

2. Flash CC 界面介绍

（1）欢迎界面

启动 Flash CC，进入如图 7-2 所示初始用户界面，其中包括如表 7-1 所示的 6 个主要板块。

图 7-2　初始用户界面

表 7-1　Flash CC 界面主要板块

界面板块	功能
【模板】	从软件提供的模板创建新文件
【打开最近的项目】	快速打开最近一段时间使用过的文件
【新建】	新创建 Flash 文档
【扩展】	用于快速登录 Adobe 公司的扩展资源下载网页
【简介】	Adobe 公司为用户提供的关于 Flash 的简单介绍
【学习】	Adobe 公司为用户提供的学习资料

其中【新建】栏中的【ActionScript 3.0】指新建文档使用的脚本语言种类。

（2）操作界面

单击图 7-2 中的【ActionScript 3.0】选项，新建一个 Flash 文档，进入图 7-3 所示的默认操作界面，其中包括菜单栏、时间轴、工具面板、舞台、【属性】面板（也称为【属性】检查器）等。

Flash CC 的界面较人性化，并提供了几个可供用户选择的界面方案，单击图 7-4 所示的【界面设置】下拉列表即可选择界面方案，如图 7-4 所示。

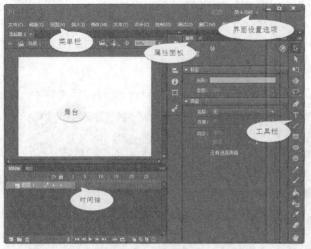

图 7-3 操作界面   图 7-4 界面方案

7.1.3 范例解析——制作"旋转文字效果"

使用 Flash 可以高效地实现动画制作。本案例将制作一个旋转文字效果，以带领读者初步认识动画的制作过程，其操作思路及效果如图 7-5 所示。

【操作步骤】

STEP 步骤1 运行 Flash CC 软件，单击【ActionScript 3.0】选项新建一个 Flash 文档。

STEP 步骤2 导入背景图片，效果如图 7-6 所示。

① 选择菜单命令【文件】/【导入】/【导入到舞台】，打开【导入】对话框，双击导入素材文件"素材\第 7 章\旋转文字效果\背景.jpg"。

② 设置场景中的显示模式为【显示全部】，如图 7-7 所示。

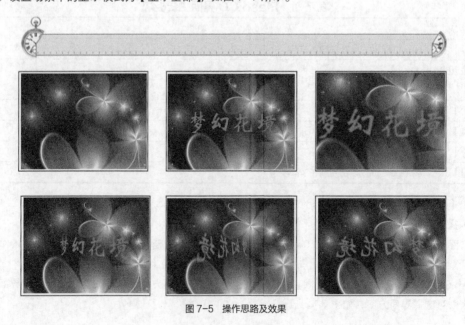

图 7-5 操作思路及效果

图 7-6　Flash CC 开始页　　　　　　　　　　　　图 7-7　导入背景图片

STEP ⚙3 调整图片大小和位置，效果如图 7-8 所示。

① 单击选中场景中的背景图片，按 Ctrl + K 组合键打开【对齐】面板。

② 选择【与舞台对齐】复选项。

③ 单击■按钮，使背景图片和舞台匹配大小。

④ 单击■按钮，使背景图片垂直位置相对舞台居中对齐。

⑤ 单击■按钮，使背景图片水平位置相对舞台居中对齐，最终效果如图 7-9 所示。

STEP ⚙4 新建图层，效果如图 7-10 所示。

① 双击"图层 1"，激活图层重命名功能，重命名图层为"背景"层。

② 单击■按钮，新建一个图层。

③ 重命名新建的图层为"旋转文字"层。

④ 单击"背景"图层锁定栏的黑点，锁定"背景"图层。

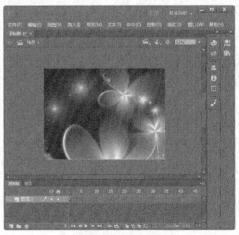

图 7-8　调整图片大小和位置　　　　　　　　　　图 7-9　最终效果

STEP **5** 输入文字，效果如图7-11所示。

① 单击"旋转文字"图层的第1帧，激活"旋转文字"图层。

② 按 T 键启用【文本】工具。

③ 在舞台中单击鼠标左键，输入"梦幻花境"4个字。

④ 在【属性】面板的【位置和大小】卷展栏中设置【X】为"73"、【Y】为"148"、【宽】为"441.10"；在【字符】卷展栏中设置【系列】为【华文新魏】、【大小】为"100"。

⑤ 单击【颜色】右边的色块，打开颜色设置面板，设置颜色为"#FF00FF"。

图7-10 新建图层　　　　　　　　　　　图7-11 输入文字

STEP **6** 为文字添加模糊效果，如图7-12所示。

① 展开【属性】面板中的【滤镜】卷展栏。

② 在【滤镜】卷展栏下方单击 按钮，弹出滤镜选择菜单。

③ 在滤镜选择菜单中选择【模糊】滤镜，其他参数保持默认设置。

STEP **7** 创建文字元件，效果如图7-13所示。

图7-12 为文字添加模糊效果　　　　　　图7-13 创建文字元件

① 确保文字块处于被选中状态。

② 按 F8 键打开【转换为元件】对话框，设置【名称】为"文字"。

③ 单击 确定 按钮完成创建。

STEP 8 制作旋转动画，效果如图 7-14 所示。

① 选择菜单命令【窗口】/【动画预设】或单击 按钮，打开【动画预设】面板。

② 展开"默认预设"文件夹，单击选中【3D 螺旋】选项。

③ 单击 应用 按钮为场景中的文字创建三维的旋转动画。

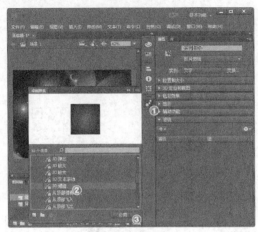

图 7-14　制作旋转动画

STEP 9 插入帧，效果如图 7-15 所示。

① 单击背景图层的 按钮，解锁背景图层。

② 选中背景图层的第 50 帧，打击鼠标右键，选择【插入帧】命令，或者按 F5 键。

STEP 10 按 Ctrl + Enter 组合键测试影片，如图 7-16 所示。

要点提示

插入帧是因为背景图层的帧长度不够，在测试影片时，背景图片出现在画面中。

STEP 11 按 Ctrl + S 组合键保存影片文件，案例制作完成。

图 7-15　插入帧

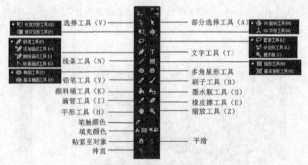

图 7-16　测试影片

7.2　绘制素材

正所谓"工欲善其事，必先利其器"，在开始讲述利用 Flash 绘图工具进行动画素材绘制之前，首先来认识一下 Flash CC 为用户提供的绘图工具。

使用绘图工具（1）　　使用绘图工具（2）　　使用绘图工具（3）　　使用绘图工具（4）

使用绘图工具（5）　　　使用绘图工具（6）　　　文本和色彩

7.2.1　绘图工具简介

Flash CC 提供了强大的绘图工具，给用户制作动画素材带来了极大的方便。【工具】面板中的具体工具名称与其快捷键如图 7-17 所示。

图 7-17　Flash 绘图工具

根据用途的不同，绘图工具可分为以下 6 类，如表 7-2 所示。

表 7-2　绘图工具的分类

	分类	内容
（1）	规则形状绘制工具	主要包括【矩形】工具、【椭圆】工具、【基本矩形】工具、【基本椭圆】工具、【多角星形】工具和【线条】工具

续表

	分类	内容
（2）	不规则形状绘制工具	主要包括【钢笔】工具、【铅笔】工具、【笔刷】工具和【文本】工具
（3）	形状修改工具	主要包括【选择】工具、【部分选择】工具和【套索】工具
（4）	颜色修改工具	主要包括【墨水瓶】工具、【颜料桶】工具、【滴管】工具、【橡皮檫】工具、【颜色】工具和【填充变形】工具
（5）	视图修改工具	主要包括【手形】工具和【缩放】工具
（6）	动画辅助工具	主要包括【骨骼】工具、【绑定】工具、【平移】工具和【旋转】工具

使用 Flash 绘图工具绘制出的素材是矢量图，可以对其进行移动、调整大小、重定形状、更改颜色等操作，而不影响素材的品质，如图 7-18 所示。

矢量图形与位图图像的对比如表 7-3 所示。

表 7-3　矢量图形与位图图像的对比

类型		含义
矢量图形	定义	用矢量曲线来描述图像，包括颜色和位置等属性
	特点	矢量图形与分辨率无关，可以显示在各种分辨率的输出设备上，而其品质不受影响
	应用	矢量图形适合用于线性图，特别是在二维卡通动画中，能够有效地减少文件容量
位图图像	定义	用像素排列在网格内的彩色点来描述图像
	特点	图像与分辨率有关，在比图像本身的分辨率低的输出设备上显示位图时会降低它的外观品质
	应用	位图图像适合用于表现层次和色彩细腻丰富、包含大量细节的图像

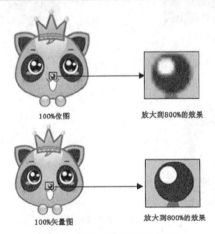

100%位图　　　　放大到800%的效果

100%矢量图　　　　放大到800%的效果

图 7-18　矢量图形和位图图形的对比

7.2.2　范例解析——绘制"真实枫叶效果"

本案例将通过绘制一枚精致的枫叶，带领读者学习掌握绘制仿真对象的方法，操作思路及效果如图 7-19 所示。

【操作步骤】

1. 绘制假想光源

STEP 1 新建一个 Flash 文档，设置文档属性，如图 7-20 所示。

STEP 2 新建图层，如图 7-21 所示。

① 连续单击 按钮新建图层，重命名各图层。

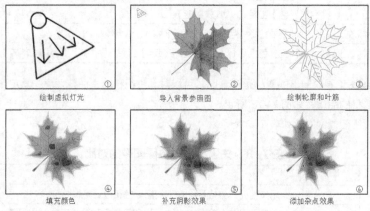

| 绘制虚拟灯光① | 导入背景参照图② | 绘制轮廓和叶筋③ |
| 填充颜色④ | 补充阴影效果⑤ | 添加杂点效果⑥ |

图 7-19　操作思路及效果图

② 单击 按钮，锁定除"虚拟灯"以外的图层。

③ 单击选中"虚拟灯"图层的第 1 帧。

图 7-20　新建文档

图 7-21　新建图层

STEP 3 在工具栏中选择 和 工具，在画布的左上角绘制一个虚拟灯光，如图 7-22 所示。

图 7-22　绘制虚拟灯光

要点提示

在画布上绘制虚拟灯光是为了辅助绘画中空间想象，通过虚拟灯光联想在真实光照下所绘制对象的阴影效果和明暗分布，从而帮助读者绘出具有真实感的对象。

2. 导入背景图片

STEP 激活"背景图"图层，如图 7-23 所示。

① 锁定"虚拟灯"图层，取消锁定"背景图"图层。

② 选中"背景图"图层的第 1 帧。

STEP 导入背景图片，如图 7-24 所示。

① 选择菜单命令【文件】/【导入】/【导入到舞台】，打开【导入】对话框。

② 双击素材文件"素材\第 7 章\精致超现实枫叶\真实枫叶.jpg"，将其导入到舞台。

STEP 在【属性】面板中设置图片的大小和位置，如图 7-25 所示。

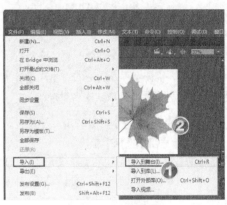

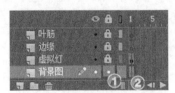

图 7-23 激活"背景图"图层

图 7-24 导入背景图片

图 7-25 设置【位置和大小】参数

要点提示

对于刚刚开始进行鼠绘的读者，参照背景图进行描摹是非常有必要的。通过长期描摹掌握基本的绘图知识和绘图感觉后，再脱手进行绘制。

3. 绘制枫叶边缘效果

STEP 激活"边缘"图层，如图 7-26 所示。

① 锁定"背景图"图层。

② 取消锁定"边缘"图层，单击选中"边缘"图层的第 1 帧。

STEP 绘制枫叶外轮廓，如图 7-27 所示。

① 按 P 键启用【钢笔】工具。

② 按照背景图的轮廓绘制枫叶轮廓。

图 7-26　激活边缘图层

图 7-27　绘制枫叶外轮廓

 要点提示

绘制边缘时，请注意保证轮廓的封闭性。只有封闭的边缘才能使后续的颜色填充顺利进行。按【贴紧至对象】按钮可方便最后的封口操作。

STEP 3 调整枫叶外轮廓。

① 按 V 键启用【选择】工具。

② 按照背景图的轮廓细部调整枫叶轮廓，如图 7-28 所示。

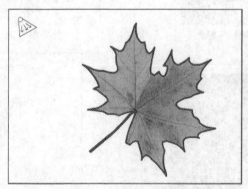

图 7-28　调整枫叶外轮廓

4．绘制叶筋

STEP 1 激活"叶筋"图层，如图 7-29 所示。

① 锁定"边缘"图层。

② 取消锁定"叶筋"图层，单击激活"叶筋"图层的第 1 帧。

STEP 2 绘制"叶筋"，如图 7-30 所示。

① 按 P 键启用【钢笔】工具。

② 按照背景图轮廓绘制枫叶叶筋。

 要点提示

使用【钢笔】工具绘制一条线段结束时，可以通过只按一次 Esc 键来取消当前线段绘制。然后单击鼠标左键，从而开始绘制新的线段。

图 7-30　绘制叶筋

图 7-29　激活叶筋图层

STEP 3 细部调整"叶筋",如图 7-31 所示。

① 按 V 键启用【选择】工具。

② 按照背景图的轮廓细部调整枫叶叶筋。

STEP 4 隐藏"背景图"图层,如图 7-32 所示。

STEP 5 设置枫叶叶筋颜色,如图 7-33 所示。

图 7-31　细节调整叶筋

图 7-32　隐藏背景图

① 按 V 键启用【选择】工具。

② 按住 Shift 键选中其中一条叶筋主干的所有线段。

③ 进入【颜色】面板设置【类型】为【线性渐变】。

④ 分别设置两个颜色色块。

STEP 6 调整枫叶叶筋颜色渐变,效果如图 7-34 所示。

① 按 F 键启用【渐变变形】工具。

② 调整叶筋渐变形状。

 要点提示

叶筋的颜色设置一定要联系现实枫叶的情况来设置,通常情况下叶筋越靠近边缘颜色越淡,越靠近叶柄颜色越深。

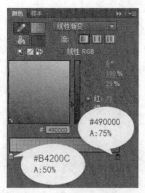

图 7-33　设置枫叶叶筋颜色

图 7-34　调整枫叶叶筋颜色渐变

STEP 7 使用相同的颜色参数和调节方法设置其他叶筋主干和叶筋分支，效果如图 7-35 所示。

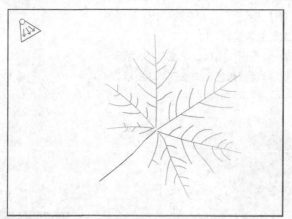

图 7-35　调整其他叶筋主干和分支

5. 为枫叶上色

STEP 1 激活"边缘"图层，如图 7-36 所示。

① 隐藏"叶筋"图层，取消锁定"边缘"图层。

② 单击"边缘"图层的第 1 帧。

STEP 2 绘制"边缘"，效果如图 7-37 所示。

① 按 Y 键启用【铅笔】工具。

② 绘制不同亮度的填充区域轮廓。

STEP 3 填充不同亮度区域，效果如图 7-38 所示。

① 按 K 键启用【填充】工具。

② 为不同亮度区域填充不同颜色。

STEP 4 填充亮度变化区域，效果如图 7-39 所示。

① 在【颜色】面板中设置颜色为【径向渐变】。

② 设置色块颜色。

③ 填充亮度变化区域。

图 7-36　激活边缘图层

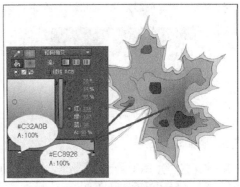

图 7-37　绘制边缘

④ 按 F 键启用【渐变变形】工具。

⑤ 调整渐变形状。

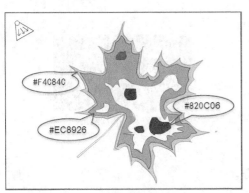

图 7-38　填充不同亮度区域

图 7-39　填充亮度变化区域

 要点提示

为枫叶上色时，请通过虚拟灯光来假想真实效果。颜色越淡表示被照射的灯光越多，颜色越暗表示被照射的灯光越少。

STEP 5 填充叶柄，如图 7-40 所示。

① 在【颜色】面板中设置颜色为【径向渐变】。

② 设置色块颜色。

③ 填充叶柄区域。

STEP 6 删除所有边缘线，效果如图 7-41 所示。

① 按 V 键启用【选择】工具。

② 单击"边缘"图层的第 1 帧，选中该帧上的所有对象。

③ 在【颜色】面板中设置【笔触】颜色为【无】。

STEP 7 取消隐藏"叶筋"图层，锁定"边缘"图层，如图 7-42 所示。

STEP 8 添加图层，如图 7-43 所示。

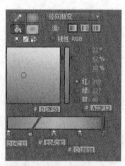

图 7-40　填充叶柄

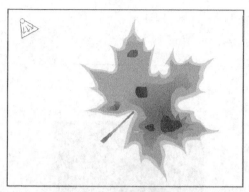

图 7-41　删除边缘线

① 选中"叶筋"图层。

② 连续 3 次单击 按钮，新建 3 个图层。

③ 重命名各图层为"第一阴影效果"、"第二阴影效果"和"杂点"。

④ 锁定"第二阴影效果"图层和"杂点"图层。

图 7-42　取消叶筋图层，锁定边缘图层

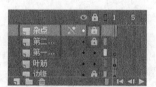

图 7-43　添加图层

6. 添加阴影效果

STEP 绘制第一阴影效果，如图 7-44 所示。

① 按 O 键启用【椭圆】工具。

② 在【工具】面板中按下 按钮，启用对象绘制功能。

③ 在【颜色】面板中设置【填充】颜色为【径向渐变】，设置色块颜色左边为"#820C06"，透明度为 75%，右边色块为"#820C06"，透明度为 0%，设置【笔触】颜色为【无】。

④ 在画面左侧绘制一个圆形，按住 Ctrl 键拖动圆复制出 6 个圆形，并按照阴影效果要求放置在枫叶上。

STEP 调整第一阴影效果，效果如图 7-45 所示。

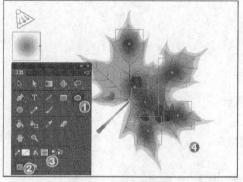

图 7-44　添加阴影效果

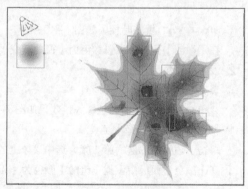

图 7-45　调整阴影

① 按 Q 键启用【任意变形】工具。

② 依次修改构成第一阴影效果的圆，使其更加符合阴影效果。

STEP 03 锁定"第一阴影效果"图层，取消锁定"第二阴影效果"图层，如图 7-46 所示。

 要点提示

第一阴影效果的使用可以使画面的阴影效果过渡更加自然，同时也是对前面阴影效果的一个补充。

STEP 04 绘制第二阴影效果，如图 7-47 所示。

① 按 O 键启用【椭圆】工具。

② 在【颜色】面板中设置色块颜色为【径向渐变】，颜色代码为 "#D24917"，左边色块的透明度为 75%，右边色块透明度为 0%。

③ 在画面左侧绘制一个圆形，按住 Ctrl+V 键拖动圆，复制出 11 个圆形，并按照阴影效果要求放置在枫叶上。

图 7-46　锁定图层

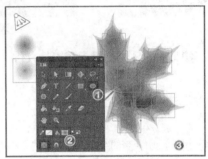

图 7-47　添加第二阴影效果

STEP 05 调整第二阴影效果，效果如图 7-48 所示。

① 按 Q 键启用【任意变形】工具。

② 调整第二阴影效果的圆。

 要点提示

细心的读者应该已经发现，第二阴影效果所用圆的颜色较亮，其目的相当于对画面补光，即对应该更加淡的部位进行增亮处理。

STEP 06 锁定"第二阴影效果"图层，取消锁定"杂点"图层，如图 7-49 所示。

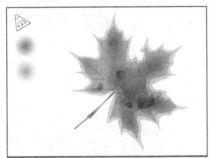

图 7-48　调整阴影

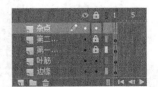

图 7-49　取消锁定杂点图层

STEP 7 绘制杂点，效果如图 7-50 所示。

① 按 B 键启用【刷子】工具。

② 在【工具】面板中单击 ◎ 按钮，启用对象绘制功能。

③ 设置【填充颜色】为"#D25716"，绘制若干杂点。

④ 设置【填充颜色】为"#810B05"，绘制若干杂点。

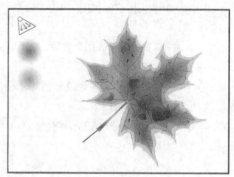

图 7-50 绘制杂点

7. 按 Ctrl+S 组合键保存影片文件

7.3 导入图片和音频

当利用 Flash 自带的绘图工具绘制的素材不能满足需要时，用户还可以导入各种图片和视频素材来丰富开发资源。导入图片和音频的方法十分简单，在导入时没有任何参数需要设置，接下来介绍导入图片的方法。

7.3.1 导入图片和声音的方法

1. 将单个图片导入到舞台

STEP 1 新建一个 Flash 文档。

STEP 2 导入图片到舞台，如图 7-51 所示。

导入和导出素材

元件与滤镜

① 选择菜单命令【文件】/【导入】/【导入到舞台】，打开【导入】对话框。

② 双击导入素材文件"素材\第 7 章\导入图片素材练习\背景图片.jpg"。

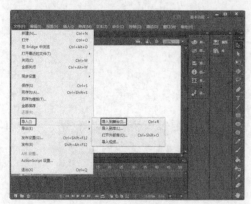

图 7-51 导入图片到舞台

STEP **3** 编辑图片，如图 7-52 所示。

① 选中舞台上的图片，按 Ctrl+B 组合键将图片打散。

② 按 E 键启用【橡皮擦】工具，用【橡皮擦】工具任意擦拭图片的部分图像。

图 7-52 编辑图片

2. 导入连续图片

STEP **1** 新建一个 Flash 文档。

STEP **2** 导入图片到舞台，如图 7-53 所示。

① 选择菜单命令【文件】/【导入】/【导入到舞台】，打开【导入】对话框。双击素材文件"素材\第7章\导入图片素材练习\连续图片\01.png"，弹出提示对话框。

② 单击 是 按钮将连续图片依次导入，并放置在连续的帧上。

最终效果如图 7-54 所示。

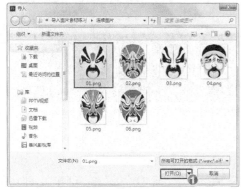

图 7-53 导入图片到舞台

图 7-54 最终效果

3. 导入 GIF 图片到库

STEP ⬆1 新建一个 Flash 文档。

STEP ⬆2 导入 GIF 图片到库，如图 7-55 所示。

① 选择菜单命令【文件】/【导入】/【导入到库】，打开【导入到库】对话框。

② 双击导入素材文件"素材\第 7 章\导入图片素材练习\可爱猪猪.gif"。

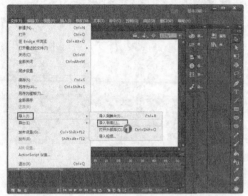 

图 7-55　导入 GIF 图片到库

STEP ⬆3 此时【库】面板中生成了名为"元件 1"的影片剪辑元件，双击进入该元件编辑模式，如图 7-56 所示。

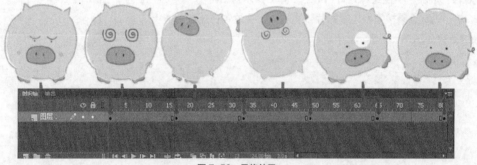

图 7-56　最终效果

> GIF 是一种可以存储动画的图片格式，当使用 Flash 导入 GIF 图片，而 GIF 中又具有动画时，Flash 软件将自动生成一个影片剪辑元件来存储动画。

4. 导入声音的方法

选择菜单命令【文件】/【导入】/【导入到库】，即可导入到【库】面板中。

7.3.2　范例解析——制作"户外广告"

随着广告的发展，在路边、山间、田野随处可见户外广告的身影。本案例将通过导入图片和声音来模拟一个户外广告的效果，从而带领读者学习导入图片和声音的方法，操作思路和效果如图 7-57 所示。

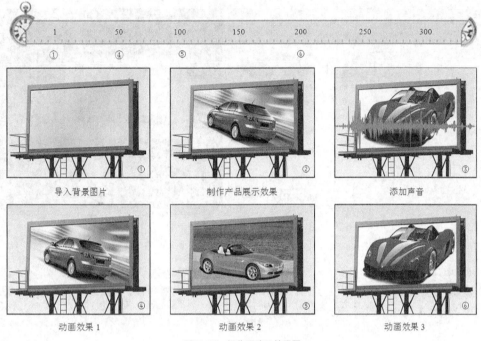

图 7-57　操作思路及效果图

【操作步骤】

1. 设置场景

STEP **1**　新建一个 Flash 文档。

STEP **2**　设置文档属性，【舞台大小】为 "604×409" 像素，如图 7-58 所示。

STEP **3**　新建图层，如图 7-59 所示。

① 连续 5 次单击 按钮，新建 5 个图层。

② 重命名各图层。

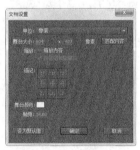

图 7-58　设置文档参数

图 7-59　新建图层

2. 导入背景图片

STEP **1**　选中 "背景" 图层的第 1 帧。

STEP **2**　选择菜单命令【文件】/【导入】/【导入到舞台】，打开【导入】对话框。

STEP **3**　双击导入素材文件 "素材\第 7 章\户外广告\图片\户外广告.png" 到舞台，如图 7-60 所示。

图 7-60　导入背景图片

由于场景的大小与图片的大小是一致的，而且导入的图片会自动对齐居中到舞台，所以导入后的图片与场景完全吻合，不需要进行其他操作。

3. 制作展示图片 1 的显示效果

STEP 1 添加帧，如图 7-61 所示。

① 选中"背景"图层的第 240 帧。

② 按 Shift 键单击选中"声音"图层的第 240 帧，即可选中所有图层的第 240 帧。

③ 按 F5 键插入一个普通的帧或者单击鼠标右键选择【插入帧】命令。

STEP 2 导入展示图片 1，如图 7-62 所示。

① 选中"展示 1"图层的第 1 帧。

② 导入素材文件"素材\第 7 章\户外广告\图片\跑动的汽车.bmp"到舞台。

③ 在【属性】面板的【位置和大小】卷展栏中设置图片【宽】为"440"、【高】为"308"、【X】为"80"、【Y】为"30"。

图 7-61　添加帧

图 7-62 导入展示图片 1

STEP 3 将图片转换为图形元件，如图 7-63 所示。

① 单击选中场景中的汽车图片，按 F8 键打开【转换为元件】对话框。

② 设置元件的【类型】为【图形】，【名称】为"跑动的汽车"。

③ 单击 确定 按钮，完成转换。

图 7-63 将图片转换为图形元件

🎯 **要点提示**

图片是不能直接制作动画的，需要将图片转换为元件才能制作各种动画效果。

STEP 4 制作图片 1 的渐显和渐隐效果，如图 7-64 所示。

① 选中"展示 1"图层的第 15 帧，按 F6 键插入一个关键帧。

② 用同样的方法分别在第 65 帧和第 80 帧处插入一个关键帧。

③ 单击选中第 1 帧处的元件，在【属性】面板的【色彩效果】卷展栏中设置【Alpha】值为"0%"。

④ 用同样的方法，设置第 80 帧处元件的【Alpha】值为"0%"。

⑤ 在第 1 帧~第 15 帧之间单击鼠标右键，在弹出的快捷菜单中选择【创建传统补间】命令。

⑥ 用同样的方法，在第 65 帧~第 80 帧之间创建传统补间动画。

图 7-64　制作图片 1 的渐显和渐隐效果

要点提示

在选择某一帧上的元件时，有两种方法：一是选中该帧，然后在舞台上单击选中对应的元件；二是选中该帧，然后按 V 键即可选中帧上的元件。

4. 制作展示图片 2 的显示效果

STEP 1　导入展示图片 2，如图 7-65 所示。

① 选中"展示 2"图层的第 80 帧，按 F6 键插入一个关键帧。

② 导入素材文件"素材\第 7 章\户外广告\图片\海边汽车.png"到舞台。

③ 选中图片，在【属性】面板的【位置和大小】卷展栏中设置图片【宽】为"440"、【高】为"299.4"、【X】为"80"、【Y】为"15"。

STEP 2　将图片转换为图形元件，如图 7-66 所示。

① 单击选中场景中的汽车图片，按 F8 键打开【转换为元件】对话框。

② 设置元件的【类型】为【图形】，【名称】为"海边汽车"。

③ 单击 确定 按钮，完成转换。

STEP 3　制作图片 2 的渐显和渐隐效果，如图 7-67 所示。

① 在"展示 2"图层的第 95 帧、第 145 帧和第 160 帧处插入关键帧。

② 分别设置第 80 帧和第 160 帧处元件的【Alpha】值为"0%"。

③ 分别在第 80 帧～第 95 帧和第 145 帧～第 160 帧之间创建传统补间动画。

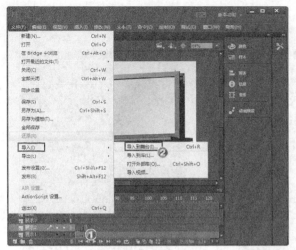

图 7-65 导入展示图片 2

图 7-66 将图片转换为图形元件

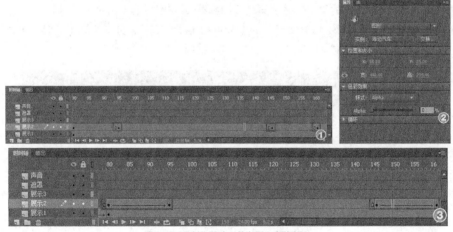

图 7-67 制作图片 2 的渐显和渐隐效果

5. 制作展示图片 3 的显示效果

STEP 1 导入展示图片 3，如图 7-68 所示。

① 选中"展示 3"图层的第 160 帧，按 F6 键插入一个关键帧。

② 导入素材文件"素材\第 7 章\户外广告\图片\红色汽车.jpg"到舞台。

③ 选中图片，在【属性】面板的【位置和大小】卷展栏中设置图片的【宽】为"440"、【高】为"330"、

【X】为"91"、【Y】为"-2"。

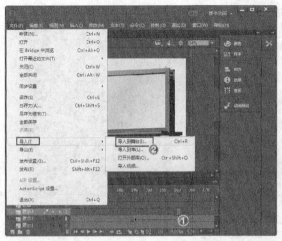

图 7-68 导入展示图片 3

STEP 2 将图片转换为图形元件，如图 7-69 所示。

① 单击选中场景中的汽车图片，按 F8 键打开【转换为元件】对话框。

② 设置元件的【类型】为【图形】，【名称】为"红色汽车"。

③ 单击 确定 按钮，完成转换。

STEP 3 制作图片 3 的渐显和渐隐效果，如图 7-70 所示。

图 7-69 将图片转换为图形元件

① 分别在"展示 3"图层的第 175 帧、第 225 帧和第 240 帧处按 F6 键插入关键帧。

② 分别设置第 160 帧和第 240 帧处元件的【Alpha】值为"0%"，分别在第 160 帧~第 175 帧和第 225 帧~第 240 帧之间创建传统补间动画。

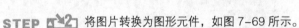

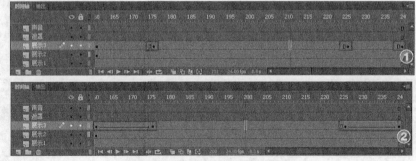

图 7-70 制作图片 3 的渐显和渐隐效果

6. 制作遮罩

STEP 1 制作遮罩元件，如图 7-71 所示。

① 选择"遮罩"图层的第 1 帧。

② 按 R 键启用【矩形】工具，设置【笔触颜色】为"无"，【填充颜色】为"#00CBFF"。

③ 在舞台上绘制一个矩形。

④ 按 V 键启用【选择】工具，调整矩形使矩形填充整个广告牌的显示屏幕。

图 7-71　制作遮罩元件

STEP ⬆2　制作多层遮罩，如图 7-72 所示。

① 用鼠标右键单击"遮罩"图层，在弹出的快捷菜单中选择【遮罩层】命令，将"遮罩"层转换为遮罩层。

② 将"展示 1"图层、"展示 2"图层和"展示 3"图层转换为被遮罩层。

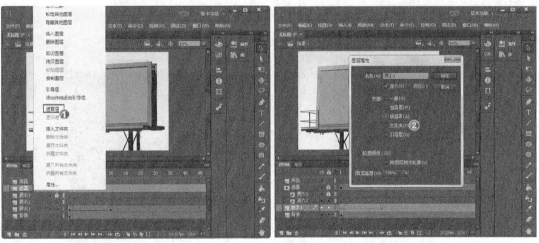

图 7-72　制作多层遮罩

 要点提示

当"遮罩"图层转换为遮罩层后，"展示 3"图层会自动转换为被遮罩层，然后可以将"展示 1"图层和"展示 2"图层拖到"展示 3"图层的下边，软件会自动识别并将其转换为被遮罩层。

7. 添加声音

STEP ⬆1　导入声音，如图 7-73 所示。

① 选择菜单命令【文件】/【导入】/【导入到库】，打开【导入到库】对话框。

② 双击导入素材文件"素材\第 7 章\户外广告\声音\bgsound.mp3"到库。

STEP 2 添加声音，如图 7-74 所示。

① 选中"声音"图层的第 1 帧。

② 在【属性】面板的【声音】卷展栏中设置声音的【名称】为"bgsound.mp3"。

③ 设置声音的【同步】为【数据流】和【重复】。

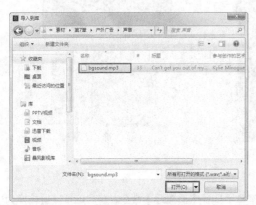

图 7-73　导入声音

图 7-74　添加声音

在【属性】面板的【声音】卷展栏中还可以设置声音的【效果】和【同步】项，如图 7-75 所示。其中的参数说明如表 7-4 所示。

声音属性

同步

图 7-75　声音参数设置

表 7-4　【效果】下拉列表中各选项的功能

选项	功能
无	不对声音文件应用效果，选择此选项将删除以前应用的效果
左声道、右声道	播放歌曲时，系统默认是左声道播放伴音，右声道播放歌词。所以，若插入一首 mp3，想仅仅播放伴音，就选择左声道；想保留清唱，就选择右声道

续表

选项	功能
向右淡出、向左淡出	将声音从一个声道切换到另一个声道
淡入、淡出	淡入就是声音由低开始，逐渐变高；淡出就是声音由高开始，逐渐变低
自定义	选择该选项，系统将打开【编辑封套】对话框，可以通过拖动对话框中的滑块来调节声音的高低。最多可以添加 5 个滑块。窗口中显示的上下两个分区分别是左声道和右声道，波形远离中间位置时，表明声音高；波形靠近中间位置时，表明声音低

　　在各种效果中常用的是淡入和淡出，通过设置 4 个滑块，在最低点开始逐渐升高，平稳运行一段后，在结尾处再设置为最低即可。

　　Flash CC 提供的【同步】下拉列表中各个选项的功能如表 7-5 所示。

表 7-5　【同步】下拉列表中各选项的功能

选项	功能
事件	将声音设置为事件，可以确保声音有效地播放完毕，不会因为帧已经播放完而引起音效的突然中断。制作该设置模式后声音会按照指定的重复播放次数一次不漏地全部播放
开始	将音效设定为开始，每当影片循环一次时，音效就会重新开始播放一次。如果影片很短而音效很长，就会造成一个音效未完而又开始另外一个音效的现象，这样就造成音效的混合而使音效变乱
停止	结束声音文件的播放，可以强制开始和事件的音效停止
数据流	设置为数据流的时候，会迫使动画播放的进度与音效播放进度一致，如果遇到机器运行较慢，Flash 电影就会自动略过一些帧以配合背景音乐的节奏。一旦帧停止，声音也就会停止，即使没有播放完，也会停止

　　在同步设置中应用最多的是【事件】选项，它表示声音由加载的关键帧处开始播放，直到声音播放完或者被脚本命令中断。而数据流选项表示声音播放与动画同步，也就是说如果动画在某个关键帧上被停止播放，声音也将随之停止，直到动画继续播放的时候声音才会在停止处开始继续播放。一般用来制作 MTV。

8. 按 Ctrl + S 组合键保存影片文件

7.4　导入视频与打开外部库

　　Flash CC 版本对导入的视频格式作了严格的限制，只能导入 FLV 格式的视频，FLV 视频格式是目前网页视频观看的主要格式。

7.4.1　功能讲解——导入视频的方法

STEP 1　选择视频，效果如图 7-76 所示。

① 选择菜单命令【文件】/【导入】/【导入视频】，打开【导入视频】对话框。

② 选中【在 SWF 中嵌入 FLV 并在时间轴中播放】单选项。

③ 单击 浏览… 按钮打开【打开】对话框。

④ 双击素材文件"素材\第 7 章\导入视频素材练习/视频.flv"，返回【导入视频】对话框。

⑤ 单击 下一步 按钮进入【嵌入】视频设置界面。

STEP 2 嵌入视频设置，如图 7-77 所示。

① 设置【符号类型】为【嵌入的视频】，其他参数保持默认。

② 单击 下一步 按钮进入【完成视频导入】设置界面。

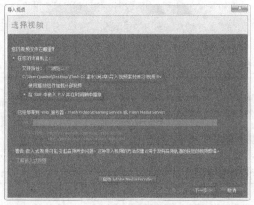

图 7-76　选择视频

图 7-77　嵌入视频设置

要点提示

【符号类型】项的设置对视频导入后的存在形式有非常大的影响，具体含义如表 7-6 所示，用户可以根据具体需要进行选择。

表 7-6　【符号类型】项

类型	含义
嵌入的视频	将视频导入到当前的时间轴上
影片剪辑	系统自动新建一个影片剪辑元件，将视频导入该影片剪辑元件内部的帧上
图形	系统自动新建一个图形元件，将视频导入该图形元件内部的帧上

STEP 3 单击 完成 按钮完成视频导入，如图 7-78 所示。

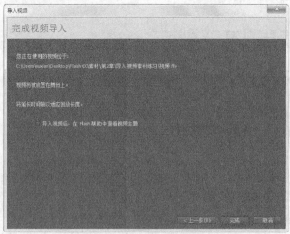

图 7-78　完成视频导入设置

STEP 4 打开外部库。选择菜单命令【文件】/【导入】/【打开外部库】，打开【打开】对话框，选中打开 Flash 源文件（即.fla 文件）即可打开该源文件的库文件。使用外部库和使用【库】面板的操作是相同的，这里不再对其进行讲解。

7.4.2　范例解析——制作"动态影集"

您是否是一个 DV 发烧友，或者拥有很多的拍摄视频而找不到好的编辑、处理方法，使得所拍摄的视频缺少一些色彩呢？本案例将通过导入视频和外部库来制作一个动态影集效果，带领读者学习并掌握视频和外部库的导入方法，操作思路和效果如图 7-79 所示。

图 7-79　操作思路及效果图

【操作步骤】

1.　设置场景

STEP 1 打开制作模板，如图 7-80 所示。

按 Ctrl+O 组合键打开素材文件"素材\第 7 章\动态影集\动态影集.fla"。在文档中已经将开场动画以及控制代码布置完成。

STEP 2 新建图层，如图 7-81 所示。

图 7-80　模板场景

图 7-81　新建图层

① 选择"主题显示"图层。

② 单击█按钮在"主题显示"图层上面新建一个图层。

③ 重命名图层为"个人视频"。

2. 导入视频

STEP █1 新建元件，如图 7-82 所示。

① 选择菜单命令【插入】/【新建元件】，打开【创建新元件】对话框。

图 7-82　新建元件

② 设置元件的【类型】为【影片剪辑】。

③ 设置元件的【名称】为"视觉感受"。

④ 单击█确定█按钮，创建一个影片剪辑元件，并进入元件编辑状态。

STEP █2 导入视频，如图 7-83 所示。

① 选择"图层 1"图层的第 1 帧。

② 选择菜单命令【文件】/【导入】/【导入视频】，打开【导入视频】对话框。

③ 单击█浏览...█按钮，打开【打开】对话框。

④ 双击选择素材文件"素材\第 7 章\动态影集\视频\视觉感受.flv"。

⑤ 选择【在 SWF 中嵌入 FLV 并在时间轴中播放】单选项。

⑥ 单击█下一步>█按钮，进入【嵌入】界面。

STEP █3 设置视频的嵌入方式，如图 7-84 所示。

① 设置【符号类型】为【嵌入的视频】。

② 其他设置保持默认。

③ 单击█下一步>█按钮，进入【完成视频导入】界面。

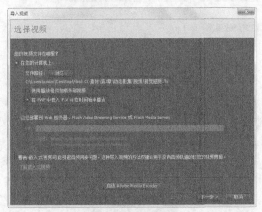

图 7-83　导入视频

图 7-84　设置视频的嵌入方式

STEP █4 单击█完成█按钮，即可将视频导入到时间轴上，如图 7-85 所示。

3. 导入外部库中的元件

STEP █1 新建元件，如图 7-86 所示。

① 选择菜单命令【插入】/【新建元件】，打开【创建新元件】对话框。

② 设置元件的【类型】为【影片剪辑】。

③ 设置元件的【名称】为"视频控制"。

④ 单击 按钮，创建一个影片剪辑元件，并进入元件编辑状态。

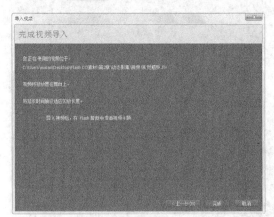

图 7-85　导入视频

STEP 2 打开外部库文件，如图 7-87 所示。

① 单击选中"图层 1"图层的第 1 帧。

② 选择菜单命令【文件】/【导入】/【打开外部库】，打开【打开】对话框，双击打开素材文件"素材\第 7 章\动态影视\外部库\事物感受.fla"。

③ 将【外部库】面板中名为"事物感受"的影片剪辑元件拖入到当前舞台，并将元件居中对齐到舞台。

图 7-86　新建元件　　　　　　　　　图 7-87　打开外部库文件

要点提示

将【外部库】面板中的元件拖入到当前场景后，该元件以及相关联的元件都会进入当前文档的【库】面板中，如图 7-88 所示。

STEP 3 布置"视觉感受"元件，如图 7-89 所示。

① 选择"图层 1"图层的第 2 帧，按 F7 键插入一个空白关键帧。

② 按 Ctrl+L 组合键打开【库】面板。

③ 将【库】面板中名为"视觉感受"的影片剪辑元件拖入到舞台，并将元件居中对齐到舞台。

图7-88 当前文档的【库】面板

图7-89 布置"视觉感受"元件

STEP  添加控制代码，如图7-90所示。

① 单击 按钮新建一个图层并重命名为"代码"。

② 选中"代码"图层的第2帧，按 F7 键插入一个空白关键帧，选中"代码"图层的第1帧，按 F9 键打开【动作】对话框。

③ 输入代码"stop();"，用同样的方法给第2帧添加相同的控制代码。

图7-90 添加控制代码

要点提示

本操作中给两个关键帧都添加了控制代码，目的是让元件能够单独播放关键帧上的动画元件，而其播放的帧数由外部代码来控制。

4. 布置"视频控制"元件

STEP  将元件放置到主场景中，如图 7-91 所示。

① 单击 ◀ 按钮，退出元件编辑，返回主场景。

② 选中"个人视频"图层的第 35 帧，按 F7 键插入一个空白关键帧。

③ 将【库】面板中名为"视频控制"的影片剪辑元件拖入到舞台，在【属性】面板中设置元件的【实例名称】为"sp"。

④ 在【属性】面板中设置元件的位置和大小（【X】为"364.9"、【Y】为"258.7"、【宽】为"615"、【高】为"461.1"）。

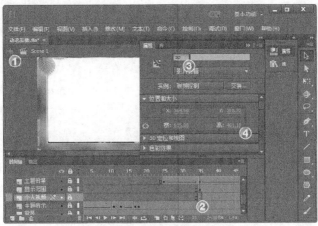

图 7-91 将元件放置到主场景中

> **要点提示**
>
> 设置元件【实例名称】的目的是让代码能够通过元件名称来控制该元件。

STEP  用鼠标右键单击"显示范围"图层，在弹出的快捷菜单中选择【遮罩层】命令，将"显示范围"层转换为遮罩层，如图 7-92 所示。

图 7-92 制作遮罩层

5. 按 Ctrl+S 组合键保存影片文件

7.5 习题

1. 矢量图和位图有何主要区别?
2. 简要说明 Flash 动画的特点。
3. 熟悉 Flash CC 的设计界面。
4. 简要说明 Flash 动画的制作流程。
5. Flash CC 如何获得动画素材?
6. 矢量图与位图有什么区别? Flash 绘图工具绘制出的素材属于哪一类?
7. Flash CC 能导入的视频格式有哪些?
8. 使用 Flash CC 的导入功能导入几张连续的图片。

第 8 章
制作逐帧动画

在 Flash 动画的制作中，逐帧动画（Frame By Frame）是一种基础的动画类型。逐帧动画的制作原理与电影播放模式类似，适合于表现细腻的动画情节。合理运用逐帧动画的设计技巧，可以制作出生动、活泼的作品。本章将从动画制作的原理和逐帧动画的原理出发，同时结合大量案例剖析的方式来全面讲述 Flash 逐帧动画。

学习目标

- 掌握逐帧动画原理。
- 掌握使用逐帧动画的方法。
- 掌握对帧的各种操作。
- 了解元件和库的概念。

8.1 掌握逐帧动画制作原理

逐帧动画的原理比较简单，但是要制作出优秀的逐帧动画对制作者的动画技能要求较高，这需要制作者多观察，多思考。

8.1.1 功能讲解——认识逐帧动画原理

逐帧动画的制作是基于对 Flash 中帧的操作，因此在开始学习逐帧动画制作之前，要首先对 Flash 中帧的类型和操作进行了解。

动画制作基础

1. 帧的类型

Flash 中对帧的分类可以分为关键帧和普通帧，如图 8-1 和图 8-2 所示。各种帧的特点和用途如表 8-1 所示。

表 8-1 帧的分类及要点

分类		要点
关键帧	定义	用来存储用户对动画的对象属性所作的更改或者 ActionScript 代码
	显示	单个关键帧在时间轴上用一个黑色圆点表示
	补间动画	关键帧之间可以创建补间动画，从而生成流畅的动画
	空白关键帧	关键帧中不包含任何对象即为空白关键帧，显示为一个空心圆点
普通帧		普通帧是指内容没有变化的帧，通常用来延长动画的播放时间。空白关键帧后面的普通帧显示为黑色，关键帧后面的普通帧显示为浅灰色，普通帧的最后一帧中显示为一个中空矩形

图 8-1 关键帧

图 8-2 普通帧

2. 逐帧动画的原理

逐帧动画的原理是逐一创建出每一帧上的动画内容，然后顺序播放各动画帧上的内容，从而实现连续的动画效果，如图 8-3 所示。

图 8-3 逐帧动画原理

创建逐帧动画的典型方法主要有 3 种，如表 8-2 所示。

表 8-2 创建逐帧动画的典型方法

类型	实例
从外部导入素材生成逐帧动画	如导入静态的图片、序列图像和 GIF 动态图片等
使用数字或者文字制作逐帧动画	如实现文字跳跃或旋转等特效动画
绘制矢量逐帧动画	利用各种制作工具在场景中绘制连续变化的矢量图形，从而形成逐帧动画

8.1.2 范例解析 1——制作"动态 QQ 表情"

日常网络交流中使用的动态 QQ 表情是使用逐帧动画制作的，本小节就使用逐帧动画来制作一个动态 QQ 表情，操作效果如图 8-4 所示。

制作逐帧动画（1）

制作逐帧动画（2）

第 1 帧效果　第 2 帧效果　第 3 帧效果　第 4 帧效果　第 5 帧效果　第 6 帧效果

图 8-4 效果图

【操作步骤】

STEP 1 新建一个 Flash 文档。

STEP 2 设置文档属性，如图 8-5 所示。

① 设置文档【尺寸】为"300×200"像素。

② 设置【帧频】为"3fps"。

③ 其他属性使用默认参数。

STEP 3 在第 1 帧处使用【椭圆】工具 绘制脸型和眼睛轮廓，如图 8-6 所示。

STEP 4 使用【刷子】工具 绘制眼睛的细部效果，如图 8-7 所示。

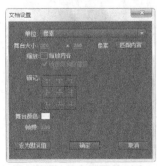

图 8-5 设置文档属性

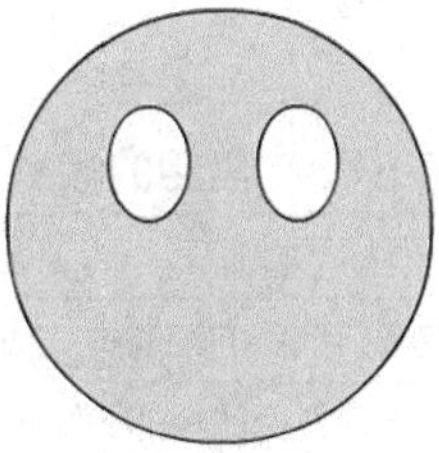

图 8-6 眼睛轮廓

图 8-7 眼睛效果

STEP 5 使用【线条】工具 绘制嘴巴效果，如图 8-8 所示。

STEP 6 制作第 2 帧处的图形，效果如图 8-9 所示。

① 在第 2 帧处按 F6 键插入一个关键帧。

② 在舞台上绘制笑脸。

图 8-8　笑脸效果

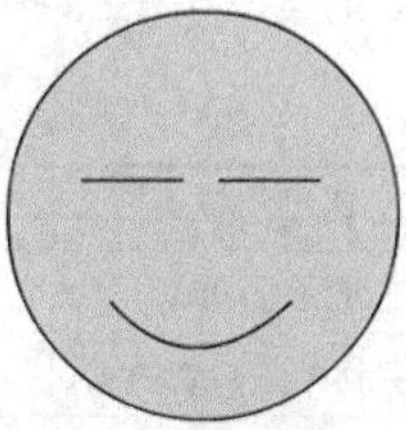

图 8-9　绘制第 2 帧处的图形

　要点提示

对帧的操作有 3 种方式：菜单命令（见图 8-10）、鼠标右键快捷菜单（见图 8-11）和键盘快捷键。常用的帧操作命令的快捷键及功能如表 8-3 所示。

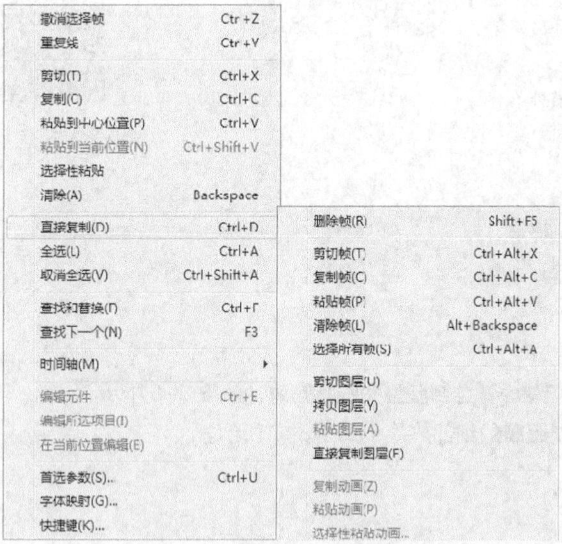

撤消选择帧	Ctrl+Z
重复线	Ctrl+Y
剪切(T)	Ctrl+X
复制(C)	Ctrl+C
粘贴到中心位置(P)	Ctrl+V
粘贴到当前位置(N)	Ctrl+Shift+V
选择性粘贴	
清除(A)	Backspace
直接复制(D)	Ctrl+D
全选(L)	Ctrl+A
取消全选(V)	Ctrl+Shift+A
查找和替换(F)	Ctrl+F
查找下一个(N)	F3
时间轴(M)	▶
编辑元件	Ctrl+E
编辑所选项目(I)	
在当前位置编辑(E)	
首选参数(S)...	Ctrl+U
字体映射(G)...	
快捷键(K)...	

删除帧(R)	Shift+F5
剪切帧(T)	Ctrl+Alt+X
复制帧(C)	Ctrl+Alt+C
粘贴帧(P)	Ctrl+Alt+V
清除帧(L)	Alt+Backspace
选择所有帧(S)	Ctrl+Alt+A
剪切图层(U)	
拷贝图层(Y)	
粘贴图层(A)	
直接复制图层(F)	
复制动画(Z)	
粘贴动画(P)	
选择性粘贴动画...	

图 8-10　选择【编辑】菜单下的命令

图 8-11　用鼠标右键单击帧弹出的快捷菜单

表 8-3　常用的帧操作

命令	快捷键	功能说明
创建补间动画		在当前选择的帧的关键帧之间创建动作补间动画
创建补间形状		在当前选择的帧的关键帧之间创建形状补间动画
插入帧	F5	在当前位置插入一个普通帧，此帧将延续上帧的内容
删除帧	Ctrl+F5	删除所选择的帧
插入关键帧	F6	在当前位置插入关键帧并将前一关键帧的作用时间延长到该帧之前
插入空白关键帧	F7	在当前位置插入一个空白关键帧

续表

命令	快捷键	功能说明
清除关键帧	Shift+F6	清除所选择的关键帧，使其变为普通帧
转换为关键帧		将选择的普通帧转换为关键帧
转换空白关键帧		将选择的帧转换为空白关键帧
剪切帧	Ctrl+Alt+X	剪切当前选择的帧
复制帧	Ctrl+Alt+C	复制当前选择的帧
粘贴帧	Ctrl+Alt+V	将剪切或复制的帧粘贴到当前位置
清除帧	Alt+Back Space	清除所选择的关键帧
选择所有帧	Ctrl+Alt+A	选择时间轴中的所有帧
翻转帧		将所选择的帧翻转，只有在选择了两个或两个以上的关键帧时该命令才有效
同步符号		如果所选帧中包含图形元件实例，那么执行此命令将确保在制作动作补间动画时图形元件的帧数与动作补间动画的帧数同步
动作	F9	为当前选择的帧添加 ActionScript 代码

STEP 7　用同样的方法在后续帧上绘制其他笑脸，如图 8-12 所示。

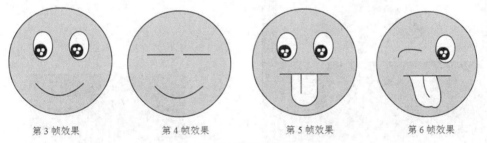

第 3 帧效果　　　　　　第 4 帧效果　　　　　　第 5 帧效果　　　　　　第 6 帧效果

图 8-12　在后续帧上绘制其他笑脸

STEP 8　按 Ctrl+S 组合键保存影片文件，案例制作完成。

8.1.3　范例解析 2——制作"野外篝火"

火焰是 Flash 动画中常常需要表现的一种动画形式，本案例将制作一个逼真的火焰燃烧效果，从而带领读者学习并掌握逐帧动画的制作方法，操作思路及效果如图 8-13 所示。

【操作步骤】

1．布置场景

STEP 1　打开制作模板，如图 8-14 所示。

按 Ctrl+O 组合键打开素材文件"素材\第 8 章\野外篝火\野外篝火-模板.fla"。在场景中已经将木堆布置完成。

STEP 2　新建图层，如图 8-15 所示。

① 连续单击 按钮新建图层。

② 重命名各图层。

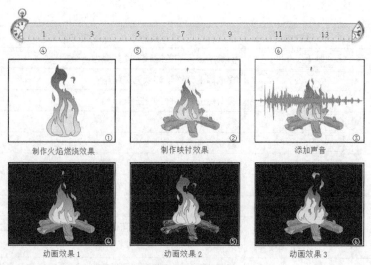

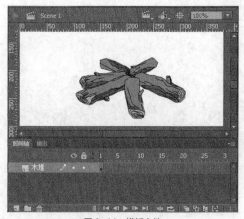

图8-14 模板文件

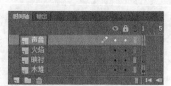

图8-15 新建图层

2. 制作火焰燃烧效果

STEP 01 新建元件，如图8-16所示。

① 选择菜单命令【插入】/【新建元件】，打开【创建新元件】对话框。

② 设置元件的【类型】为【影片剪辑】。

③ 设置元件的【名称】为"燃烧的火焰"。

④ 单击 确定 按钮，创建一个影片剪辑元件，并进入元件编辑状态。

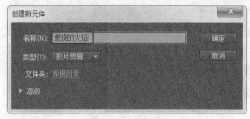

图8-16 新建元件

STEP **2** 绘制第 1 帧处的火焰轮廓，效果如图 8-17 所示。

① 选中"图层 1"图层的第 1 帧。

② 按 P 键启动【钢笔】工具。

③ 在【属性】面板的【填充和笔触】卷展拦中设置【笔触颜色】为"#D91B09"、【笔触】为"1"。

④ 在舞台中绘制火焰轮廓。

STEP **3** 细调第 1 帧处的火焰轮廓，效果如图 8-18 所示。

① 按 V 键启动【选择】工具。

② 细部调整火焰轮廓，使其边缘过渡圆滑。

图 8-17　绘制第 1 帧处火焰轮廓　　　　　　　　　图 8-18　细调火焰轮廓

要点提示

火是由内焰和外焰组成的。无论火有多大，它在燃烧的过程中都会受到气流强弱的影响而显现出不规则的运动，但它们都有一个基本的运动规律，那就是扩张、收缩、摇晃、上升、下收、分离、消失。

STEP **4** 填充内焰，效果如图 8-19 所示。

① 按 K 键启用【颜料桶】工具。

② 设置填充颜色为"#FFFF00"。

③ 填充内焰区域颜色。

STEP **5** 填充外焰，效果如图 8-20 所示。

图 8-19　填充内焰　　　　　　　　　　　图 8-20　填充外焰

① 按 K 键启用【颜料桶】工具。

② 在【颜色】面板中设置颜色【类型】为【线性渐变】。

③ 设置色块颜色，填充外焰区域颜色。

④ 按 F 键启动【渐变变形】工具，调整渐变形状。

STEP 6 制作第 3 帧的火焰效果，如图 8-21 所示。

① 选择"图层 1"图层的第 3 帧，按 F7 键插入一个空白关键帧。

② 按照第 1 帧制作火焰的方法，绘制第 3 帧的火焰。

图 8-21　制作第 3 帧的火焰效果

STEP 7 用同样的方法制作第 5 帧、第 7 帧、第 9 帧和第 11 帧的火焰效果，如图 8-22 所示。此时的【时间轴】面板如图 8-23 所示。

第 5 帧　　　　第 7 帧　　　　第 9 帧　　　　第 11 帧

图 8-22　制作其他帧的火焰效果

图 8-23　【时间轴】面板

STEP 8 布置火焰，效果如图 8-24 所示。

① 单击 按钮，退出元件编辑返回主场景。

② 选中"火焰"图层的第 1 帧。

③ 选择菜单命令【窗口】/【库】，打开【库】面板。

④ 将名为"燃烧的火焰"的影片剪辑元件拖入到舞台上。

3.　制作火焰的映衬效果

STEP 1 复制帧，如图 8-25 所示。

① 选中"木堆"图层的第 1 帧。

② 按 Ctrl + Alt + C 组合键复制选中的帧。

③ 选中"映衬"图层的第 1 帧。

④ 按 Ctrl + Alt + V 组合键粘贴帧。

⑤ 锁定"木堆"图层和"火焰"图层。

图 8-24　布置火焰

STEP 2　打散元件，效果如图 8-26 所示。

① 选中"映衬"图层的第 1 帧。

② 连续按两次 Ctrl + B 组合键将当前的元件打散。

③ 在【颜色】面板中设置当前元件的【填充颜色】和【笔触颜色】都为"#FFFF00"。

图 8-25　复制帧　　　　　　　　　　　　　　　　　　图 8-26　打散元件

STEP 3　转换元件，如图 8-27 所示。

① 按 F8 键打开【转换为元件】对话框。

② 设置元件【类型】为【影片剪辑】、【名称】为"映衬"。

③ 单击 确定 按钮，完成转换。

④ 按 V 键启动【选择】工具，双击场景中的"映衬"元件，进入元件的编辑状态。

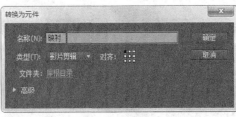

图 8-27　转换元件

STEP 4　制作映衬效果，如图 8-28 所示。

① 分别在"图层 1"图层的第 10 帧和第 20 帧处插入关键帧。

② 选中"图层 1"图层的第 1 帧，在【颜色】面板中设置【填充颜色】和【笔触颜色】的【A】值均为"0%"。

③ 用同样的方法设置第 10 帧处【填充颜色】和【笔触颜色】的【A】值均为"30%"。

④ 设置第 20 帧处【填充颜色】和【笔触颜色】的【A】值均为"0%"。

⑤ 分别在 1 帧 ~ 10 帧和 10 帧 ~ 20 帧之间单击鼠标右键，在弹出的快捷菜单中选择【创建补间形状】命令，创建补间形状动画。

图 8-28　制作映衬效果

4.添加声音

STEP 1 导入声音，如图 8-29 所示。

① 单击 ← 按钮，退出元件编辑返回主场景。

② 选择菜单命令【文件】/【导入】/【导入到库】，打开【导入到库】对话框。

③ 双击导入素材文件"素材\第 8 章\野外篝火\声音\火焰燃烧的声音.mp3"到库。

STEP 2 添加声音，如图 8-30 所示。

① 选中"声音"图层的第 1 帧。

② 在【属性】面板的【声音】卷展栏中设置声音的【名称】为"火焰燃烧的声音.mp3"。

③ 设置声音的【同步】为【事件】和【循环】。

图 8-29　导入声音

图 8-30　添加声音

STEP 3 在【文档属性】面板中设置【背景颜色】为"黑色"，如图 8-31 所示。

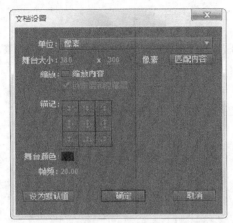

图 8-31　修改背景颜色

要点提示

黑色能更好地映衬火焰的颜色。在实际案例制作中应该先设置背景颜色再进行制作，但由于考虑到写作中抓图的清晰性，所以最后才设置背景颜色为黑色。

5. 按 Ctrl+S 组合键保存影片文件

8.2　使用元件和库

元件是 Flash 动画中的重要元素，灵活地使用元件可以使开发工作事半功倍，所以本任务首先从认识元件入手，再配合一个逐帧动画案例剖析来讲述元件这一知识点。

8.2.1　功能讲解——认识元件和库

元件是指创建一次即可以多次重复使用的图形、按钮或影片剪辑，而元件是以实例的形式来体现，库是容纳和管理元件的工具。

形象地说，元件是动画的"演员"，而实例是"演员"在舞台上的"角色"，库是容纳"演员"的"房子"，如图 8-32 所示，舞台上的图形如"木柴"、"火焰"都是元件，都存在于【库】中，如图 8-33 所示。

图 8-32　元件在舞台上的显示

图 8-33　元件和库

元件只需创建一次，就可以在当前文档或其他文档中重复使用。

8.2.2 范例解析 1——制作"浪漫出游"

本案例将通过元件和库来制作一个在公路上高速行驶的汽车，从而带领读者学习并掌握元件和库的常用操作，操作思路及效果如图 8-34 所示。

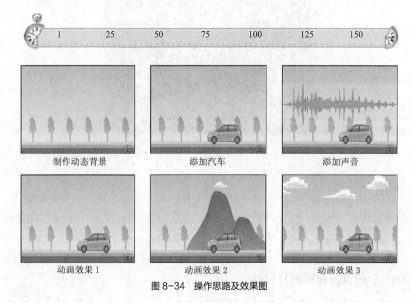

图 8-34　操作思路及效果图

【操作步骤】

1. 制作动态背景

STEP 1 打开制作模板，如图 8-35 所示。

按 Ctrl+O 组合键打开素材文件"素材\第 8 章\浪漫出游\浪漫出游-模板.fla"。在文档中的时间轴上已经创建了 3 个图层。

STEP 2 新建元件，如图 8-36 所示。

① 选择菜单命令【插入】/【新建元件】，打开【创建新元件】对话框。

② 设置元件的【类型】为【影片剪辑】。

③ 设置元件的【名称】为"动态背景"。

④ 单击 确定 按钮，创建一个影片剪辑元件，进入元件编辑状态。

图 8-35　已经创建的图层

图 8-36　新建元件

 要点提示

元件的类型有 3 种，即【图形】元件、【按钮】元件和【影片剪辑】元件，其具体含义如表 8-4 所示。

表 8-4　元件的类型和含义

内容	含义
	【图形】元件：用于创建与主时间轴同步的可重用的动画片段。图形元件与主时间轴同步运行，也就是说，图形元件的时间轴与主时间轴重叠。例如，如果图形元件包含 10 帧，那么要在主时间轴中完整播放该元件的实例，主时间轴中需要至少包含 10 帧。另外，在图形元件的动画序列中不能使用交互式对象和声音，即使使用了也没有作用
	【按钮】元件：创建响应鼠标弹起、指针经过、按下和点击的交互式按钮
	【影片剪辑】元件：创建可以重复使用的动画片段。例如，影片剪辑元件有 10 帧，在主时间轴中只需要 1 帧即可，因为影片剪辑将播放它自己的时间轴

STEP 03　新建图层，如图 8-37 所示。

① 单击 按钮新建一个图层。

② 重命名图层 1 为"动态元件"，图层 2 为"遮罩"。

STEP 04　布置元件，如图 8-38 所示。

① 选中"动态元件"图层的第 1 帧。

② 选择菜单命令【窗口】/【库】，打开【库】面板。

③ 将【库】面板中"动态背景素材"文件夹下名为"动态背景"的影片剪辑元件拖入到舞台中。

④ 在【属性】面板的【位置和大小】卷展栏中设置"动态背景"元件的【X】为"58.3"、【Y】为"-55"。

图 8-37　新建图层

图 8-38　布置元件

要点提示

为了再现汽车的行驶和背景的多元化，本案例主要通过背景的循环运动来反衬汽车的行驶，而汽车只是放置在场景中并没有向前或向后运动，如图 8-39 所示。

STEP 05　制作遮罩元件，如图 8-40 所示。

① 选中"遮罩"图层的第 1 帧。

② 按 R 键启动【矩形】工具，设置【笔触颜色】为"无"、【填充颜色】为"#00CBFF"。

③ 在舞台上绘制一个矩形。

④ 在【属性】面板的【位置和大小】卷展栏中设置矩形的【宽】为"600"、【高】为"300"、【X】为"–600"、【Y】为"–150"。

STEP 6 选择"遮罩"图层，单击鼠标右键，在弹出的快捷菜单中选择【遮罩层】命令，将"遮罩"层转换为遮罩层，如图 8–41 所示。

图 8-39 汽车的行驶原理

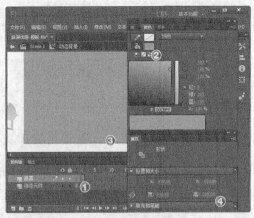

图 8-40 制作遮罩元件

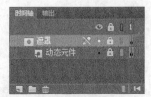

图 8-41 转换遮罩层

 要点提示

在此添加遮罩效果，是为了控制元件的显示内容，避免在进行多层、多元件操作时显示的内容过多而带来操作上的混乱。

STEP 7 在主场景中布置动态背景，如图 8–42 所示。

① 单击 按钮，退出元件编辑返回主场景。

② 选中"动态背景"图层的第 1 帧。

③ 将【库】面板中名为"动态背景"的影片剪辑元件拖入到舞台。

④ 将元件居中对齐到舞台。

2. 添加汽车

STEP ◢1◣ 单击"汽车"图层的第 1 帧。

STEP ◢2◣ 将【库】面板中"汽车素材"文件夹下名为"汽车"的影片剪辑元件拖入到舞台，如图 8-43 所示。

STEP ◢3◣ 在【属性】面板的【位置和大小】卷展栏中设置元件的【宽】为"180"、【高】为"67.5"、【X】为"295"、【Y】为"200"。

图 8-42　在主场景中布置动态背景

图 8-43　添加汽车

 要点提示

为了更好地表现汽车真实的行驶效果，汽车的车轮需要设置自动的旋转效果。其制作方法是先创建一个补间动画，然后通过【属性】面板的【补间】卷展栏设置补间【旋转】的"形式"和"转数"，如图 8-44 所示。

3. 添加声音

STEP ◢1◣ 单击"背景音乐"图层的第 1 帧。

STEP ◢2◣ 在【属性】面板的【声音】卷展栏中设置声音的【名称】为"欢快的音乐.MP3"，如图 8-45 所示。

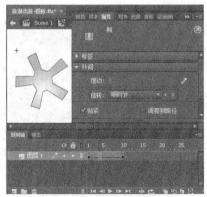

图 8-44　设置自动旋转动画

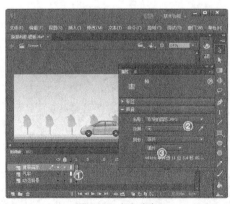

图 8-45　添加声音

STEP ③ 设置声音的【同步】为【事件】和【循环】。

4. 按 Ctrl + S 组合键保存影片文件

8.2.3 范例解析 2——手绘"神秘舞者"

在动画制作中，人物的动画制作要求较为细腻，一般需要用逐帧动画制作。本案例将使用逐帧动画来制作一个"神秘舞者"的动画效果，其制作思路及效果如图 8-46 所示。

图 8-46　制作思路及效果图

【操作步骤】

1. 制作背景

STEP ①　新建一个 Flash 文档。

STEP ②　设置文档属性，如图 8-47 所示。

① 设置文档【尺寸】为"425×360"像素。

② 设置【帧频】为"12fps"，其他属性使用默认参数。

STEP ③　导入背景图片，如图 8-48 所示。

图 8-47　设置文档属性

图 8-48　导入背景图片

① 将默认图层重命名为"背景"。

② 选择菜单命令【文件】/【导入】/【导入到舞台】，打开【导入】对话框。

③ 双击导入素材文件"素材\第 8 章\神秘舞者\背景.jpg"到舞台。

④ 将图片居中对齐到舞台。

2. 制作逐帧动画

STEP 1 新建元件，如图 8-49 所示。

① 按 Ctrl+F8 组合键打开【创建新元件】对话框。

② 设置【名称】为"神秘舞者"、【类型】为【影片剪辑】。

③ 单击 确定 按钮进入元件的编辑模式。

STEP 2 绘制第 1 帧处的人物形状，效果如图 8-50 所示。

① 将默认图层重命名为"舞者"。

② 选中第 1 帧，在舞台上绘制人物形状。

STEP 3 绘制第 2 帧处的人物形状，效果如图 8-51 所示。

① 选中"舞者"图层的第 2 帧。

② 按 F6 键插入一个关键帧。

③ 调整人物形状。

图 8-49 新建元件

图 8-50 第 1 帧处的人物形状

图 8-51 第 2 帧处的人物形状

 要点提示

通常情况下，Flash 在舞台中一次显示动画序列的一个帧。为了方便用户定位和编辑逐帧动画，单击时间轴面板上的【绘图纸外观】按钮可以在舞台中一次查看两个或多个帧。图 8-52 所示播放头下面的帧用全彩色显示，其余的帧用半透明状显示。

只显示第 2 帧

第一帧

第二帧

显示第 1 帧和第 2 帧

图 8-52 使用绘图纸外观功能

STEP 4 用同样的方法分别调整第 3 帧 ~ 第 8 帧处的人物形状，如图 8-53 所示，制作完成后的【时间轴】状态如图 8-54 所示。

第3帧　　　　　第4帧　　　　　第5帧　　　　　第6帧　　　　　第7帧　　　　　第8帧

图 8-53　其他帧的人物形状

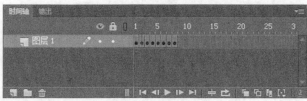

图 8-54　时间轴状态

STEP 5　单击 按钮，退出元件编辑模式返回主场景。

STEP 6　调整 "神秘舞者" 元件的位置，如图 8-55 所示。

① 单击 按钮新建一个图层。

② 重命名图层为 "舞者"。

③ 选中 "舞者" 图层的第 1 帧。

④ 将【库】面板中名为 "神秘舞者" 的元件拖入到舞台。

⑤ 在【属性】面板的【位置和大小】卷展栏中设置【X】为 "214.1"、【Y】为 "135.9"。

图 8-55　调整 "神秘舞者" 元件的位置

要点提示

如果读者尚不能完成人物动作绘制，可选择菜单命令【文件】/【导入】/【打开外部库】，将素材文件
"素材\第 8 章\神秘舞者\人物动作.fla"打开，然后将【外部库】面板中名为"人物动作"的影片剪辑
元件拖入并居中到舞台，即可完成人物动作的制作。

3. 制作倒影效果

STEP 1 新建图层，如图 8-56 所示。

① 连续单击 按钮新建两个图层。

② 重命名各图层。

STEP 2 绘制矩形，如图 8-57 所示。

① 按 R 键启动【矩形】工具。

② 在【颜色】面板中设置【笔触颜色】为"无"、【填充颜色】为【线性渐变】。

③ 从左至右设置第 1 个色块为"黑色"，第 2 个色块为"白色"且其【Alpha】值为"0%"。

④ 在"倒影效果"图层上绘制一个矩形。

⑤ 在【属性】面板的【位置和大小】卷展栏中设置【X】为"115"、【Y】为"255"、【宽】为"200"、
【高】为"60"。

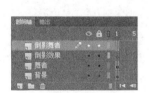

图 8-56 新建图层

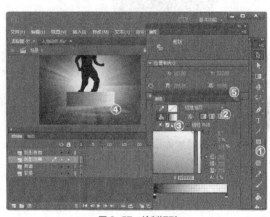

图 8-57 绘制矩形

STEP 3 调整渐变颜色，效果如图 8-58 所示。

① 按 F 键启动【渐变变形】工具。

② 调整矩形的填充渐变色为从上到下逐渐变淡。

STEP 4 制作倒影舞者的效果，如图 8-59 所示。

① 选中"舞者"图层的第 1 帧。

② 按 Ctrl+Alt+C 组合键复制帧。

③ 选中"倒影舞者"图层的第 1 帧。

④ 按 Ctrl+Alt+V 组合键粘贴帧。

⑤ 选中"倒影舞者"图层的"神秘舞者"元件。

⑥ 在【变形】面板中设置【水平倾斜】为"180°"、【垂直倾斜】为"0°"。

图 8-58　调整渐变颜色

图 8-59　制作倒立舞者的效果

STEP 5　调整翻转后的元件使其顶部与矩形的顶部对齐，效果如图 8-60 所示。

STEP 6　制作遮罩效果，如图 8-61 所示。

① 选中"倒影舞者"图层。

② 单击鼠标右键，在弹出的快捷菜单中选择【遮罩层】命令。

图 8-60　调整倒影舞者的位置

图 8-61　制作遮罩效果

4. 按 Ctrl+S 组合键保存影片文件

8.3　习题

1. Flash 中的帧分为哪几类？它们各自的定义是什么？
2. 思考 Flash 中逐帧动画的原理。
3. 元件主要包括哪几种类型？
4. 影片剪辑元件和图形元件有哪些区别？举例说明。
5. 使用逐帧动画制作一个倒计时的动画效果，如图 8-62 所示。

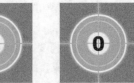

图 8-62　倒计时的动画效果

Chapter

9

第 9 章
制作补间动画

补间形状动画是 Flash 的重要动画形式，通过在两个关键帧之间创建补间形状动画可以轻松实现两关键帧之间的图形过渡效果。补间形状动画还有一个非常有用的辅助功能——形状提示，灵活应用这一功能可以制作出优秀的动画作品。传统补间动画是 Flash 的重要动画形式之一，通过在两个关键帧之间创建传统补间动画，可以轻松实现两元件的动画过渡效果。

学习目标

- 掌握补间形状动画的制作原理。
- 掌握形状提示的使用方法。
- 掌握传统补间动画的原理和创建方法。
- 掌握补间动画的特点和创建方法。
- 掌握传统补间动画和补间动画的制作技巧。

9.1 制作补间形状动画

制作补间动画（1）

补间形状动画是动画制作中一种常用的动画制作方法，它可以补间形状的位置、
大小和颜色等，使用补间形状可以制作出千变万化的动画效果。

9.1.1 功能讲解——补间形状动画原理

制作补间动画（2）

1. 补间形状动画的原理

补间形状动画是指在两个或两个以上的关键帧之间对形状进行补间，从而创建出
一个形状随着时间变成另一个形状的动画效果。

补间形状动画可以实现两个矢量图形之间颜色、形状、位置的变化，如图9-1所示。

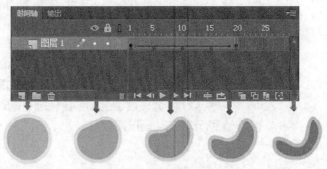

图9-1 补间形状动画原理

> 🎯 **要点提示**
>
> 形状补间动画只能对矢量图形进行补间，要对组、实例或位图图像应用补间形状，首先必须分离这些
> 元素。

2. 认识补间形状动画的属性面板

Flash CC 的【属性】面板随选定的对象不同而发生相应的变化。当建立
一个补间形状动画后，单击时间轴，其【属性】面板如图9-2所示。

在【补间】卷展栏中经常使用的选项介绍如下。

（1）【缓动】参数

在【缓动】参数栏中输入相应的数值，形状补间动画就会随之发生相应的
变化。

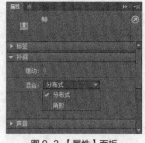

图9-2 【属性】面板

- 其值在 -100~0 之间时，动画变化的速度从慢到快。
- 其值在 0~100 之间时，动画变化的速度从快到慢。
- 缓动为 0 时，补间帧之间的变化速率是不变的。

（2）【混合】下拉列表

在【混合】下拉列表中包含【角形】和【分布式】两个选项。

- 【角形】选项是指创建的动画中间形状会保留明显的角和直线，这种模式适合于具有锐化转角和直线的混合形状。
- 【分布式】选项是指创建的动画中间形状比较平滑和不规则。

9.1.2 范例解析——制作"Logo 设计"

本案例将通过制作一个常见的 Logo 动画，带领读者初步认识形状变形的使用方法，操作思路及效果如图 9-3 所示。

图 9-3 操作思路及效果图

【操作步骤】

1. 书写文字

STEP 1 打开制作模板，如图 9-4 所示。

按 Ctrl+O 组合键打开素材文件"素材\第 9 章\Logo 设计\Logo 设计-模板.fla"。在舞台上已放置了 Logo 标志。

STEP 2 新建图层，如图 9-5 所示。

① 单击 按钮新建图层。

② 重命名图层。

③ 单击"文字"图层的第 1 帧。

图 9-4 打开制作模板

图 9-5 新建图层

STEP 3 书写文字，效果如图 9-6 所示。

① 按 T 键启动【文字】工具。

② 设置文字属性（位置和大小不作设置）。

③ 在舞台空白位置单击一点，输入字母"City Building"。

图 9-6 书写文字

④ 锁定"文字"图层。

 要点提示

在对一个图层完成操作后，应及时将此图层锁定，以免造成误操作。

2. 制作文字变形

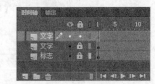

图 9-7 复制文字

STEP 1 复制文字，效果如图 9-7 所示。

① 单击"文字"图层的第 1 帧。

② 按 Ctrl+Alt+C 组合键复制关键帧。

③ 单击 按钮新建图层。

④ 选择新建图层的第 1 帧。

⑤ 按 Ctrl+Alt+V 组合键粘贴关键帧。

STEP 2 将文字分散到各图层，如图 9-8 所示。

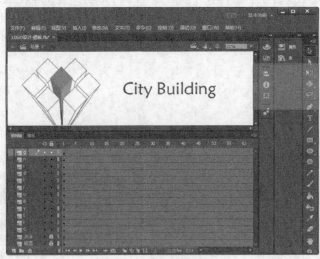

图 9-8 将文字分散到各图层

① 选择舞台上复制所得的文字。

② 按一次 Ctrl + B 组合键分离文字。

③ 在分离所得的文字上单击鼠标右键。

④ 在弹出的快捷菜单中选择【分散到图层】命令。

⑤ 删除空的"文字"图层。

 要点提示

对一组字符进行一次分离会得到与此组字符对应的单个字符,对单个字符进行一次分离会得到与此字符对应的形状。因此读者在使用 Ctrl + B 组合键对字符进行分离时,一定要注意所按次数。

STEP 03 制作变形所需形状,如图 9-9 所示。

① 选中图层 "C" 到图层 "g" 上的文字。

② 按一次 Ctrl + B 组合键分离文字。

③ 设置颜色值为 "#999999"。

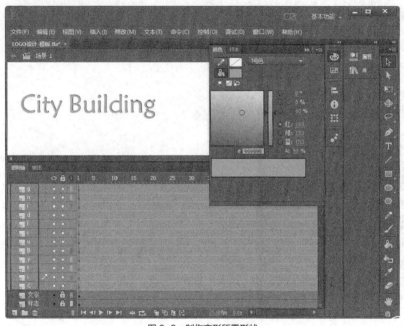

图 9-9 制作变形所需形状

STEP 04 为形状图层添加关键帧,如图 9-10 所示。

① 选中 "C" ~ "g" 图层的第 15 帧。

② 按 F6 键添加关键帧。

STEP 05 制作形状变形。

① 选中 "C" ~ "g" 图层的第 15 帧,按 Ctrl + T 组合键打开【变形】面板。

② 按图 9-11 所示设置其形状变形。

③ 按 Alt + Shift + F9 组合键打开【颜色】面板。

④ 按图 9-12 所示设置颜色透明度。

图 9-10　为形状图层添加关键帧

图 9-11　设置形状变形

图 9-12　设置颜色透明度

 要点提示

将字母"y"、"u"与字母"n"的高度调至"300%"后发现变形高度与其他不一致，读者可使用【任意变形】工具手动调整。

颜色透明度关系到文字拉伸效果的明显程度，读者可以自行调整。

STEP **6** 为形状变形添加补间形状，如图 9-13 所示。

① 在"C"图层两关键帧之间单击鼠标右键。

② 在弹出的快捷菜单中选择【创建补间形状】命令。

③ 使用相同的方法为其他图层创建补间形状动画。

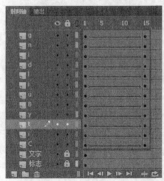
图 9-13　为形状变形添加补间形状

3. 调整动画节奏

STEP **1** 为动画添加缓动效果，如图 9-14 所示。

① 在"C"图层的形变区域单击鼠标左键。

② 在【属性】面板中设置缓动值为"100"。

③ 使用相同的方法为其他形状补间添加缓动效果。

STEP **2** 设置各图层的动画顺序，如图 9-15 所示。

① 选中"C"图层的第 1 帧 ~ 第 15 帧。

② 按住鼠标左键将所选区域向后拖动 5 帧。

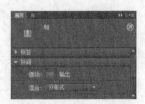
图 9-14　为动画添加缓动效果

③ 使用相同的方法将"i"图层的补间区域向后移动 10 帧。

④ 将其他图层的补间区域向后移动并逐一累加 5 帧。

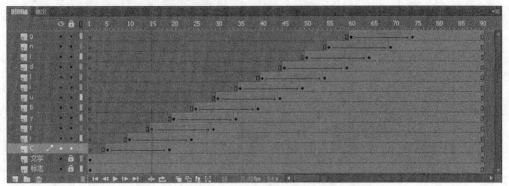

图 9-15 设置各图层的动画顺序

 **要点提示**

在添加缓动时，可按住 Ctrl 键同时选中所有的形状补间，在【属性】面板中调节缓动值。

STEP 3 按 Ctrl + S 组合键保存影片文件。

9.2 制作形状提示动画

当用补间形状动画制作一些较为复杂的变形动画时，常常会使画面变得混乱，根本达不到用户想要的变化过程，这时就需要使用形状提示点来进行控制。

9.2.1 功能讲解——形状提示点原理

复杂的形状变形过程会使软件无法正确识别（以用户想要的效果为基准）形状上的关键点，而形状提示点则可以标记这些关键点，以弥补此缺陷。

如图 9-16 所示，用户需要将"1"右下角过渡到"2"的右上角，这时可使用形状提示点将两个关键点进行对应。

图 9-17 所示为未添加形状提示点的变化过程，经过观察可以清楚地看到形状提示点的功能和原理，即形状提示点用于识别起始形状和结束形状中相对应的点，并用字母 a～z 来区分各自所要对应的关键点。

图 9-16 使用形状提示    图 9-17 未使用形状提示

9.2.2 范例解析——制作"动物大变身"

在很多动画中，都可以看到一些物体大变身的效果，其原理很简单，本例将使用补间形状动画来制作一个动物大变身的效果，如图 9-18 所示。

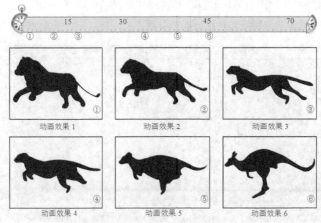

图 9-18　操作思路及效果图

【操作步骤】

1. 布置场景元素

STEP 1 打开制作模板，如图 9-19 所示。

按 Ctrl+O 组合键打开素材文件"素材\第 9 章\动物大变身\动物大变身-模板.fla"。本文档的【库】中已提供本案例所需的素材。

STEP 2 布置"狮子"元件，如图 9-20 所示。

① 选中"图层 1"的第 1 帧，将【库】面板中名为"狮子"的图形元件拖曳到舞台。

② 在【属性】面板的【位置和大小】卷展栏中设置【X】为"129.95"、【Y】为"116.45"。

③ 选中舞台上的"狮子"元件，按 Ctrl+B 组合键打散元件。

图 9-19　打开制作模板

图 9-20　布置"狮子"元件

STEP 3 布置"豹子"元件，如图 9-21 所示。

① 选中图层 1 的第 15 帧，按 F7 键插入一个空白关键帧。

② 将【库】面板中名为"豹子"的图形元件拖曳到舞台。

③ 在【属性】面板的【位置和大小】卷展栏中设置【X】为"143.65"、【Y】为"143.5"。

④ 选中舞台上的"豹子"元件，按 Ctrl+B 组合键打散元件。

STEP 4 布置"袋鼠"元件，如图 9-22 所示。

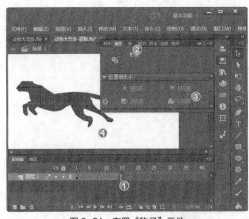

图 9-21　布置"豹子"元件

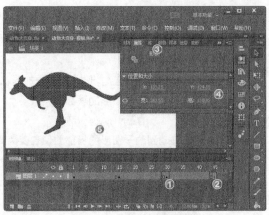

图 9-22　布置"袋鼠"元件

① 选中图层 1 的第 30 帧，按 F6 键插入关键帧。

② 选中图层 1 的第 45 帧，按 F7 键插入一个空白关键帧。

③ 将【库】面板中名为"袋鼠"的图形元件拖曳到舞台。

④ 在【属性】面板的【位置和大小】卷展栏中设置【X】为"133.25"、【Y】为"124.55"。

⑤ 选中舞台上的"袋鼠"元件，按 Ctrl+B 组合键打散元件。

STEP 5 插入帧，如图 9-23 所示。

① 选中图层 1 的第 70 帧。

② 按 F5 键插入一个帧。

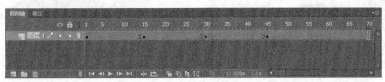

图 9-23　插入帧

2. 制作形状补间动画

STEP 1 在第 1 帧～第 15 帧之间创建补间形状动画，如图 9-24 所示。

① 用鼠标右键单击"图层 1"的第 1 帧。

② 在弹出的快捷菜单中选择【创建补间形状】命令。

STEP 2 使用同样的方法在第 30 帧～第 45 帧之间创建形状补间动画，最终效果如图 9-25 所示。

图 9-24　创建第 1 帧～第 15 帧之间的形状补间动画

图 9-25　创建第 30 帧～第 45 帧之间的形状补间动画

3. 添加形状提示点

STEP 1 在第 1 帧 ~ 第 15 帧之间添加形状提示点，如图 9-26 所示。

① 选中"图层 1"的第 1 帧。

② 选择菜单命令【修改】/【形状】/【添加形状提示】，添加一个形状提示点。

③ 将提示点拖动到狮子图形的嘴部。

④ 选中"图层 1"的第 15 帧。

⑤ 将提示点拖动到豹子图形的嘴部并使它变为绿色。

⑥ 使用同样的方法再添加 4 个形状提示点，并分别在第 1 帧 ~ 第 15 帧之间调整提示点的位置。

图 9-26　在第 1 帧 ~ 第 15 帧之间添加形状提示点

STEP 2 使用同样的方法在第 30 帧 ~ 第 45 帧之间添加形状提示点，最终操作效果如图 9-27 所示。

图 9-27　在第 30 帧 ~ 第 45 帧之间添加形状提示点

🎯 **要点提示**

按逆时针顺序从形状的左上角开始放置形状提示点，这样的效果最好。添加的形状提示点不应太多，但应将每个形状提示点放置在合适的位置。

---

4. 按 Ctrl + S 组合键保存影片文件

9.3　制作传统补间动画

传统补间在 Flash 动画应用中比较广泛，如果运用恰当，传统补间动画就可以制作出各种漂亮的动画效果。本任务将从传统补间动画的原理开始讲解，然后搭配相关的案例向读者讲述传统补间动画的制作过程。

9.3.1　功能讲解——传统补间动画原理

传统补间动画是指在两个或两个以上的关键帧之间对元件进行补间的动画，使一个元件随着时间变化其颜色、位置、旋转等属性，如图 9-28 所示。

要点提示

传统补间动画只能对元件的对象进行补间。对非元件的对象进行传统补间动画时，软件将自动将其转化为元件。

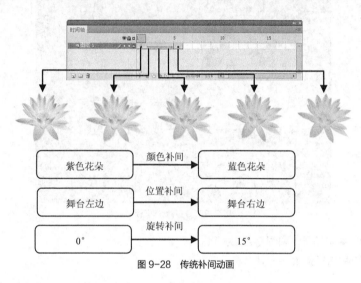

图 9-28 传统补间动画

9.3.2 范例解析——制作"庆祝生日快乐"

本例将使用传统补间动画来制作一个庆祝生日的贺卡，操作思路及效果如图 9-29 所示。

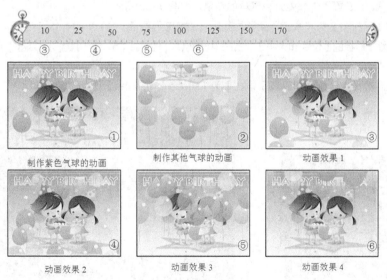

图 9-29 操作思路及效果图

【操作步骤】

1. 制作紫色气球的动画

STEP 1 打开制作模板，如图 9-30 所示。

　　按 Ctrl+O 组合键打开素材文件"素材\第 9 章\庆祝生日快乐\庆祝生日快乐-模板.fla"。在文档中的时间轴上已经创建一个"背景"图层，图层上的元素已经设置完成。本文档的【库】中已提供本案例所需的素材。

图 9-30　打开制作模板

STEP 2 新建图层，如图 9-31 所示。

① 连续单击 按钮新建 12 个图层。

② 重命名各图层。

③ 锁定除"紫色"以外的图层。

④ 选中"紫色"图层的第 1 帧。

STEP 3 设置第 1 帧处紫色气球的效果，如图 9-32 所示。

① 将【库】面板中名为"紫色"的影片剪辑元件拖曳到舞台。

② 在【属性】面板的【位置和大小】卷展栏中设置【X】为"-2.25"、【Y】为"283.95"、【宽】为"93.6"、【高】为"218.3"。

③ 在【色彩效果】卷展栏中设置【样式】为【Alpha】、【Alpha】值为"80%"。

图 9-31　新建图层

图 9-32　设置第 1 帧处紫色气球的效果

STEP 4 设置紫色气球的补间效果,如图 9-33 所示。

① 选中"紫色"图层的第 150 帧,按 F6 键插入关键帧。

② 在舞台上选中"紫色"元件。

③ 在【属性】面板的【位置和大小】卷展栏中设置【X】为"182.8"、【Y】为"-232.5"。

④ 在第 1 帧~第 150 帧之间的任意一帧上单击鼠标右键,在弹出的快捷菜单中选择【创建传统补间】命令。

图 9-33 设置紫色气球的补间效果

STEP 5 预览动画效果,在时间轴上按 Enter 键播放动画,可以观察气球上升的动画效果,如图 9-34 所示。

图 9-34 预览动画效果

 要点提示

气球绳子的摆动效果在元件中已经制作完成,有兴趣的读者可以亲自尝试一下。

2. 制作其他气球元件的动画效果

STEP 1 布置第 1 帧处的舞台效果,如图 9-35 所示。

① 锁定"背景"和"紫色"图层,其他图层取消锁定。

② 分别将【库】面板中的气球元件拖曳到各个图层。

③ 在【属性】面板的【位置和大小】卷展栏中设置各个气球元件的大小。

④ 在【色彩效果】卷展栏中设置【样式】为【Alpha】、【Alpha】值为"80%"。

⑤ 在舞台上布置各个气球的位置到舞台下方。

STEP 2 布置第 150 帧处的舞台效果,如图 9-36 所示。

① 在"粉红"图层~"紫色 1"图层的第 150 帧处插入关键帧。

② 在舞台上布置各个气球的位置到舞台上方。

 要点提示

布置舞台时，为了顺利创建传统动画，每个图层只能放一个气球元件。例如，将一个"黄色"元件放置到"黄色"图层上，依次类推。如果一个图层放置两个或两个以上的元件，动画将创建失败。

图 9-35　布置第 1 帧处的舞台效果

图 9-36　布置第 150 帧处的舞台效果

STEP 3 创建传统补间动画，如图 9-37 所示。

① 同时选中各图层的第 1 帧～第 150 帧中的任意一帧，单击鼠标右键。

② 在弹出的快捷菜单中选择【创建传统补间】命令。

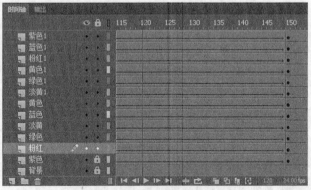

图 9-37　创建传统补间动画

3. 按 Ctrl + S 组合键保存影片文件

9.4 制作补间动画

补间动画区别于其他补间的一大特点是可以应用 3D 工具实现三维动画效果。补间动画可为元件（或文本字段）创建运动轨迹，更可为元件的运动增加许多丰富的细节。

9.4.1　功能讲解——补间动画原理

1. 补间动画的原理

如图 9-38 左图所示，将播放头移至第 20 帧，而后将小球从右侧移动至左侧，第 20 帧处会产生关键帧，用于记录小球在左侧的位置。选中舞台上的小球，可以查看小球运动的轨迹线，使用【选择】工具 可对轨迹线进行调整，如图 9-38 右图所示，这样小球就会从右侧沿弧线运动到左侧。

时间轴效果　　　　　　　　　　　　　　第 20 帧位置　　　　　　第 1 帧位置

运动效果

图 9-38　补间动画的原理

2. 认识 3D 工具

3D 工具用于模拟三维空间效果，只能应用于补间动画，只能对影片剪辑元件及文本字段进行操作。

3D 工具包含【3D 旋转】工具和【3D 移动】工具，两者配合可营造出较为逼真的三维空间感，方便制作特殊效果的动画，如图 9-39 所示。

3D 工具拥有自身独特的属性，在【属性】面板中有 "3D 位置坐标"、"透视角度" 及 "消失点" 参数的设置选项，如图 9-40 所示。

图 9-39　认识 3D 工具

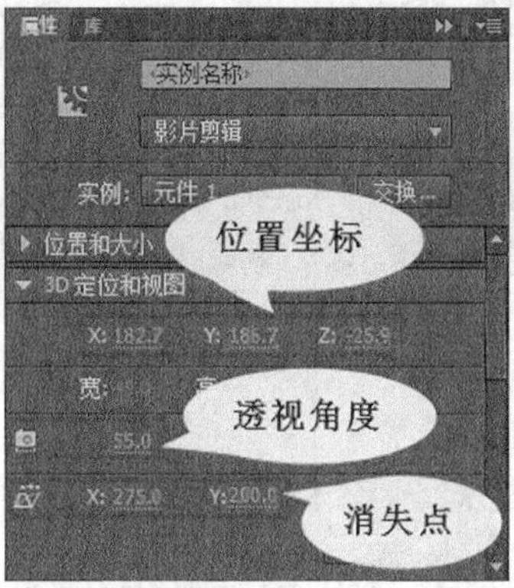

图 9-40　【属性】面板

 要点提示

"透视角度" 及 "消失点" 用于定义摄像机的属性，对某个元件作 3D 平移和旋转后，用户可尝试更改这些参数，体会其具体作用。

9.4.2　范例解析——制作 "我的魔兽相册"

本案例将通过制作三维空间中的图像转换效果，带领读者学习掌握补间动画的应用方法及【三维旋转】工具的使用方法，操作思路及效果如图 9-41 所示。

【操作步骤】

1. 设置动画开场效果

STEP 1 打开制作模板，如图 9-42 所示。

按 Ctrl + O 组合键打开素材文件"素材\第 9 章\我的魔兽相册\我的魔兽相册-模板.fla"。在舞台上已放置背景元件。

STEP 2 新建图层，如图 9-43 所示。

① 连续单击 按钮新建图层。

② 重命名各图层。

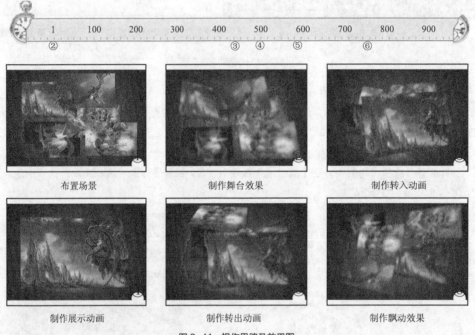

布置场景　　　　　　　　制作舞台效果　　　　　　　　制作转入动画

制作展示动画　　　　　　　　制作转出动画　　　　　　　　制作飘动效果

图 9-41　操作思路及效果图

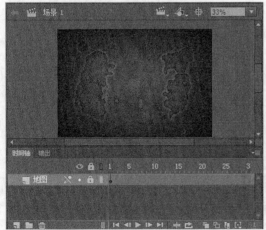

图 9-42　打开制作模板

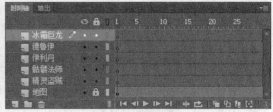

图 9-43　新建图层

STEP 3 布置舞台，如图 9-44 所示。

① 按 Ctrl+L 组合键打开【库】面板。

② 将 "元件" 文件夹中的各元件放置到相应的图层中。

③ 调整各元件在舞台上的位置及大小。

STEP 4 设置 3D 定位和查看，如图 9-45 所示。

① 选中一张图片。

② 在【属性】面板的【3D 定位和视图】卷展栏中设置【透视角度】参数。

③ 在【属性】面板的【3D 定位和视图】卷展栏中设置【消失点】参数。

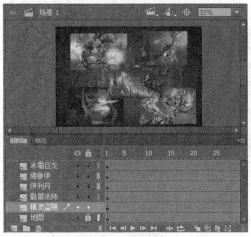

图 9-44　布置舞台

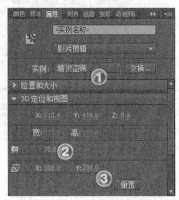

图 9-45　设置 3D 定位和查看

 要点提示

调整大小和位置时可随意些，营造出一种 "纵横交错" 的氛围。

STEP 5 对 "精灵盗贼" 作 3D 旋转，效果如图 9-46 所示。

① 按 W 键启用【3D 旋转】工具，单击 "精灵盗贼" 图片。

② 鼠标指针移动到红色线条上，按住鼠标左键上下拖动使图片绕 x 轴旋转。

③ 使用相同的方法使图片绕 y 轴和 z 轴旋转。

④ 鼠标指针移动到橙色线条上，按住鼠标左键向四周拖动，可使图片同时绕 x、y、z 三轴旋转。

STEP 6 使用相同的方法对其他元件作 3D 旋转，效果如图 9-47 所示。

图 9-46　对 "精灵盗贼" 作 3D 旋转

图 9-47　对其他元件作 3D 旋转

STEP 7 设置模糊效果，如图 9-48 所示。

① 选中"精灵盗贼"元件。

② 在【属性】面板的【滤镜】卷展栏中单击 ➕ 按钮。

③ 在弹出的下拉菜单中选择【模糊】选项。

④ 设置【模糊 X】为"15"、【模糊 Y】为"20"、【品质】为【高】。

⑤ 使用相同的方法为其他元件设置模糊效果。

图 9-48　设置模糊效果

2. 制作"精灵盗贼"的展示动画

STEP 1 创建补间动画，如图 9-49 所示。

① 在"精灵盗贼"时间轴的任意帧处单击鼠标右键。

② 在弹出的快捷菜单中选择【创建补间动画】命令。

③ 使用相同的方法为其他图层创建补间动画。

④ 移动时间滑块至第 50 帧。

STEP 2 创建"飘动"效果，效果如图 9-50 所示。

① 按 V 键启用【选择】工具。

② 移动各元件。

③ 按 W 键启用【3D 旋转】工具。

④ 旋转各元件。

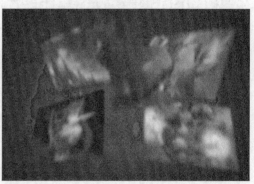

图 9-49　创建补间动画　　　　　　　　　图 9-50　创建"飘动"效果

要点提示

这里的飘动效果需要缓慢地移动并伴有轻微的旋转，因此移动和旋转不要过大。"精灵盗贼"要在第 51 帧处开始转入场景，为防止转入过程的"穿帮"，请不要将其与其他元件相交重叠。

STEP 03 将"精灵盗贼"层移动至顶层，如图 9-51 所示。

① 选中"冰霜巨龙"图层。

② 单击 按钮新建图层。

③ 选择"精灵盗贼"图层的第 51 帧，单击鼠标右键，在弹出的快捷菜单中选择【拆分动画】命令。

④ 单击"精灵盗贼"图层第 51 帧后的任意位置，按住鼠标左键拖放至新建图层。

图 9-51　将"精灵盗贼"层移动至顶层

STEP 04 制作"精灵盗贼"的入场，如图 9-52 所示。

① 移动时间滑块至顶层"精灵盗贼"图层的第 65 帧。

② 选中"精灵盗贼"元件，在【属性】面板的【滤镜】卷展栏中设置【模糊 X】为"0"、【模糊 Y】为"0"。

③ 按 Q 键启用【任意变形】工具，缩放"精灵盗贼"，按 W 键启用【3D 旋转】工具，旋转"精灵盗贼"。

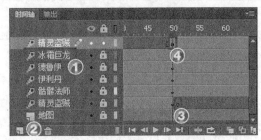

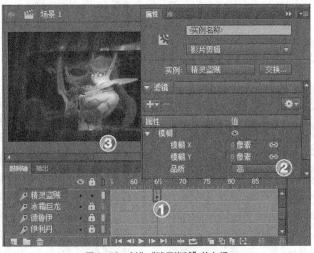

图 9-52　制作"精灵盗贼"的入场

STEP 05 为入场添加缓动，如图 9-53 所示。

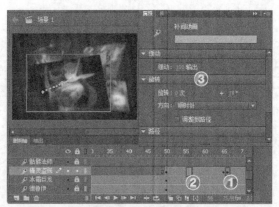

图 9-53　为入场添加缓动

① 选择顶层"精灵盗贼"的第 66 帧，单击鼠标右键，在弹出的快捷菜单中选择【拆分动画】命令。

② 单击顶层第 50 帧 ~ 第 65 帧之间的任意位置。

③ 在【属性】面板的【缓动】卷展栏中设置【缓动】为"100"。

 要点提示

补间动画不支持关键帧与关键帧之间设置缓动，为补间动画设置的缓动会应用于整个补间区域，因此必须拆分动画，以达到分段设置缓动的目的。

STEP 6 制作"精灵盗贼"向上飘动的效果，如图 9-54 所示。

① 移动时间滑块至顶层"精灵盗贼"图层的第 115 帧。

② 按 V 键启用【选择】工具，移动"精灵盗贼"。

③ 按 W 键启用【3D 旋转】工具，旋转"精灵盗贼"。

④ 按 F6 键添加关键帧。

STEP 7 制作"精灵盗贼"向下飘动的效果，如图 9-55 所示。

① 移动时间滑块至顶层"精灵盗贼"图层的第 160 帧。

② 移动并旋转"精灵盗贼"。

③ 按 F6 键添加关键帧。

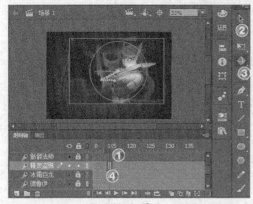

图 9-54　制作"精灵盗贼"向上飘动的效果

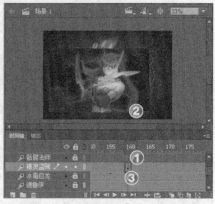

图 9-55　制作"精灵盗贼"向下飘动的效果

要点提示

在移动和旋转时，要充分考虑运动的连贯性，图片从左下角向右上方运动进入场景，进入后应继续向右上方运动一定距离来表现连贯性。若进入场景后便立即向左下方运动，所得的动画会显得比较僵硬。除运动的方向外，角度的转动也要遵循同样的原理，图片在入场前就已经做好了准备（倒回去看，会发现图片有一种向右上方放大、逼近我们视野的趋势）。类似规律请读者多多体会。
补间动画会自动记录我们针对某个属性所作的改动，形成关键帧，但是未作改动的属性将不会被记录。例如将图片缩放，则会为缩放添加关键帧，但不会为旋转添加关键帧，因此需要按 F6 键为其他属性添加关键帧。

STEP 8　制作"精灵盗贼"向右飘动的效果，如图 9-56 所示。

① 移动时间滑块至顶层"精灵盗贼"图层的第 200 帧。

② 移动并旋转"精灵盗贼"。

③ 按 F6 键添加关键帧。

STEP 9　制作"精灵盗贼"的出场，如图 9-57 所示。

① 选择顶层"精灵盗贼"图层的第 201 帧，单击鼠标右键，在弹出的快捷菜单中选择【拆分动画】命令。

② 移动时间滑块至第 220 帧。

③ 缩放、旋转、移动"精灵盗贼"。

④ 设置【模糊 X】为"15"、【模糊 Y】为"20"。

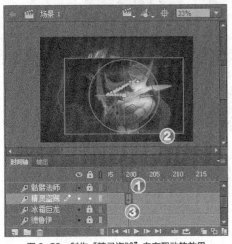

图 9-56　制作"精灵盗贼"向右飘动的效果

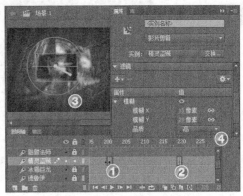

图 9-57　制作"精灵盗贼"的出场

STEP 10　为出场添加缓动，如图 9-58 所示。

① 选择顶层"精灵盗贼"图层的第 221 帧，单击鼠标右键，在弹出的快捷菜单中选择【拆分动画】命令。

② 单击顶层第 201 帧～第 220 帧之间的任意位置。

③ 在【属性】面板的【缓动】卷展栏中设置【缓动】为"-100"。

STEP 11　制作元件的飘动，如图 9-59 所示。

① 移动时间滑块至顶层"精灵盗贼"图层的第 245 帧。

② 分别对舞台的 5 个元件作移动、旋转操作。

③ 分别为这 5 个元件所在的图层添加关键帧。

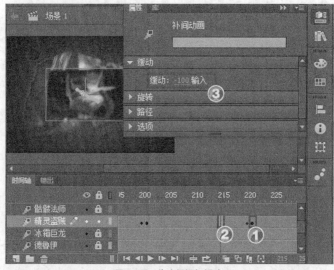

图 9-58 为出场添加缓动

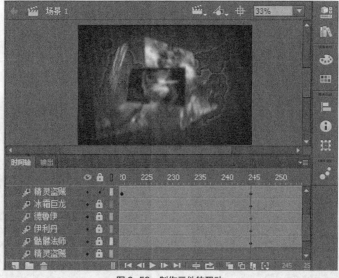

图 9-59 制作元件的飘动

 要点提示

移动不会改变 3D 旋转的角度，但会改变 3D 旋转在舞台上的效果，因此操作时最好先移动，再旋转。

3. 制作其他元件的展示动画

STEP 使用相同的方法为"骷髅法师"元件制作展示动画，如图 9-60 所示。

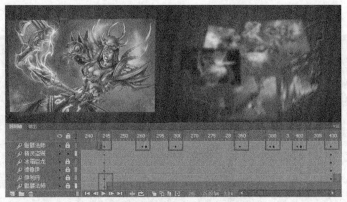

图 9-60 为"骷髅法师"元件制作展示动画

STEP 02 使用相同的方法为"伊利丹"元件制作展示动画，如图 9-61 所示。

图 9-61 为"伊利丹"元件制作展示动画

 要点提示

在"伊利丹"出场的同时，"德鲁伊"开始入场，因此两者的补间区域有交叉。

STEP 03 使用相同的方法为"德鲁伊"元件制作展示动画，如图 9-62 所示。

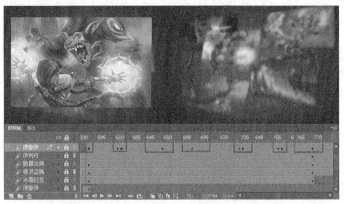

图 9-62 为"德鲁伊"元件制作展示动画

STEP 使用相同的方法为"冰霜巨龙"元件制作展示动画，如图 9-63 所示。

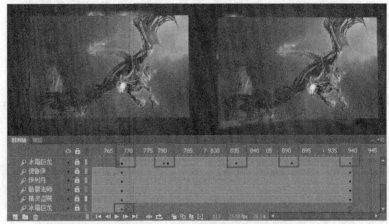

图 9-63 为"冰霜巨龙"元件制作展示动画

要点提示

"冰霜巨龙"为最后一个出场的元件，因此无需设置出场动画。

4. 按 Ctrl + S 组合键保存影片文件

9.5 习题

1. 形状补间动画的主要应用对象是什么？
2. 应用形状补间动画时，如果产生的效果与预期的效果不一致，应该采取哪种措施？
3. 应用形状补间动画应该注意哪几点？
4. 传统补间动画与补间形状动画有何区别？
5. 使用传统补间动画可以实现元件哪些方面的变化效果？
6. 在【属性】面板的【旋转】项中有哪些可选参数，都能实现什么样的效果？
7. 说明补间动画的主要用途。

Chapter

10

第 10 章
制作图层动画

引导层动画是 Flash 中一种重要的动画类型。但在实际动画设计中，常常需要制作大量的曲线运动动画，有时甚至需要让物体按照预先设定的复杂路径（轨迹）运动，这就需要引导层动画这样的形式来实现。遮罩（MASK）亦称作蒙版，其技术实现至少需要两个图层相互配合，透过上一图层的图形显示下面图层的内容。

学习目标

- 掌握引导层动画的原理。
- 掌握引导层的创建方法。
- 掌握使用引导层制作动画的技巧。
- 掌握使用引导层模拟生物的方法。
- 掌握遮罩层动画的创建方法和原理。
- 掌握利用遮罩层动画制作特殊效果的方法。
- 学习利用遮罩层动画表达艺术创意。

10.1　制作引导层动画

引导层动画的原理和创建方法都十分简单，下面进行介绍。

10.1.1　引导层动画原理

1. 引导层动画原理

引导层动画与逐帧动画、传统补间动画不同，它是通过在引导层上加线条来作为被引导层上元件的运动轨迹，从而实现对被引导层上元素的路径约束。

引导层上的路径必须是使用【钢笔】工具 、【铅笔】工具 、【线条】工具 、【椭圆】工具 或【矩形】工具 所绘制的曲线。

图 10-1 所示为被引导层上飞机在第 1 帧和第 50 帧处的位置。图 10-2 所示为飞机的全部运动轨迹，通过观察可以很清晰地发现引导层的引导功能。

飞机在第 1 帧处的位置　　飞机在第 50 帧处的位置
图 10-1　设置飞机起始位置　　　　　　　　　　　　　　　　图 10-2　飞机的运动轨迹

要点提示

引导层上的路径发布后，并不会显示出来，只是作为被引导元素的运动轨迹。在被引导层上被引导的图形必须是元件，而且必须创建传统补间动画，同时还需要将元件在关键帧处的"变形中心"设置到引导层的路径上，才能成功创建引导层动画。

2. 创建引导层

可以使用两种不同的方式创建引导层动画。

（1）使用【引导层】命令，如图 10-3 所示。

* 新建两个图层。
* 在"图层 2"上单击鼠标右键，在弹出的快捷菜单中选择【引导层】命令。
* 用鼠标光标将"图层 1"拖动到"图层 2"的下面释放，使引导层的图标由 变为 ，则引导层和被引导层创建成功。
* 在"图层 2"上绘制引导路径，在"图层 1"上制作补间动画。

（2）使用【添加传统运动引导层】命令，如图 10-4 所示。

* 在被引导的图层上单击鼠标右键，在弹出的快捷菜单中选择【添加传统运动引导层】命令。
* 在自动新建的引导层上绘制引导路径。

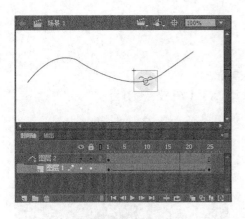

图 10-3 创建引导层 1

图 10-4 创建引导层 2

3. 取消"引导层"或"被引导层"

可在"引导层"或"被引导层"上单击鼠标右键,在弹出的快捷菜单中选择【属性】命令,打开【图层属性】对话框,设置【类型】为【一般】,然后单击 确定 按钮即可将"引导层"和"被引导层"转换为一般图层,如图10-5 所示。

10.1.2 范例解析——制作"巧克力情缘"

本案例将使用引导层动画的原理,制作出一个心形从巧克力杯中慢慢升起的浪漫效果,操作思路及效果如图 10-6 所示。

图 10-5 【图层属性】对话框

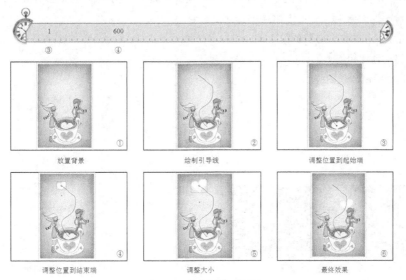

图 10-6 操作思路及效果图

【操作步骤】

1. 布置舞台

STEP 1 打开制作模板,如图 10-7 所示。

按 Ctrl + O 组合键打开素材文件"素材\第 10 章\巧克力情缘\巧克力情缘–模板.fla"。场景大小已设置好,在【库】面板中已制作好所需的所有元素。

STEP ⬇️2 放置背景，如图 10-8 所示。

① 将"图层 1"重命名为"背景"层。

② 将【库】面板中的"巧克力情缘.png"位图拖入舞台。

③ 在【属性】面板的【位置和大小】卷展栏中设置其【X】、【Y】坐标值都为"0"。

④ 设置【宽】、【高】分别为"400""600"。

图 10-7 打开制作模板

图 10-8 放置背景

2. 绘制路径

STEP ⬇️1 新建并重命名图层，如图 10-9 所示。

① 新建一个图层并重命名为"心"层。

② 在图层"心"上单击鼠标右键，在弹出的快捷菜单中选择【添加传统运动引导层】命令。

STEP ⬇️2 绘制线条，如图 10-10 所示。

① 选中图层"引导层：心"的第 1 帧。

② 按 Y 键启动【铅笔】工具。

③ 在舞台上绘制一条曲线。

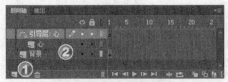

图 10-9 新建并重命名图层

图 10-10 绘制线条

3. 制作引导层动画

STEP ⬇️1 放置心形，如图 10-11 所示。

① 选中图层"心"的第 1 帧。

② 将【库】面板中的"心"元件拖入到舞台。

③ 在【变形】面板中设置比例为"30%"。

STEP  调整位置，如图 10-12 所示。

① 按 V 键启动【选择】工具。

② 选中并拖动心形，使其中心吸附到线条下端。

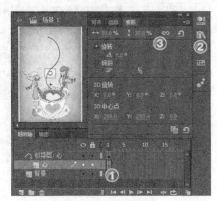

图 10-11 放置心形

图 10-12 调整位置

STEP  设置关键帧，如图 10-13 所示。

① 在所有图层的第 220 帧处插入帧。

② 在图层"心"的第 200 帧处插入关键帧。

③ 拖动心形并吸附至线条的上端。

STEP  创建补间动画，如图 10-14 所示。

① 选中第 200 帧处的"心"元件。

② 在【变形】面板中设置其比例为"50%"。

③ 在图层"心"的第 1 帧～第 200 帧之间创建传统补间动画。

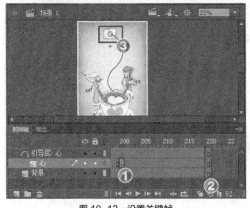

图 10-13 设置关键帧

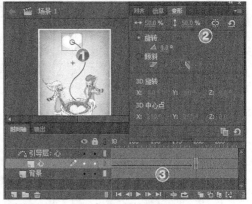

图 10-14 创建补间动画

STEP  按 Ctrl+S 组合键保存影片文件，案例制作完成。

10.2 制作多层引导动画

通过前面的学习，相信读者已经掌握了引导层动画的创建方法和设计原理，本节将使用多层引导层动画来制作复杂的 Flash 动画。

10.2.1 多层引导动画原理

将普通图层拖动到引导层或被引导层的下面，即可将普通图层转化为其被引导层。在一组引导中，引导层只能有一个，而被引导层可以有多个，即多层引导，如图 10-15 所示，其中“图层 1”为引导层，其余的所有图层都是被引导层。

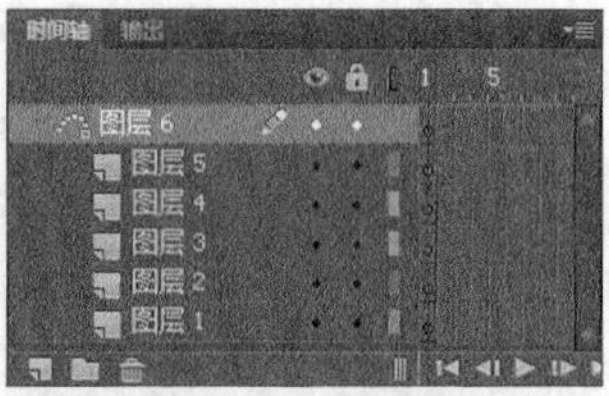

时间轴
输出
图层 6
图层 5
图层 4
图层 3
图层 2
图层 1
图 10-15 多层引导

引导层动画的创建原理十分简单，但是要使用引导层动画做出精美的动画作品应该注意以下内容。

（1）观察生活中可以用引导层动画来表达创意的事物。

（2）使用引导层动画来模拟表达设计者的创意。

（3）收集素材丰富的作品。

（4）在制作过程中不断完善自己的作品。

只要做到以上几点，做出精美的引导层动画便指日可待。

10.2.2 范例解析——制作“鱼戏荷间”

水墨画是中华文明的精髓，它的美妙与内涵是每个中华儿女的骄傲。本例将使用多层引导动画来带领读者创造一幅“鱼戏荷间”的动态画面，操作思路及效果如图 10-16 所示。

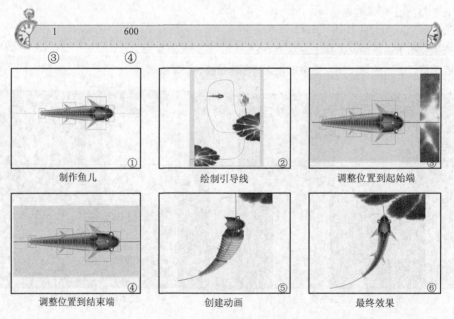

1
600
③
④
①
制作鱼儿
②
绘制引导线
③
调整位置到起始端
④
调整位置到结束端
⑤
创建动画
⑥
最终效果
图 10-16 操作思路及效果图

【操作步骤】

1. 制作鱼儿

STEP 1 打开制作模板，如图 10-17 所示。

按 Ctrl+O 组合键打开素材文件“素材\第 10 章\鱼戏荷间\鱼戏荷间-模板.fla”。场景大小已设置好，在

【库】面板中已制作好所需的所有元素。

STEP 2 放置元件，如图 10-18 所示。

① 将【库】面板中的"身"元件拖入舞台。

② 在【属性】面板中设置其【X】、【Y】坐标分别为"100"和"200"。

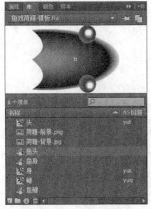

图 10-17　【库】面板　　　　　　　　　　图 10-18　放置元件

STEP 3 复制元件。

① 选择舞台中的"身"元件。

② 按 Ctrl+C 组合键进行复制。

③ 连续 17 次按 Shift+Ctrl+V 组合键在原位置粘贴出 17 个"身"元件。

STEP 4 元件分散到图层，如图 10-19 所示。

① 框选中舞台上的 18 个"身"元件。

② 在其上单击鼠标右键，在弹出的快捷菜单中选择【分散到图层】命令。

STEP 5 在时间轴上由上往下依次重命名图层为"身1"、"身2"、……、"身18"，如图 10-20 所示。

图 10-19　图层信息　　　　　　　　　　图 10-20　重命名图层

STEP 6 新建并调整图层，如图 10-21 所示。

① 将"图层 1"重命名为"鳍 1"。

② 在"身 10"图层上新建图层并重命名为"鳍 2"。

③ 新建图层并重命名为"鳍 3"，并将图层"鳍 3"拖到"身 18"图层的下面。

STEP 7 放置元件，如图 10-22 所示。

① 将【库】面板中的"鳍"元件拖入"鳍 1"图层。

② 设置其【X】、【Y】坐标分别为"100"和"200"。

STEP 8 复制元件。

① 按 Ctrl+C 组合键复制舞台中的"鳍"元件。

② 选中图层"鳍 2"的第 1 帧。

③ 按 Ctrl+Shift+V 组合键粘贴元件。

④ 选中图层"鳍 3"的第 1 帧。

⑤ 按 Ctrl+Shift+V 组合键粘贴元件。

图 10-21　新建并调整图层

图 10-22　拖入鳍

STEP 9 调整坐标，效果如图 10-23 所示。

① 选中"鳍 1"图层的"鳍"元件。

② 设置其 x 坐标为"200"。

③ 选中"身 1"图层的"身"元件，设置其 x 坐标为"195"。

④ 选中"身 2"图层的"身"元件，设置其 x 坐标为"190"。

⑤ 以"5"类推设置下面图层上元件的 x 坐标。

STEP 10 调整大小，效果如图 10-24 所示。

① 选中"鳍 1"图层的"鳍"元件。

② 在【变形】面板中设置其【宽度】和【长度】变形都为"100%"。

③ 选中"身 1"图层的"身"元件。

④ 设置其【宽度】和【长度】变形都为"96.5%"。

⑤ 选中"身 2"图层的"身"元件。

⑥ 设置其【宽度】和【长度】变形都为"93%"。

⑦ 以"3.5"类推设置下面图层上元件的【宽度】和【长度】变形。

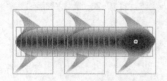

图 10-23　设置鱼躯干

图 10-24　设置鱼体效果

要点提示

在 Flash 中输入数值时，可以直接使用算术运算，例如在输入框中输入 "93-3.5"，按回车键将直接设置为 "89.5"。

STEP 11 调整透明度，如图 10-25 所示。

① 选中 "鳍 2" 图层的 "鳍" 元件。

② 在【属性】面板的【色彩效果】卷展栏中单击【样式】后面的下拉列表框，选择【Alpha】选项，设置其【Alpha】值为 "95%"。

③ 选中 "身 10" 图层的 "身" 元件，设置其【Alpha】值为 "90%"。

④ 以 "5" 递减设置下面图层上元件的【Alpha】值。

图 10-25　依次减低透明度

STEP 12 放置元件，如图 10-26 所示。

① 在 "鳍 1" 图层上新建图层并重命名为 "头" 层。

② 将【库】面板中的 "头" 元件拖到 "头" 图层上释放。

③ 设置其 x、y 位置分别为 "215" "200"。

 要点提示

鱼儿制作完成，请读者将构成鱼儿的各个元件全部选中，然后拉出一条标尺线，观察所有元件的 "变形中心" 是否都在同一条直线上。如果没有，请动手调节到图 10-27 所示的效果。

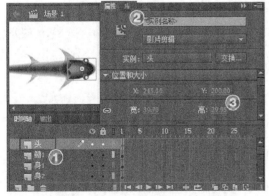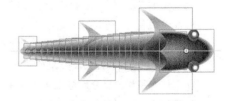

图 10-26　放置鱼头　　　　　　　　图 10-27　检查元件是否在同一直线上

2. 设置场景

STEP ◢1◣ 放置背景图片，如图 10-28 所示。

① 在"鳍 3"图层下面新建图层并重命名为"背景"层。

② 将【库】面板中的"荷塘-背景.jpg"拖入到"背景"图层上。

③ 设置其 x、y 坐标都为"0"。

④ 在【属性】面板的【位置和大小】卷展栏中设置其【宽】、【高】分别为"520"、"740"。

STEP ◢2◣ 放置前景图片，如图 10-29 所示。

① 在"头"图层上面新建并重命名为"前景"层。

② 将【库】面板中的"荷塘-前景.jpg"拖入到"背景"图层上。

③ 设置其 x、y 坐标都为"0"。

④ 在【属性】面板的【位置和大小】卷展栏中设置其【宽】、【高】分别为"520"、"740"。

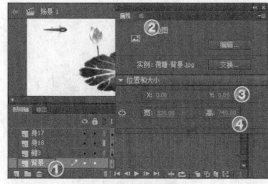

图 10-28　放置背景图片

图 10-29　放置前景图片

3. 制作引导层动画

STEP ◢1◣ 绘制引导路径，如图 10-30 所示。

① 将"前景"图层隐藏。

② 在"头"图层上新建图层并重命名为"路径"层。

③ 按 Y 键启动【铅笔】工具。

④ 在舞台上绘制一条曲线作为引导路径。

◎ 要点提示

读者仔细观察可以发现，路径的起始端和结束端都为直线，而中间部分为曲线。这样设置的好处在于方便控制组成鱼儿的各个元件的旋转方向。

STEP ◢2◣ 调整位置和方向，如图 10-31 所示。

① 将组成鱼儿的全部元件选中。

② 移动其位置到路径的起始端，并注意其"变形中心"一定要在引导线上。

STEP ◢3◣ 设置关键帧，如图 10-32 所示。

① 在所有图层的第 600 帧处插入关键帧。

② 在第 600 帧处将组成鱼儿的全部元件选中。

③ 将其放置在路径的结束端。

图 10-30　绘制路径

图 10-31　将鱼儿放置到路径的起始端

STEP 04 创建补间动画并设置引导层，如图 10-33 所示。

① 在组成鱼儿元件所在图层的第 1 帧 ~ 第 600 帧之间创建传统补间动画。

② 在"路径"图层上单击鼠标右键，在弹出的快捷菜单中选择【引导层】命令，将该图层转化为引导层。

③ 将所有组成鱼儿的元件所在的层拖至图层"路径"下面，使其成为被引导层。

图 10-32　将鱼儿放置到路径的结束端

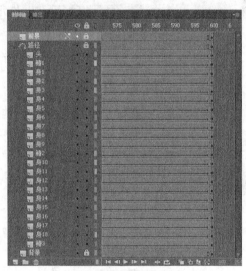

图 10-33　图层信息

STEP 05 按 Enter 键观看影片，发现鱼儿元件在路径上的运动十分生硬，没有鱼儿游动的效果，如图 10-34 所示。

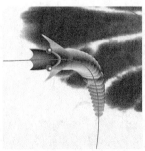

图 10-34　动画效果

STEP 6 设置补间选项，如图 10-35 所示。

① 选中组成鱼儿的所有元件所在层的第 1 帧。

② 在【属性】面板的【补间】卷展栏中选择【调整到路径】复选项。

STEP 7 按 Enter 键观看影片，现在鱼儿元件在路径上的运动已经比较自然生动，如图 10-36 所示。

图 10-35　调整到路径　　　　　　　　　　　　　　图 10-36　动画效果

STEP 8 按 Ctrl+S 组合键保存影片文件，案例制作完成。

10.3　掌握遮罩层动画制作原理

在开始对遮罩层动画进行案例分析之前，首先来学习遮罩层动画的创建方法及其原理。

10.3.1　遮罩层动画原理

与普通层不同，在具有遮罩层的图层中，只能透过遮罩层上的形状，才可以看到被遮罩层上的内容。

如在"图层 1"上放置一幅背景图，在"图层 2"上绘制一个多边形。在没有创建遮罩层之前，多边形遮挡了与背景图重叠的区域，如图 10-37 所示。

将"图层 2"转换为遮罩层之后，可以透过遮罩层（"图层 2"）上的多边形看到被遮罩层（"图层 1"）中与多边形重叠的区域，如图 10-38 所示。

由于遮罩这一特殊的技术实现形式，使得遮罩在制作需要显示特定图形区域的动画中有着极其重要的作用。例如，水流效果和过光影效果等，都是遮罩的经典应用。

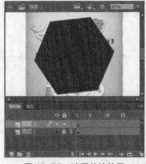 

图 10-37　遮罩前的效果　　　　　　　　　　　　　图 10-38　遮罩后的效果

 要点提示

遮罩层中的对象必须是色块、文字、符号、影片剪辑元件（MovieClip）、按钮或群组对象，而被遮层中的对象不受限制。

10.3.2 范例解析——制作"精美云彩文字效果"

使用遮罩层动画可以制作出丰富的文字特效，本案例将制作一个精美的云彩文字效果，操作思路及效果如图 10-39 所示。

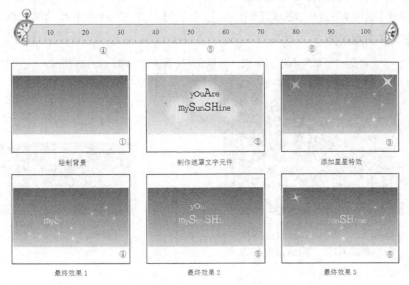

图 10-39 操作思路及效果图

【操作步骤】

1. 绘制背景

STEP 1 新建一个 Flash 文档。

STEP 2 设置文档属性，【舞台大小】为"400×200"像素，如图 10-40 所示。

STEP 3 新建图层，如图 10-41 所示。

① 连续单击 按钮新建图层。

② 重命名各图层。

③ 锁定除"背景"以外的图层。

④ 单击"背景"图层的第 1 帧。

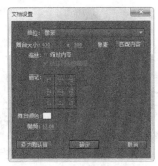

图 10-40 设置文档参数

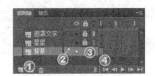

图 10-41 新建图层

STEP 4 绘制背景，如图 10-42 所示。

① 按 R 键启用【矩形】工具。

② 在【颜色】面板中设置笔触颜色为 ⬚。

③ 设置填充颜色【类型】为【线性渐变】。

④ 设置色块颜色，绘制矩形。

⑤ 按 F 键启用【渐变变形】工具调整渐变形状。

⑥ 在【属性】面板中设置矩形的位置和大小：【X】、【Y】均为"0"，【宽】为"400"，【高】为"200"。

2. 制作文字动画效果

STEP ◤1◢ 锁定"背景"图层，解锁"遮罩文字"图层，如图 10-43 所示。

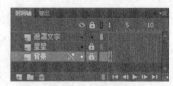

图 10-42　绘制背景　　　　　　　　　　　　　　　图 10-43　锁定图层

STEP ◤2◢ 输入字母，如图 10-44 所示。

① 按 T 键启用【文本】工具。

② 设置文本【字体】为"Monotype Corsiva"（读者可以设置为自己喜欢的字体或者自行购买外部字体库）。

③ 输入"you Are mySunSHine"。

④ 对单个文字的大小进行调整，在【属性】面板中设置文字的位置：【X】为"102"、【Y】为"34.7"、【宽】为"185.8"。

STEP ◤3◢ 创建"遮罩文字"元件，如图 10-45 所示。

① 确认舞台上的文字处于被选中状态。

② 按 F8 键打开【转换为元件】对话框。

③ 设置元件的名称和类型。

④ 单击 确定 按钮完成创建。

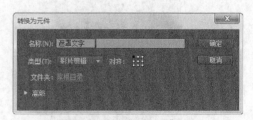

图 10-44　输入字母　　　　　　　　　　　　　　　图 10-45　创建"遮罩文字"元件

STEP ◤4◢ 新建图层，如图 10-46 所示。

① 双击进入"遮罩文字"元件编辑状态。

② 重命名"图层 1"为"文字"图层。

③ 创建图层并重命名为"图形"图层。

④ 将"图形"图层拖到"文字"图层下面。

⑤ 单击激活"图形"图层的第 1 帧。

STEP 5 绘制图形元件，如图 10-47 所示。

① 按 O 键启用【椭圆】工具。

② 在【颜色】面板中设置颜色【类型】为【径向渐变】。

③ 设置色块颜色。

④ 在【工具】栏下方单击 按钮启用【对象绘制】功能。

⑤ 按 Shift 键绘制 3 个圆。

图 10-46　新建图层

图 10-47　绘制图形元件

STEP 6 创建"图形"元件，如图 10-48 所示。

① 按 V 键启用【选择】工具。

② 同时选中绘制的 3 个圆。

③ 按 F8 键打开【转换为元件】对话框。

④ 设置元件的名称和类型。

⑤ 单击 确定 按钮完成创建。

STEP 7 图层操作，如图 10-49 所示。

① 在"文字"和"图形"图层的第 110 帧处插入帧。

② 在"图形"图层的第 100 帧处插入关键帧。

③ 在第 100 帧处将"图形"元件水平移动到文字的左侧。

图 10-48　创建"图形"元件

图 10-49　图层操作

STEP 8 创建遮罩层动画，如图 10-50 所示。

① 在"图形"图层的第 1 帧 ~ 第 100 帧之间创建传统补间动画。

② 用鼠标右键单击【文字】图层，弹出快捷菜单。

③ 选择【遮罩层】命令，将"图形"图层转换为遮罩层。

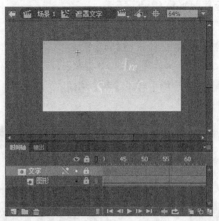

图 10-50　创建遮罩层动画

3．添加特效

STEP 1 单击◀按钮返回主场景。

STEP 2 锁定"遮罩文字"图层，取消锁定"星星"图层，如图 10-51 所示。

STEP 3 导入"星星"元件，如图 10-52 所示。

① 选择菜单命令【文件】/【导入】/【打开外部库】，打开【打开】对话框。

② 双击打开素材文件"素材\第 10 章\精美云彩文字效果\星星.fla"。

③ 将外部库中的"星星"元件拖放到"星星"图层。

④ 在【属性】面板中设置星星元件的位置和大小：【X】为"120.45"、【Y】为"53.3"、【宽】为"24.5"、【高】为"25.45"。

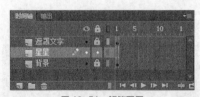

图 10-51　解锁图层

图 10-52　导入"星星"元件

4．按 Ctrl+S 组合键保存影片文件

10.4　制作多层遮罩动画

通过前面的学习，相信读者已经掌握了遮罩层动画的创建方法和设计原理。本节将利用多层遮罩来制作较复杂的 Flash 动画。

10.4.1　多层遮罩动画原理

将普通图层拖动到遮罩层或被遮罩层的下面，即可将普通图层转化为其被遮罩层，在一组遮罩中，遮罩层只能有一个，而被遮罩层可以有多个，那就是多层遮罩，如图 10-53 所示。其中"图层 8"为遮罩层，其余的所有图层都是被遮罩层。

图 10-53　多层遮罩

多层遮罩的创建原理十分简单，但是要利用多层遮罩动画做出精美的动画作品应该注意以下几点。

（1）从现实生活中寻找创作灵感。

（2）使用遮罩层动画来模拟表达创意。

（3）多种动画技术结合使用。

（4）在制作过程中不断完善自己的作品。

10.4.2　范例解析——制作"星球旋转效果"

使用多层遮罩层动画还可以制作出超炫的三维球体旋转效果，本案例将制作一个模拟地球旋转的动画，操作思路及效果如图 10-54 所示。

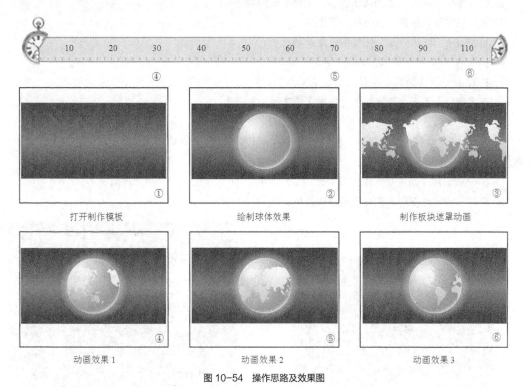

图 10-54　操作思路及效果图

【操作步骤】

1．打开制作模板

按 [Ctrl]+[O] 组合键打开素材文件"素材\第 10 章\星球旋转效果\星球旋转效果-模板.fla"。模板主场景中已为案例制作布置好背景，如图 10-55 所示。

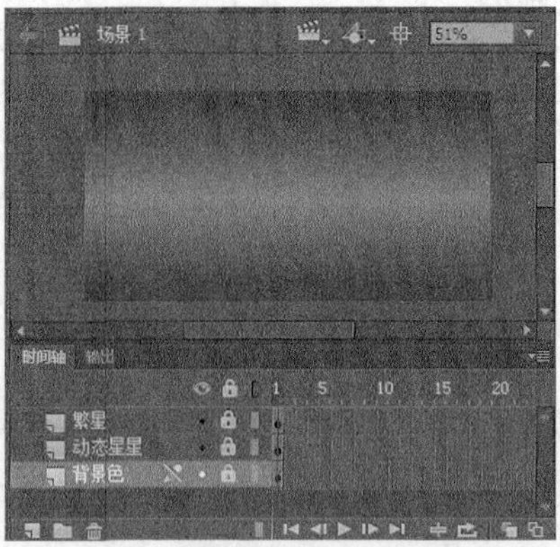

图 10-55　打开制作模板

2．绘制素材

STEP 1 图层操作，如图 10-56 所示。

① 在所有图层的第 125 帧处插入帧。

② 在"繁星"图层之上创建新图层，重命名各图层。

③ 锁定除"球体效果"以外的所有图层。

④ 单击激活"球体效果"图层的任意一帧。

STEP 2 绘制球体，如图 10-57 所示。

① 按 O 键启用【椭圆】工具。

② 在【颜色】面板中设置颜色【类型】为【径向渐变】。

③ 设置色块颜色。

④ 按 Shift 键绘制一个圆，在【属性】面板中设置圆的大小和位置：【X】为"175"、【Y】为"37.5"、【宽】为"200"、【高】为"200"。

⑤ 按 F 键启用【渐变变形】工具。

⑥ 调整圆的渐变变形，使其具有球体效果。

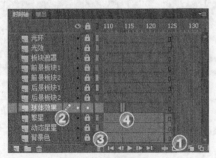

图 10-56　图层操作

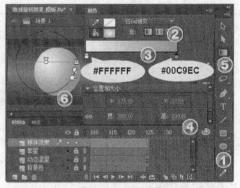

图 10-57　绘制球体

STEP 3 图层操作，如图 10-58 所示。

① 锁定"球体效果"图层。

② 取消锁定"光效"图层。

③ 单击选中"球体效果"图层的任意一帧，按 Ctrl+Alt+C 组合键复制该帧。

④ 单击选中"光效"图层的第 1 帧，按 Ctrl+Alt+V 组合键粘贴该帧。

STEP 4 调整光效，如图 10-59 所示。

① 按 F 键启用【渐变变形】工具。

② 选中"光效"图层上的圆形，在【颜色】面板中设置色块颜色和位置。

③ 调整渐变变形形状，使其符合球体的反光效果。

图 10-58 图层操作

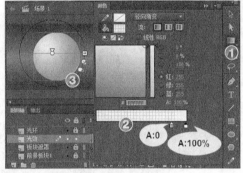

图 10-59 调整光效

STEP 5 图层操作，如图 10-60 所示。

① 取消锁定"光环"图层。

② 单击选中"光效"图层的任意一帧，按 Ctrl+Alt+C 组合键复制该帧。

③ 单击选中"光环"图层的第 1 帧，按 Ctrl+Alt+V 组合键粘贴该帧。

④ 锁定"光效"图层。

STEP 6 调整光环圆的大小，如图 10-61 所示。

① 按 Q 键启用【任意变形】工具。

② 按住 Shift+Alt 组合键。

③ 使用光标拖放图形。

图 10-60 图层操作

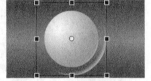

图 10-61 调整光环圆的大小

STEP 7 调整光环效果，如图 10-62 所示。

① 按 F 键启用【渐变变形】工具。

② 选中"光环"图层上的圆形，在【颜色】面板设置色块的颜色和位置。

③ 调整渐变变形形状，使其符合球体的发光效果。

3. 制作球体旋转效果

STEP 1 图层操作，如图 10-63 所示。

① 锁定"光环"图层，取消锁定"板块遮罩"图层。

② 单击选中"光效"图层的任意一帧，按 Ctrl+Alt+C 组合键复制该帧。

③ 单击选中"板块遮罩"图层的第 1 帧，按 Ctrl+Alt+V 组合键粘贴该帧。

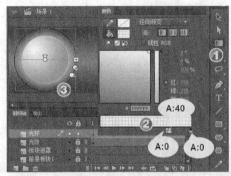

图 10-62　调整光环效果

图 10-63　图层操作

STEP 2 锁定"板块遮罩"图层，取消锁定"前景板块 1"，如图 10-64 所示。

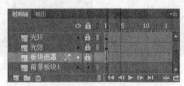

图 10-64　图层操作

STEP 3 制作"前景板块 1"动画，如图 10-65 所示。

① 将【库】面板中的"地球板块"元件拖放到"前景板块 1"图层上释放。

② 在【属性】面板中设置元件的位置：【X】为"205"、【Y】为"140"。

③ 在"前景板块 1"图层的第 125 帧处插入关键帧。

④ 在第 125 帧处设置"前景板块 1"元件的位置：【X】为"525"、【Y】为"140"。

⑤ 在第 1 帧～第 125 帧之间创建传统补间动画。

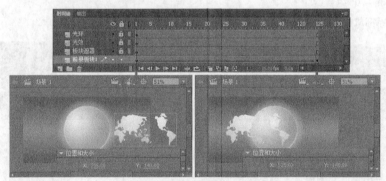

图 10-65　制作"前景板块 1"动画

STEP 4 图层操作，如图 10-66 所示。

① 锁定"前景板块 1"图层。

② 取消锁定"前景板块 2"图层。

③ 在"前景板块 2"的第 50 帧处插入关键帧。

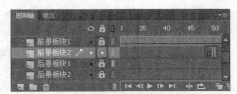

图 10-66 图层操作

STEP 5 制作"前景板块 2"动画,如图 10-67 所示。

① 在"前景板块 2"图层的第 50 帧处,将"地球板块"元件从【库】中拖入到舞台。

② 在【属性】面板中设置元件的位置:【X】为"25"、【Y】为"140"。

③ 在"前景板块 2"图层的第 125 帧处插入关键帧。

④ 在第 125 帧处设置"前景板块 2"元件的位置:【X】为"205"、【Y】为"140"。

⑤ 在第 50 帧~第 125 帧之间创建传统补间动画。

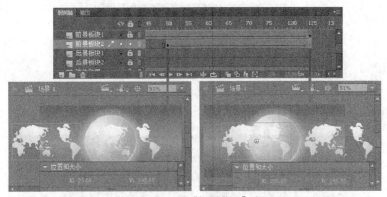

图 10-67 制作"前景板块 2"动画

STEP 6 锁定"前景板块 2",取消锁定"后景板块 1",如图 10-68 所示。

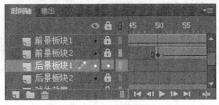

图 10-68 图层操作

STEP 7 制作"后景板块 1"动画,如图 10-69 所示。

① 将【库】面板中的"地球板块"元件拖放到"后景板块 1"图层上释放。

② 确认"地球板块"元件被选中,执行【修改】/【变形】/【水平翻转】命令,将"地球板块"元件翻转。

③ 在【属性】面板中设置元件的位置(【X】为"220"、【Y】为"140")和色彩效果(【xA+】为"-242"、【xR+】为"0"、【xG+】为"60"、【xB+】为"134")。

④ 在"后景板块 1"图层的第 125 帧处插入关键帧。

⑤ 在第 125 帧处设置"地球板块"元件的位置:【X】为"23"、【Y】为"140"。

⑥ 在第 1 帧~第 125 帧之间创建传统补间动画。

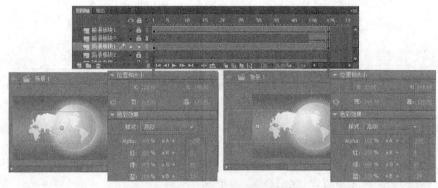

图 10-69 制作"后景板块 1"动画

STEP 8 锁定"后景板块 1",取消锁定"后景板块 2",如图 10-70 所示。

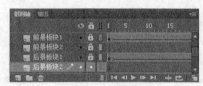

图 10-70 图层操作

STEP 9 制作"后景板块 2"动画,如图 10-71 所示。

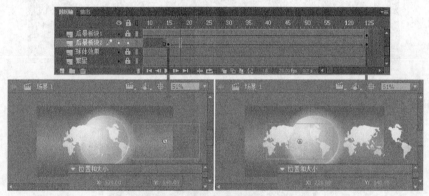

图 10-71 制作"后景板块 2"动画

① 选中"后景板块 1"图层的第 125 帧。

② 按 Ctrl + Alt + C 组合键复制该帧。

③ 单击选中"后景板块 2"图层的第 15 帧,插入关键帧。

④ 按 Ctrl + Alt + V 组合键粘贴该帧。

⑤ 在【属性】面板中设置元件的位置:【X】为"520"、【Y】为"140"。

⑥ 在"后景板块 2"图层的第 125 帧处插入关键帧。

⑦ 在第 125 帧处设置"地球板块"元件的位置:【X】为"220"、【Y】为"140"。

⑧ 在第 15 帧 ~ 第 125 帧之间创建传统补间动画。

STEP 10 创建遮罩层动画,如图 10-72 所示。

① 在"板块遮罩"图层上单击鼠标右键,在弹出的快捷菜单中选择【遮罩层】命令,创建遮罩层动画。

② 使用拖动方式将"前景板块 2""后景板块 1""后景板块 2"图层转换为其被遮罩层。

③ 按 Ctrl+Enter 组合键测试播放影片即可预览效果。

图 10-72　创建遮罩层动画

STEP 11 按 Ctrl+S 组合键保存影片文件，案例制作完成。

10.5 习题

1. 引导层动画的原理是什么?
2. 制作引导层动画至少需要几个图层?
3. 选择【调整到路径】复选项对引导层动画有什么影响?
4. 使用一个简单的元件练习引导层动画制作原理。
5. 遮罩层动画的原理是什么?
6. 制作遮罩层动画至少需要几个图层?
7. 遮罩层动画还能应用于哪些艺术表达方面?

Chapter

11

第 11 章
图像编辑与抠图

简单编辑图像及把需要的图像从背景中抠选出来，是每一个网页美工设计者经常做的工作，所以掌握简单的图像编辑基础及一定的抠图技巧，是对网页美工设计者最基本的要求。本章主要介绍 Photoshop CC 软件的界面窗口，文件的新建、打开与存储，图像的缩放显示，图像文件大小调整，图像裁剪，图像抠图，图像移动复制，图像变换、对齐以及分布等知识内容。

学习目标

- 认识 Photoshop CC 界面窗口、工具栏及控制面板。
- 掌握文件的新建、打开与存储操作。
- 掌握图像文件的显示控制操作。
- 学习查看图像尺寸与图像文件大小的方法与调整设置方法。
- 学习图像的各种裁剪操作。
- 学习各种图像抠图技巧。
- 学习图像的移动与复制操作。

11.1 Photoshop CC 界面窗口

PS CC 界面介绍

若计算机中安装了 Photoshop CC，单击 Windows 桌面任务栏中的按钮，在弹出的菜单中依次选取【所有程序】/【Adobe Photoshop CC】命令，即可启动该软件。

11.1.1 Photoshop CC 界面窗口布局

启动 Photoshop CC 软件之后，在工作区中打开一幅图像，其默认的界面窗口布局如图 11-1 所示。Photoshop CC 软件界面颜色可根据用户喜好自定义更改，其更改方法为选择菜单命令【编辑】/【首选项】/【界面】，打开【首选项】对话框，在【外观】分组框中选择喜欢的颜色，本书为显示最佳效果所有界面均为灰色展示。

Photoshop CC 界面窗口按其功能可分为菜单栏、属性栏、工具栏、状态栏、控制面板、工作区及视图窗口等几部分，下面介绍各部分的功能和作用。

1. 菜单栏

菜单栏中包括【文件】、【编辑】、【图像】、【图层】、【选择】、【滤镜】、【分析】、【视图】、【窗口】和【帮助】10 个菜单。单击任意一个菜单，将会弹出相应的下拉菜单，其中又包含若干个子命令，选取任意一个子命令即可实现相应的操作。

图 11-1 界面窗口布局

2. 属性栏

属性栏显示工具栏中当前选择工具按钮的参数和选项设置。在工具栏中选择不同的工具按钮，属性栏中显示的选项和参数也各不相同。

3. 工具栏

工具栏中包含有各种图形绘制和图像处理工具，如对图像进行选择、移动、绘制、编辑和查看的工具，在图像中输入文字的工具，更改前景色和背景色的工具等。

4. 控制面板

在 Photoshop CC 中共提供了多种控制面板，利用这些控制面板可以对当前图像的色彩、大小显示、样式以及相关的操作等进行设置和控制。

5. 状态栏

状态栏位于视图窗口的底部，用于显示图像的当前显示比例和文件大小等信息。在比例窗口中输入相应的数值，可以直接修改图像的显示比例。

6. 视图窗口

视图窗口是表现和创作作品的主要区域，图形的绘制和图像的处理都是在该区域内进行。Photoshop CC 允许同时打开多个视图窗口，每创建或打开一个图像文件，工作区中就会增加一个视图窗口。

7. 工作区

工作区是指 Photoshop CC 工作界面中的大片灰色区域，工具栏、视图窗口和各种控制面板都处于工作区内。

为了获得较大的空间显示图像，在作图过程中可以将工具栏、控制面板和属性栏隐藏，以便将它们所占的空间用于视图窗口的显示。按键盘上的 Tab 键，可以将工作界面中的属性栏、工具栏和控制面板同时隐藏；再次按 Tab 键，可以使它们重新显示出来。

11.1.2　工具栏

工具栏的默认位置位于界面窗口的左侧，包含 Photoshop CC 的各种图形绘制和图像处理工具，如对图像进行选择、移动、绘制、编辑和查看的工具，在图像中输入文字的工具，更改前景色和背景色的工具及不同编辑模式工具等。注意，将鼠标指针放置在工具栏上方的 区域内，按下鼠标左键并拖曳鼠标指针即可移动工具栏在工作区中的位置。单击工具栏中最上方的 按钮，可以将工具栏转换为单列或双列显示。

将鼠标指针移动到工具栏中的任一按钮上时，该按钮将凸出显示，如果鼠标指针在工具按钮上停留一段时间，其右下角会显示该工具的名称。单击工具栏中的任一工具按钮可将其选取。绝大多数工具按钮的右下角带有黑色的小三角形，表示该工具是个工具组，还有其他同类隐藏的工具。将鼠标指针放置在这样的按钮上按住鼠标左键不放或单击鼠标右键，即可将隐藏的工具显示出来，其中包含工具的名称和键盘快捷键，如图 11-2 所示。在展开工具组中的任意一个工具按钮上单击，即可将其选取。工具栏及其所有展开的工具按钮如图 11-3 所示。

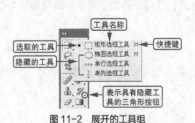

图 11-2　展开的工具组

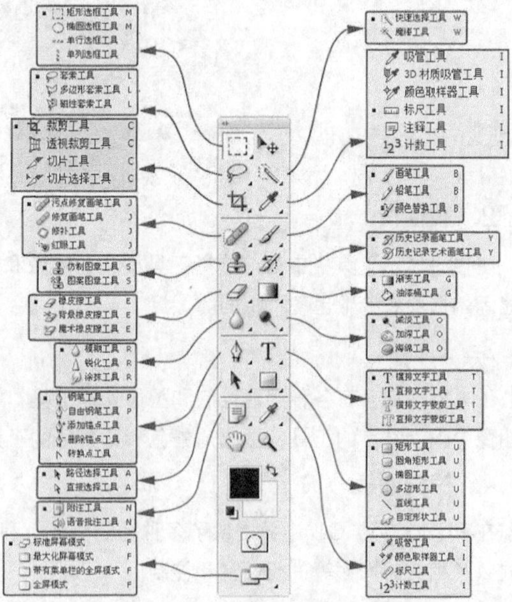

图 11-3　工具栏及所有隐藏的工具按钮

11.1.3　控制面板的显示与隐藏

在图像处理工作中，为了操作方便，经常需要调出某个控制面板，调整工作区中部分面板的位置或将其隐藏等。熟练掌握快速显示和隐藏常用控制面板的操作，可以有效地提高图像处理工作效率。

选择菜单命令【窗口】，将会弹出下拉菜单，该菜单中包含 Photoshop CC 的所有控制面板的名称，如图 11-4 所示。其中，左侧带有 ✔ 符号的命令表示该控制面板已在工作区中显示，如【调整】、【图层】、【颜色】等，执行带有 ✔ 符号的命令可以隐藏相应的控制面板；左侧不带 ✔ 符号的命令表示该控制面板未在工作区中显示，如【导航器】面板、【动作】面板等，选取不带 ✔ 符号的命令即可使其显示在工作区中，同时该命令左侧将显示 ✔ 符号。

控制面板显示在工作区之后，每一组控制面板都有两个以上的选项卡，如【颜色】面板上包含【颜色】、【色板】和【样式】3 个选项卡，单击【颜色】或【样式】选项卡，可以显示【颜色】或【样式】控制面板，这样可以快速地选择和应用需要的控制面板。反复按 Shift + Tab 组合键，可以将工作界面中的控制面板在隐藏和显示之间切换。

在默认状态下，控制面板都是以组的形式堆叠在绘图窗口的右侧，如图 11-5 所示；单击面板左上角向左的双向箭头 ◄◄，可以展开更多的控制面板，如图 11-6 所示；在默认的控制面板左侧有一些按钮，单击任意按钮可以打开相应的控制面板；单击默认控制面板右上角的双向箭头 ►►，可以将控制面板折叠起来成为一个按钮图标，如图 11-7 所示，这样可以用节省下来的工作区域来显示更大的视图窗口。

图 11-4　【窗口】菜单

图 11-5　默认控制面板

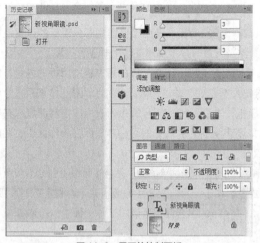

图 11-6　展开的控制面板　　　　　　　　　　　　　图 11-7　折叠后的控制面板

11.2　新建、打开与存储文件

几乎所有软件都有【新建】、【打开】和【存储】命令，Photoshop 也不例外。由于每一个软件的性质不同，其新建、打开及存储文件时的对话框也不相同。

11.2.1　新建文件

选择菜单命令【文件】/【新建】，或按快捷键 Ctrl+N，都会弹出如图 11-8 所示的【新建】对话框，在此对话框中可以设置新建文件的名称、尺寸、分辨率、颜色模式、背景内容及颜色配置文件等。单击 确定 按钮后即可新建一个图像文件。

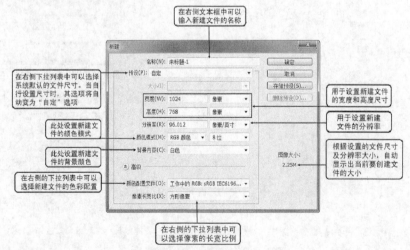

图 11-8　【新建】对话框

11.2.2　打开文件

选择菜单命令【文件】/【打开】（快捷键为 Ctrl+O ）或直接在工作区中双击，会弹出如图 11-9 所示的【打开】对话框，利用此对话框可以打开计算机中存储的 PSD、BMP、TIFF、JPEG、TGA 及 PNG 等多种格式的图像文件。在打开图像文件之前，首先要知道文件的名称、格式和存储路径，这样才能顺利地将其打开。

图 11-9　【打开】对话框

11.2.3　存储文件

在 Photoshop CC 中，文件的存储主要包括【存储】和【存储为】两种方式。当新建的图像文件第一次存储时，【文件】菜单中的【存储】和【存储为】命令功能相同，都是将当前图像文件命名后存储，并且都会弹出如图 11-10 所示的【另存为】对话框。

图 11-10　【另存为】对话框

将打开的图像文件编辑后再存储时，就应该正确区分【存储】和【存储为】命令的不同。【存储】命令是在覆盖原文件的基础上直接进行存储，不弹出【另存为】对话框；而【存储为】命令仍会弹出【另存为】对话框，它是在原文件不变的基础上可以将编辑后的文件重新命名另存储。

要点提示

【存储】命令的快捷键为 Ctrl+S，【存储为】命令的快捷键为 Shift+Ctrl+S。在绘图过程中，一定要养成随时存盘的好习惯，以免因断电、死机等突发情况造成不必要的麻烦。

11.3 图像显示控制

在绘制图形或处理图像时，经常需要将图像放大或缩小显示，以便观察图像的细节。下面将介绍图像大小的显示操作。

11.3.1 【缩放】工具

利用【缩放】工具 🔍 可以将图像成比例地放大或缩小显示。选择【缩放】工具 🔍，在视图窗口中单击一点，图像将以光标单击处为中心放大显示一级；按下鼠标左键拖曳鼠标指针，拖出一个矩形虚线框，释放鼠标后即可将虚线框中的图像放大显示，如图 11-11 所示。如果按住 Alt 键，鼠标指针将显示为 🔍，在视图窗口中单击一点，图像将以鼠标指针单击处为中心缩小显示一级。

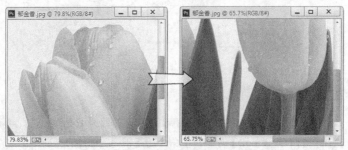

图 11-11　图像放大显示状态

要点提示

无论在使用工具栏中的哪种工具时，按 Ctrl+ ＋ 组合键可以放大显示图像，按 Ctrl+ － 组合键可以缩小显示图像，按 Ctrl+0 组合键可以将图像适配至屏幕显示，按 Ctrl+Alt+0 组合键可以将图像以 100% 的比例显示。在工具栏中的【缩放】按钮 🔍 上双击鼠标左键，可以使图像以实际像素显示。

11.3.2 【抓手】工具

图像放大显示后，如果图像无法在窗口中完全显示出来，就可以利用【抓手】工具 ✋ 在图像中按下鼠标左键拖曳鼠标指针，从而在不影响图像在图层中相对位置的前提下平移图像在窗口中的显示位置，以观察视图窗口中无法显示的图像，如图 11-12 所示。

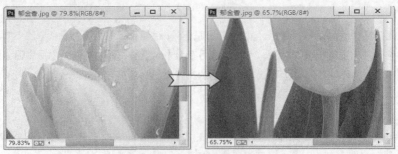

图 11-12　平移显示图像状态

要点提示

在使用【抓手】工具时，按住 Ctrl 或 Alt 组合键可以暂时切换为【放大】或【缩小】工具；双击工具栏中的【抓手】按钮 🖐，可以将图像适配至屏幕显示。当使用工具栏中的其他工具时，按住空格键可以将当前工具暂时切换为【抓手】工具。

11.3.3　屏幕显示模式

Photoshop CC 中提供了 4 种显示模式，分别为标准屏幕模式、最大化屏幕模式、带有菜单栏的全屏模式和全屏模式，如图 11-13 所示。按 F 键可以在各种显示模式之间切换；在带有菜单栏的全屏模式和全屏模式下，按 Shift+F 组合键，可以切换是否显示菜单栏。

图 11-13　屏幕显示模式按钮

- 标准屏幕模式 ▣：这是系统默认的屏幕显示模式，即图像文件刚打开时的显示模式。
- 带有菜单栏的全屏模式 □：单击此按钮，可以切换到带有菜单栏的全屏模式，此时工作界面中的标题栏、状态栏以及除当前图像文件之外的其他视图窗口将全部隐藏，并且当前图像文件在工作区中居中显示。
- 全屏模式 ⟰：单击此按钮，可以切换到全屏模式，此时工作界面在隐藏标题栏、状态栏和其他视图窗口的基础上，连菜单栏也一起隐藏。

11.4　图像尺寸与图像文件大小

图像尺寸与图像文件的大小，会影响到两个图像文件之间的合成比例关系以及作品在网站的发布问题。下面介绍图像尺寸与文件大小的调整方法。

11.4.1　图像尺寸

图像尺寸指的是图像文件的宽度和高度尺寸，根据图像不同的用途可以选择"像素"、"英寸"、"厘米"、"毫米"、"点"、"派卡"和"列"等为单位，例如，像素可以用于屏幕显示的度量，英寸、厘米可以用于图像文件打印输出尺寸的度量。

显示控制尺寸和文件大小控制

显示器显示图像的像素尺寸一般为 800px×600px 和 1024px×768px 等，大屏幕的液晶显示器的像素还要高。在 Photoshop 中，图像像素是直接转换为显示器像素的，当图像的分辨率比显示器的分辨率高时，图像显示的要比指定的尺寸大，如 288 像素/英寸、1 英寸×1 英寸的图像在 72 像素/英寸的显示器上将显示为 4 英寸×4 英寸的大小。

图像在显示器上的尺寸与打印尺寸无关，显示尺寸只取决于图像的分辨率及显示器设置的分辨率。

11.4.2　图像文件大小

图像文件的大小由计算机存储的基本单位字节（Byte）来度量。一个字节由 8 个二进制位（bit）组成，所以一个字节的积数范围在十进制中为 0~255，即 2^8 共 256 个数。

图像颜色模式不同，图像中每一个像素所需要的字节数也不同，灰度模式的图像每一个像素灰度由一个字节的数值表示；RGB 颜色模式的图像每一个像素颜色由 3 个字节（即 24 位）组成的数值表示；CMYK 颜色模式的图像每一个像素由 4 个字节（即 32 位）组成的数值表示。

一个具有 300px×300px 的图像，不同模式下文件的大小计算如下。

- 灰度图像：300×300=90 000byte=90KB。
- RGB 图像：300×300×3=270 000Byte=270KB。
- CMYK 图像：300×300×4=360 000Byte=360KB。

11.4.3　查看图像文件大小

在新建的图像文件或打开的图像文件的左下角有一组数字，如图 11-14 所示。其中左侧的"文档:1.89M"表示图像文件的原始大小，也就是在选用 TIFF 格式无压缩进行存盘时所占用磁盘空间的大小；右侧的数字"1.89M"表示当前图像文件的虚拟操作大小，也就是包含图层和通道中图像的综合大小。这组数字读者一定要清楚，在处理图像和设计作品时通过这里可以随时查看图像文件的大小，以便决定该图像文件大小是否能满足设计的需要。

图 11-14　打开的图像文件

图像文件的大小以千字节（KB）、兆字节（MB）和吉字节（GB）为单位，它们之间的换算为 1MB = 1024KB、1GB = 1024MB。

单击右侧的 ▶ 按钮，弹出如图 11-15 所示的菜单，选择【文档尺寸】命令，▶ 按钮左侧将显示图像文件的尺寸，也就是图像的长、宽以及分辨率，如图 11-16 所示。

图 11-15　【文件信息】菜单

图 11-16　显示的长、宽数值以及分辨率

图像文件左下角的第一组数字"54.34%"，显示的是当前图像的显示百分比，读者可以通过直接修改这个数值来改变图像的显示比例。图像文件窗口显示比例的大小与图像文件大小以及尺寸大小是没有关系的，显示的大小影响的只是视觉效果，而不能决定图像文件打印输出后的大小。

11.4.4　调整图像文件大小

图像文件的大小是由文件尺寸（宽度、高度）和分辨率决定的。图像文件的宽度、高度或分辨率数值越大，图像文件也就越大。当图像的宽度、高度和分辨率无法符合设计要求时，可以通过改变图像的宽度、高度或分辨率来重新设置图像的大小。

STEP 1 打开素材文件"素材\第 11 章\插画.jpg"，如图 11-17 所示。在图像左下角的状态栏中显示出了图像的大小为 1.28MB。

STEP 2 选择菜单命令【图像】/【图像大小】，弹出【图像大小】对话框，如图 11-18 所示。

图 11-17　打开的文件　　　　　　　　　图 11-18　【图像大小】对话框（1）

STEP 3 如果需要保持当前图像的像素宽度和高度比例，就需要单击 按钮。这样在更改像素的【宽度】和【高度】参数时，图像将按照比例同时进行改变，如图 11-19 所示。

STEP 4 修改【宽度】和【高度】参数后，从【图像大小】对话框中的【像素大小】后面可以看到修改后的图像大小为"687.3KB"，括号内的"1.28MB"表示图像的原始大小。在改变图像文件大小时，如图像由大变小，其图像质量不会降低；如图像由小变大，其图像质量就会下降。由于屏幕要求的分辨率是"72 像素/英寸"，所以需要将【分辨率】参数设置为"72"，如图 11-20 所示。

STEP 5 将【分辨率】参数设置为"72"以后，可以发现在【图像大小】对话框中【文档大小】下面的【宽度】和【高度】并没有发生变化，变化的只是【像素大小】，所以调整图像的分辨率，并不会影响图像的输出尺寸，而影响的只是输出后图像的品质。单击 确定 按钮，即可完成图像大小的调整。

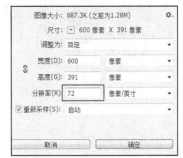

图 11-19　【图像大小】对话框（2）　　　　　图 11-20　【图像大小】对话框

11.4.5　调整画布大小

在设计作品过程中，有时候需要增加或减小画布的尺寸来得到合适的版面，而利用【画布大小】命令，就可以根据需要来改善作品的版面尺寸。

利用【画布大小】命令可在当前图像文件的版面中增加或减小画布区域。此命令与【图像大小】命令不同，利用【画布大小】命令改变图像文件的尺寸后，原图像中每个像素的尺寸不发生变化，只是图像文件的版面增大或缩小了。而利用【图像大小】命令改变图像文件的尺寸后，原图像会被拉长或缩短，即图像中每个像素的尺寸都发生了变化。下面通过实例来介绍调整画布大小的操作。

STEP 1 打开素材文件"素材\第 11 章\主页.psd"，如图 11-21 所示。

STEP 2 将背景色设置为画面设计需要的颜色，此处设置的是黄色（Y:100）。

STEP 3 选择菜单命令【图像】/【画布大小】，弹出【画布大小】对话框，如图 11-22 所示。

图 11-21 打开的文件   图 11-22 【画布大小】对话框

STEP 4 单击【定位】选项相应的箭头，并修改【宽度】和【高度】参数。图 11-23 所示为增加的画布版面示意图。

STEP 5 单击 确定 按钮，即可完成画布大小的调整。

图 11-23 增加的画布版面示意图

11.5 图像裁剪

在图像处理过程中，利用【裁剪】工具 或选择菜单命令【图像】/【裁剪】或【裁切】可将图像多余的区域裁剪掉，以改变图像的形态及大小。根据不同的图像处理及设计要求，其裁剪方法有多种，下面介绍几种常见图像的裁剪方法。

11.5.1 按照构图裁剪照片

在照片处理过程中经常会遇到照片中的主要景物太小，而周围不需要的多余空间

图像裁剪

较大的情况，此时就可以利用【裁剪】工具 🔲 对其进行裁剪处理，使照片的主体更为突出。

STEP 🔲1 打开素材文件 "素材\第 11 章\茶杯.jpg"，如图 11-24 所示。

STEP 🔲2 选择【裁剪】工具 🔲，在图像中绘制出如图 11-25 所示的裁剪框。

图 11-24 打开的文件

图 11-25 绘制的裁剪框

STEP 🔲3 当绘制的裁剪区域大小和位置不适合构图需要时，可以对其进行调整。将鼠标指针放置到裁剪框的控制点上，按住鼠标左键拖曳鼠标指针可以调整裁剪框的大小，将鼠标指针放置在裁剪框内，按住鼠标左键拖曳鼠标指针可移动裁剪框的位置，调整后的裁剪框大小如图 11-26 所示，裁剪后的图像文件如图 11-27 所示。

图 11-26 调整后的裁剪框

图 11-27 裁剪后的图像文件

STEP 🔲4 按 Shift+Ctrl+S 组合键将此文件命名为 "裁剪练习 01.jpg" 后保存。

要点提示

除用单击属性栏中的 ✓ 按钮来确认对图像的裁剪外，还可以将鼠标指针移动到裁剪框内双击鼠标指针或按 Enter 键来确认来完成裁剪操作，单击属性栏中的 ⊘ 按钮或按 Esc 键可取消裁剪框。

11.5.2　旋转裁剪倾斜的照片

在拍摄或扫描照片时，可能会由于各种失误而导致图像中的主体物出现倾斜的现象，此时可以利用【裁剪】工具 ㄅ 来旋转裁剪修整。

STEP ☜**1** 打开素材文件"素材\第 11 章\照片 02.jpg"，如图 11-28 所示。

STEP ☜**2** 选择【裁剪】工具 ㄅ，在图像中绘制一个裁剪框，先指定裁剪的大体位置，然后将鼠标指针移动到裁剪框外，当鼠标指针显示为旋转符号时按住鼠标左键并拖曳鼠标指针，将裁剪框旋转到与图像中的地平线位置平行，如图 11-29 所示。

STEP ☜**3** 单击属性栏中的 ✔ 按钮，确认图片的裁剪操作，最终结果如图 11-30 所示。

图 11-28　打开的文件

图 11-29　绘制的裁剪框

图 11-30　裁剪后的画面

STEP ☜**4** 按 Shift + Ctrl + S 组合键将此文件另命名为"裁剪练习 02.jpg"后保存。

11.5.3　度量矫正倾斜的照片

利用【标尺】工具 ✐ 可以精确地测量出照片中水平线的倾斜角度后，再进行旋转矫正，这样可以得到更加理想的效果。

STEP ☜**1** 打开素材文件"素材\第 11 章\照片 03.jpg"，如图 11-31 所示。图中海平面倾斜，左低右高，需要进行矫正。

STEP ☜**2** 选择【标尺】工具 ✐，沿着海平线位置拖曳出如图 11-32 所示的度量线。

图 11-31　打开的文件

图 11-32　绘制的度量线

STEP 3 选择菜单命令【图像】/【图像旋转】/【任意角度】，在弹出的【旋转画布】对话框中海平面需要矫正的倾斜角度自动填写好了，如图 11-33 所示。

图 11-33 【旋转画布】对话框

STEP 4 单击 确定 按钮，倾斜的海平面就被矫正过来了，如图 11-34 所示。

图 11-34 矫正后的画面

要点提示

图像周围的白色区域是图像在旋转角度过程中增加了画布的尺寸，增加部分显示的颜色为工具栏中的背景色。该图像还需要利用"裁剪"工具 进行修直裁剪。

STEP 5 选择【裁剪】工具 ，在图像中图像显示的区域绘制一个裁剪框，如图 11-35 所示。

STEP 6 单击属性栏中的 按钮，确认图片的裁剪操作，裁剪后的图像如图 11-36 所示。

图 11-35 绘制的裁剪框

图 11-36 裁剪后的图像

STEP 7 按 Shift+Ctrl+S 组合键将此文件命名为"裁剪练习 03.jpg"后保存。

11.5.4 统一尺寸的照片裁剪

在编排网页中大量图片的时候，经常会遇到在一个版面中放置多张相同大小图片的情况，很多人采取的方法是将所有图片移动到版面中后进行拉伸缩放得到相同大小的图片，利用此方法工作效率较低，同时图片在经过了多次拉伸缩放之后也会降低图片的质量。在开始排版之前如果先把所有的图片统一裁剪成相同的尺寸，不但能提高工作效率，还能保证图片的质量。

STEP 1 打开素材文件"素材\第 11 章\照片 04.jpg"～"照片 013.jpg"，如图 11-37 所示。

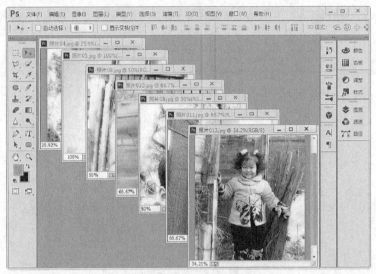

图 11-37　打开的文件

STEP 2 选择 工具，根据排版时图片要求的尺寸，比如要求图片统一为 4cm×6cm，在属性栏中进行设置，如图 11-38 所示。

图 11-38　【裁剪】工具的属性栏设置

STEP 3 根据设置的参数对打开的每一张照片进行裁剪，裁剪后会得到相同尺寸大小的照片，图 11-39 所示为新建文件并编排后的照片效果。

图 11-39　编排后的照片效果

STEP 04 按 Ctrl+S 组合键将此文件命名为"裁剪练习 04.jpg"后保存。

11.6 图像抠图

抠图方法与技巧（1）

把目标图像从背景中抠选出来，是图像处理工作者及网页美工设计人员经常要做的工作，灵活掌握一些抠图技巧，可以节省图像处理的时间，提高工作效率。

11.6.1 认识选区

在处理图像和绘制图形时，首先应该根据图像需要处理的位置和绘制图形的形状创建有效的可编辑选区。当创建了选区后，所有的操作只能对选区内的图像起作用，选区外的图像将不受任何影响。选区的形态是一些封闭的具有动感的虚线，使用不同的选区工具可以创建出不同形态的选区来，图 11-40 所示为使用不同工具创建的选区。

抠图方法与技巧（2）

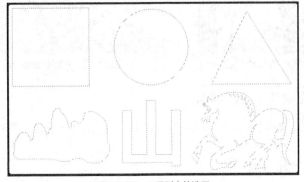

图 11-40　不同形态的选区

11.6.2 利用【套索】工具抠图

【套索】工具是一种使用灵活且形状自由的绘制选区的工具，该工具组包括【套索】工具、【多边形套索】工具和【磁性套索】工具，本小节将介绍这 3 种工具的使用方法。

1．利用【套索】工具抠图

选择【套索】工具，在图像轮廓边缘任意位置按下鼠标左键，设置绘制的起点，拖曳鼠标指针到任意位置后释放鼠标左键，即可创建出形状自由的选区，如图 11-41 所示。套索工具的自由性很大，在利用套索工具绘制选区时，必须对鼠标有良好的控制能力，才能绘制出满意的选区，此工具一般用于修改已经存在的选区或绘制没有具体形状要求的选区。

图 11-41　利用【套索】工具绘制的选区

2. 利用【多边形套索】工具抠图

选择【多边形套索】工具 ，在图像轮廓边缘的任意位置单击，设置绘制的起点，拖曳鼠标指针到合适的位置，再次单击鼠标左键设置转折点，直到光标与最初设置的起点重合（此时光标的下面多了一个小圆圈），然后在重合点上单击鼠标左键，即可创建出选区，如图 11-42 所示。

3. 利用【磁性套索】工具抠图

选择【磁性套索】工具 ，在图像轮廓边缘单击，设置绘制的起点，然后沿图像的边缘拖曳鼠标指针，选区会自动吸附在图像中对比最强烈的边缘，如果选区的边缘没有吸附在需要的图像边缘，可以通过单击添加一个紧固点来确定要吸附的位置，再拖曳鼠标指针，直到鼠标指针与最初设置的起点重合时，单击即可创建选区，如图 11-43 所示。

图 11-42　利用【多边形套索】工具绘制的选区

图 11-43　利用【磁性套索】工具绘制的选区

11.6.3　利用【魔棒】工具抠图

【魔棒】工具组包括【魔棒】工具 和【快速选择】工具 ，下面通过实例来介绍这两种工具的使用方法。

1. 利用【魔棒】工具抠图

STEP 1️⃣ 打开素材文件"素材\第 11 章\童裤.jpg"。

STEP 2️⃣ 将鼠标指针移动到【图层】面板中的"背景"层上双击鼠标左键，在弹出的【新建图层】对话框中单击 确定 按钮，将"背景"层转换为"图层 0"层。

STEP 3️⃣ 选择 工具，激活属性栏中的 按钮，设置【容差】参数为"30"，选择【连续】复选框，在画面中的背景上单击添加如图 11-44 所示的选区。

STEP 4️⃣ 继续在背景中单击，将背景全部选取，如图 11-45 所示。

图 11-44　添加的选区

图 11-45　选取背景

STEP 5️⃣ 选择菜单命令【选择】/【修改】/【羽化】，弹出【羽化选区】对话框，将【羽化半径】

选项设置为"2"像素，单击 确定 按钮。

STEP 6 按 Delete 键删除背景，得到如图 11-46 所示的效果。

STEP 7 按 Ctrl+D 组合键去除选区，然后选择【橡皮擦】工具 ，单击属性栏中的 ，在弹出的【画笔】面板中设置参数如图 11-47 所示。

图 11-46　删除背景效果

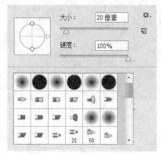

图 11-47　【画笔】面板

STEP 8 利用【橡皮擦】工具将地板接缝擦除，擦除前后形态如图 11-48 所示。

图 11-48　擦除地板接缝前后形态

STEP 9 选择菜单命令【图层】/【修边】/【去边】，弹出【去边】对话框，设置【宽度】参数为"2"像素，单击 确定 按钮，完成抠图操作。

STEP 10 按 Shift+Ctrl+S 组合键，将此文件另命名为"魔棒抠图.psd"后保存。

2. 利用【快速选择】工具抠图

STEP 1 打开素材文件"素材\第 11 章\休闲毛衫.jpg"。

STEP 2 选择 工具，然后单击属性栏中【画笔】选项右侧的 ，在弹出的笔头设置面板中设置参数如图 11-49 所示。

STEP 3 用 工具在背景中按住鼠标左键拖曳鼠标指针，创建选区如图 11-50 所示。

图 11-49　笔头设置面板

图 11-50　创建的选区

STEP 4 继续在背景中拖曳鼠标指针，可以增加选择的范围，如图 11-51 所示。

STEP 5 继续拖曳鼠标指针的位置，直至把背景全部选择，如图 11-52 所示。

图 11-51 增加的选区

图 11-52 选取的背景

STEP 6 双击【图层】面板中的"背景"层，在弹出的【新建图层】对话框中单击 确定 按钮，将"背景"层转换为"图层 0"层。

STEP 7 选择菜单命令【选择】/【修改】/【羽化】，弹出【羽化选区】对话框，将【羽化半径】设置为"1"像素，单击 确定 按钮。

STEP 8 按 Delete 键删除背景，得到如图 11-53 所示的效果，按 Ctrl+D 组合键去除选区。

STEP 9 按 Shift+Ctrl+S 组合键，将此文件命名为"快速选择抠图.jpg"后保存。

图 11-53 去除背景后效果

11.6.4 利用【魔术橡皮擦】工具抠图

利用【魔术橡皮擦】工具 可以快速地去除指定颜色的图像背景，下面以实例的形式来介绍该工具的使用方法。

STEP 1 打开素材文件"素材\第 11 章\天空.jpg"和"人物 06.jpg"，如图 11-54 所示。

图 11-54 打开的图片

STEP ❷ 将"人物 06.jpg"文件设置为工作状态，选择【魔术橡皮擦】工具，设置属性栏中的各选项及参数如图 11-55 所示。

图 11-55　【魔术橡皮擦】工具属性栏设置

STEP ❸ 在蓝色天空处单击鼠标左键将天空擦除，擦除后的效果如图 11-56 所示。

STEP ❹ 利用【移动】工具，将"天空"图片移动复制到"人物 06.jpg"文件中生成"图层 1"，并将其调整到"图层 0"的下面，如图 11-57 所示。

图 11-56　擦除天空后效果

图 11-57　添加的天空

STEP ❺ 利用【自由变换】命令将天空调整到铺满整个画面。

STEP ❻ 将"图层 0"设置为工作层，选择【历史记录画笔】工具，将美女身上透明了的区域修复出来。在身体轮廓边缘位置要仔细的修复，如果不小心修复出了边缘位置的背景色，还可以利用【橡皮擦】工具再擦掉，修复完成的效果如图 11-58 所示。

此时画面中美女的颜色感觉有点灰暗，下面通过复制和设置图层来增强亮度对比度。

STEP ❼ 复制"图层 0"为"图层 0 副本"层，设置【图层混合模式】为"柔光"模式，设置【不透明度】参数为"60%"，此时画面中的美女就感觉漂亮多了，如图 11-59 所示。

图 11-58　修复后的效果

图 11-59　调整亮度后的效果

STEP  按 Shift+Ctrl+S 组合键，将此文件命名为"更换背景.psd"后保存。

11.6.5 利用【路径】工具抠图

路径工具包括【钢笔】工具✏️、【自由钢笔】工具✏️、【添加锚点】工具✏️、【删除锚点】工具✏️、【转换点】工具✎、【路径选择】工具▶和【直接选择】工具▷。下面介绍各工具的使用方法。

1.【钢笔】工具

利用【钢笔】工具✏️在图像中依次单击，可以创建直线路径；单击并拖曳鼠标指针可以创建平滑流畅的曲线路径。将鼠标指针移动到第一个锚点上，当笔尖旁出现小圆圈时单击可创建闭合路径。在未闭合路径之前按住 Ctrl 键在路径外单击，可完成开放路径的绘制。

在绘制直线路径时，按住 Shift 键，可以限制在 45° 角的倍数方向绘制路径。在绘制曲线路径时，确定锚点后，按住 Alt 键拖曳鼠标指针可以调整控制点。释放 Alt 键和鼠标左键，重新移动光标至合适的位置拖曳鼠标指针，可创建锐角曲线路径，如图 11-60 所示。

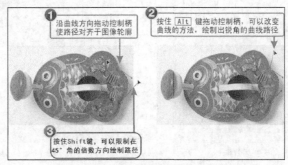

图 11-60　创建锐角曲线路径

2.【自由钢笔】工具

选择【自由钢笔】工具✏️后，在图像中按下鼠标左键拖曳鼠标指针，沿着鼠标指针的移动轨迹将自动添加锚点生成路径。当鼠标指针回到起始位置时，右下角会出现一个小圆圈，此时释放鼠标左键即可创建闭合钢笔路径，如图 11-61 所示。

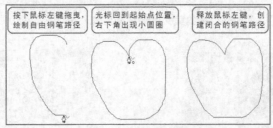

图 11-61　创建闭合钢笔路

📌 **要点提示**

鼠标指针回到起始位置之前，在任意位置释放鼠标左键可以绘制一条开放路径；按住 Ctrl 键释放鼠标左键，可以在当前位置和起点之间生成一段线段闭合路径。另外，在绘制路径的过程中，按住 Alt 键单击，可以绘制直线路径；拖曳鼠标指针可以绘制自由路径。

3.【添加锚点】工具

选择【添加锚点】工具后，将鼠标指针移动到要添加锚点的路径上，当鼠标指针显示为添加锚点符号时单击，即可在路径的单击处添加锚点，此时不会更改路径的形状。如果在单击的同时拖曳鼠标指针，可在路径的单击处添加锚点，并可以更改路径的形状。添加锚点操作示意图如图 11-62 所示。

图 11-62　添加锚点操作示意图

4.【删除锚点】工具

选择【删除锚点】工具后，将光标移动到要删除的锚点上，当鼠标指针显示为删除锚点符号时单击，即可将路径上单击的锚点删除，此时路径的形状将重新调整，以适合其余的锚点。在路径的锚点上单击并拖曳鼠标指针，可重新调整路径的形状。删除锚点操作示意图如图 11-63 所示。

图 11-63　删除锚点操作示意图

5.【转换点】工具

利用【转换点】工具在平滑点上单击，可以将平滑点转换为没有调节柄的角点；当平滑点两侧显示调节柄时，拖曳鼠标指针调整调节柄的方向，使调节柄断开，可以将平滑点转换为带有调节柄的角点；在路径的角点上向外拖曳鼠标指针，可在锚点两侧出现两条调节柄，将角点转换为平滑点。按住 Alt 键在角点上拖曳鼠标指针，可以调整路径一侧的形状。利用【转换点】工具调整带调节柄的角点或平滑点一侧的控制点，可以调整锚点一侧的曲线路径的形状；按住 Ctrl 键调整平滑锚点一侧的控制点，可以同时调整平滑点两侧的路径形态。按住 Ctrl 键在锚点上拖曳鼠标指针，可以移动该锚点的位置。

6.【路径选择】工具

【路径选择】工具主要用于编辑整个路径，包括选择、移动、复制、变换、组合以及对齐、分布等。

7.【直接选择】工具

【直接选择】工具主要用于编辑路径中的锚点和线段。

STEP 01　打开素材文件"素材\第 11 章\羽绒服.jpg"，如图 11-64 所示。

图 11-64　打开的文件

下面利用【路径】工具选取羽绒服。为了使操作更加便捷，选取的羽绒服更加精确，在选取操作之前可以先将视图窗口设置为满画布显示。

STEP 02 连续按 F 键，将窗口切换成标准屏幕模式显示，如图 11-65 所示。

图 11-65　标准屏幕模式显示

 要点提示

按 Tab 键，可以将工具栏、控制面板和属性栏显示或隐藏；按 Shift+Tab 组合键，可以将控制面板显示或隐藏；连续按 F 键，窗口可以在标准模式、带菜单栏的全屏模式和全屏模式 3 种显示模式之间切换。

STEP 03 连续按 3 次 Ctrl++组合键，将画面放大显示，如图 11-66 所示。

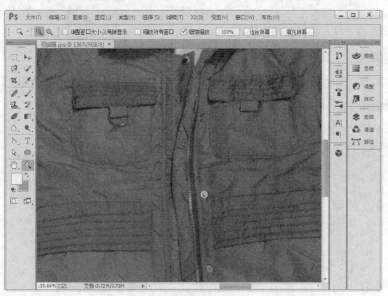

图 11-66　画面放大显示

STEP ☞4 按住空格键，鼠标指针变为抓手形态，拖动鼠标指针，此时可以平移视图窗口的显示位置，如图 11-67 所示。

图 11-67　平移视图窗口的显示位置

STEP ☞5 选择 ✐ 工具，激活属性栏中的 路径 ∶ 按钮，调整为路径选项，然后将鼠标指针放置在羽绒服的边缘位置，单击鼠标左键添加第 1 个控制点，如图 11-68 所示。

STEP ☞6 移动鼠标指针的位置，在图像结构转折处单击鼠标左键，添加第 2 个控制点，如图 11-69 所示。

图 11-68　添加第 1 个控制点

图 11-69　添加第 2 个控制点

STEP ☞7 用相同的操作方法，沿着服装的轮廓边缘依次添加控制点。

由于画面放大显示了，所以只能看到图像的局部，在添加路径控制点时，当绘制到窗口的边缘位置后就无法再继续添加了。此时可以按住空格键，平移视图窗口的显示位置后，再绘制路径。

STEP ☞8 按住空格键，此时鼠标指针变为抓手形状。按住鼠标左键拖曳鼠标指针平移视图窗口的显示位置，如图 11-70 所示。

图 11-70　平移视图窗口的显示位置

STEP 09 继续绘制路径，当路径的终点与起点重合时，在鼠标指针的右下角将出现一个圆形标志，如图 11-71 所示，此时单击鼠标左键即可将路径闭合。

STEP 10 利用【转换点】工具对路径进行圆滑调整。选取工具，将鼠标指针放置在路径的控制点上，按住鼠标左键拖曳，此时出现两条控制柄，如图 11-72 所示。

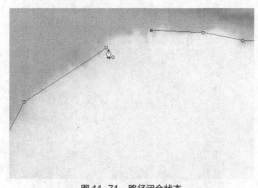

图 11-71　路径闭合状态

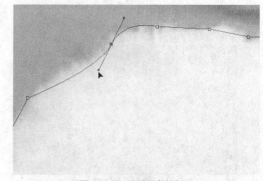

图 11-72　出现两条控制柄

STEP 11 拖曳鼠标指针调整控制柄，将路径调整平滑后释放鼠标左键。如果路径控制点添加的位置没有紧贴图像轮廓边缘，可以按住 Ctrl 键，将鼠标指针放置在控制点上拖曳，调整其位置，如图 11-73 所示。

STEP 12 利用工具继续调整控制点，如图 11-74 所示，释放鼠标左键后再继续调整，此时另外的一个控制柄被锁定，如图 11-75 所示。

STEP 13 利用工具调整路径上的所有控制点，使路径紧贴羽绒服的轮廓边缘，如图 11-76 所示。

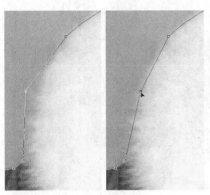

图 11-73　移动控制点

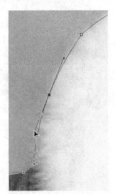

图 11-74　调整控制点

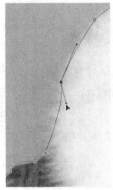

图 11-75　被锁定的控制柄

图 11-76　调整完成的路径

STEP 14 按 Ctrl+Enter 组合键，将路径转换成选区，如图 11-77 所示。

图 11-77　转换成选区

STEP 15 按 F 键，将窗口切换为默认的标准显示状态，然后选择菜单命令【视图】/【按屏幕大小缩放】，使画面适合屏幕大小显示。

STEP 16 选择菜单命令【图层】/【新建】/【通过拷贝的图层】，把选取的羽绒服通过拷贝生成"图层 1"。

STEP 17 选择 工具，单击"背景"层设置为工作层，然后按 Delete 键，将"背景"层删除，得到如图 11-78 所示的透明背景效果。

图 11-78　去除背景后效果

STEP 按 Shift + Ctrl + S 组合键，将此文件命名为"路径抠图.psd"后保存。

11.7　图像移动与复制

【移动】工具 是 Photoshop 中应用最频繁的工具，利用它可以在当前文件中移动或复制图像，也可以将图像由一个文件移动复制到另一个文件中，还可以对选择的图像进行变换、排列、对齐与分布等操作。

利用【移动】工具 移动图像的方法非常简单，在要移动的图像内拖曳鼠标指针，即可移动图像的位置。在移动图像时，按住 Shift 键可以确保图像在水平、垂直或 45° 角的倍数方向上移动；配合属性栏及键盘操作，还可以复制和变形图像。

图像移动与复制

11.7.1　在当前文件中移动图像

下面通过范例操作介绍图像在当前文件中的移动操作方法。

STEP 打开素材文件"素材\第 11 章\卡通.jpg"，如图 11-79 所示。

STEP 选取 工具，在属性栏中将【容差】参数设置为"50"，结合 Shift 键，在背景中的白色上单击，创建如图 11-80 所示的选区。选择菜单命令【选择】/【反向】，将选区反选。

图 11-79　打开的文件

图 11-80　添加的选区

STEP 3 选择 工具，在选区内拖曳鼠标指针，释放鼠标左键后，图片即停留在移动后的位置，如图 11-81 所示。

图 11-81　显示的背景色

利用【移动】工具 在当前图像文件中移动图像时，移动"背景"层选区内的图像，移动此类图像时，图像被移动位置后，原图像位置需要用颜色补充，因为背景层是不透明的图层，而此处所补充显示的颜色为工具栏中的背景颜色。

11.7.2　在两个文件之间移动复制图像

下面介绍在两个图像文件之间移动复制图像的操作方法。

STEP 1 打开素材文件"素材\第 11 章\卡通.jpg"和"卡通 01.jpg"。

STEP 2 利用 工具将"卡通.jpg"文件中的卡通选取。利用 工具，在选取的卡通图形内按住鼠标左键，然后向"卡通 01.jpg"文件中拖曳，如图 11-82 所示。

图 11-82　在两个文件之间移动复制图像状态

STEP 3 当鼠标指针变为 形状时释放鼠标左键，所选取的图片即被移动到另一个图像文件中，如图 11-83 所示。

图 11-83 复制到另一个文件中的图像

11.7.3 利用【移动】工具复制图像

利用【移动】工具 移动图像时，如果先按住 Alt 键再拖曳鼠标指针，释放鼠标左键后即可将图像移动复制到指定位置。在按住 Alt 键移动复制图像时又分两种情况，一种是不添加选区直接复制图像，另一种是将图像添加选区后再移动复制。下面通过范例操作来介绍这两种复制图像的具体操作方法。

1. 复制图像操作（一）

STEP 1 打开素材文件"素材\第 11 章\叶子.psd"。

STEP 2 在属性栏中选择【显示变换控件】复选项，此时图片的周围将显示实线形态的变换框，如图 11-84 所示。

STEP 3 按住 Shift 键，将鼠标指针放置在变换框右上角的调节点上按下鼠标左键，虚线变换框将变为实线形态的变换框，然后向左下角拖曳鼠标指针调整图片大小，状态如图 11-85 所示。

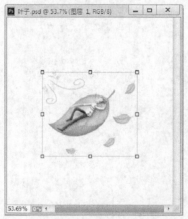

图 11-84 虚线形态的变形框

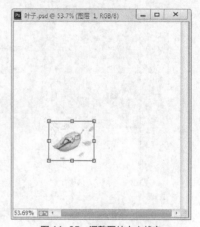

图 11-85 调整图片大小状态

STEP 4 单击属性栏中的 按钮，确认图片的大小调整。

STEP **5** 按住 Alt 键，此时鼠标指针变为黑色三角形，下面重叠带有白色的三角形，如图 11-86 所示。

STEP **6** 在不释放 Alt 键的同时，向右上方拖曳鼠标指针，此时的鼠标指针将变为白色的三角形形状，如图 11-87 所示。

图 11-86 按下 Alt 键状态　　　　　　　　　　图 11-87 移动复制图片状态

STEP **7** 释放鼠标左键后，即可完成图片的移动复制操作，在【图层】面板中将自动生成"图层 1 副本"层，如图 11-88 所示。

STEP **8** 利用显示的虚线变形框，将图片缩小并旋转角度，如图 11-89 所示。单击属性栏中的 ✓ 按钮，确认图片调整。

STEP **9** 使用相同的移动复制操作，在画面中可以复制无数个图形，在属性栏中取消对【显示变换控件】复选项的选择，最终效果如图 11-90 所示。

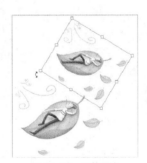

图 11-88 【图层】面板　　　　　图 11-89 调整图片　　　　　图 11-90 复制出的图片

STEP **10** 按 Shift+Ctrl+S 组合键，将当前文件命名为"移动复制练习 01.psd"后保存。

上面介绍的利用【移动】工具结合 Alt 键复制图像的方法，复制出的图像在【图层】面板中会生成独立的图层；如果将图像添加选区后再复制，复制出的图像将不会生成独立的图层。

下面介绍添加选区时移动复制图像的操作方法。

2. 复制图像操作（二）

STEP **1** 打开素材文件"素材\第 11 章\叶子.psd"。

STEP **2** 选择 ▶ 工具，在属性栏中选择【显示变换控件】复选项，然后将图片缩小，在变形框内拖曳鼠标指针，将图片移动到如图 11-91 所示的位置。

STEP **3** 单击属性栏中的 ✓ 按钮，在属性栏中取消对【显示变换控件】复选项的选择。

STEP 04 按住 Ctrl 键，在【图层】面板中单击"图层 1"前面的缩览图，给图片添加选区，如图 11-92 所示。

STEP 05 按住 Alt 键，将鼠标指针移动到选区内拖曳，移动复制选取的图片，状态如图 11-93 所示。

STEP 06 释放鼠标左键后，选取的图片即被移动复制到指定的位置，且在【图层】面板中也不会产生新的图层。

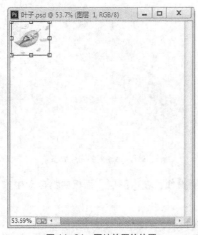

图 11-91 图片放置的位置

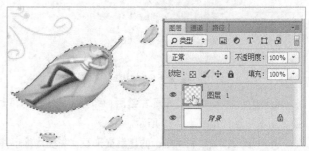

图 11-92 添加选区状态

STEP 07 继续移动复制所选取的图片，在画面中排列复制出多个，然后按 Ctrl+D 组合键去除选区，移动复制出的图片如图 11-94 所示。

图 11-93 移动复制图片状态

图 11-94 移动复制出的图片

STEP 08 按 Shift+Ctrl+S 组合键，将当前文件命名为"移动复制练习 02.psd"后保存。

11.8 图像变换、对齐与分布

在图像处理过程中经常需要对图像进行变换操作，从而使图像的大小、方向、形状或透视符合作图要求。在 Photoshop CC 中，变换图像的方法有两种，一种是直接利用【移动】工具变换图像；另一种是利用菜单命令变换图像。无论使用哪种方法，都可以得到相同的变换效果。

在使用【移动】工具变换图像时，若选择属性栏中的【显示变换控件】复选项，则图像将根据工作层（背景层除外）或选区内的图像显示变换框。在变换框的调节点

图像变换、对齐与分布

上按住鼠标左键，变换框将由虚线变为实线，此时拖动变换框周围的调节点就可以对变换框内的图像进行变换。图像周围显示的虚线变换框和实线变换框形态如图 11-95 所示。

　　选择菜单命令【编辑】/【自由变换】，或选择菜单命令【编辑】/【变换】中的【缩放】、【旋转】或【斜切】等子命令，也可以对图像进行相应类型的变换操作。

　　选择菜单命令【编辑】/【自由变换】或将图像的虚线变换框转换为实线变换框之后，可以直接利用鼠标指针对图像进行变换操作，各种变换形态的具体操作如下。

图 11-95　虚线变换框和实线变换框

1. 缩放图像

　　将鼠标指针放置到变换框各边中间的调节点上，待指针显示为 ↔ 或 ↕ 形状时，按下鼠标左键左右或上下拖曳鼠标指针，可以水平或垂直缩放图像。将鼠标指针放置到变换框 4 个角的调节点上，待其显示为 ↖ 或 ↗ 形状时，按下鼠标左键拖曳鼠标指针，可以任意缩放图像；此时，按住 Shift 键可以等比例缩放图像；按住 Alt+Shift 组合键可以以变换框的调节中心为基准等比例缩放图像。以不同方式缩放图像时的形态如图 11-96 所示。

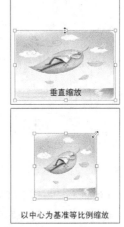

图 11-96　以不同方式缩放图像时的形态

2. 旋转图像

　　将鼠标指针移动到变换框的外部，待其显示为 ↷ 或 ↶ 形状时拖曳鼠标指针，可以围绕调节中心旋转图像，如图 11-97 所示。若按住 Shift 键旋转图像，则可以使图像按 15°角的倍数旋转。

在【编辑】/【变换】命令的子菜中选取【旋转 180 度】、【旋转 90 度（顺时针）】、【旋转 90 度（逆时针）】、【水平翻转】或【垂直翻转】等命令，可以将图像旋转 180°、顺时针旋转 90°、逆时针旋转 90°、水平翻转或垂直翻转。

3. 斜切图像

选择菜单命令【编辑】/【变换】/【斜切】，或按住 Ctrl+Shift 组合键调整变换框的调节点，可以将图像斜切变换，如图 11-98 所示。

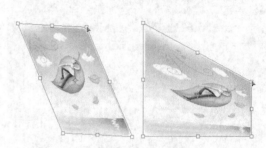

图 11-97　旋转图像　　　　　　　　　　　图 11-98　斜切变换图像

4. 扭曲图像

选择菜单命令【编辑】/【变换】/【扭曲】，或按住 Ctrl 键调整变换框的调节点，可以对图像进行扭曲变形，如图 11-99 所示。

5. 透视图像

选择菜单命令【编辑】/【变换】/【透视】，或按住 Ctrl+Alt+Shift 组合键调整变换框的调节点，可以使图像产生透视变形效果，如图 11-100 所示。

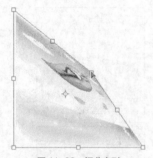

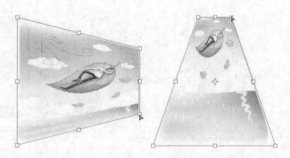

图 11-99　扭曲变形　　　　　　　　　　　图 11-100　透视变形

6. 变形图像

选择菜单命令【编辑】/【变换】/【变形】，或激活属性栏中的【在自由变换和变形模式之间切换】按钮，变换框将转换为变形框，通过调整变形框 4 个角上的调节点的位置以及控制柄的长度和方向，可以使图像产生各种变形效果，如图 11-101 所示。

在属性栏中单击【变形】右侧的【自定】下拉列表，选择一种变形样式，还可以使图像产生各种相应的变形效果。

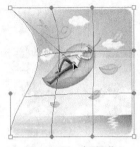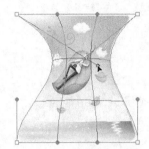

图 11-101　变形图像

11.9　习题

1. 简要说明常用图像显示控制工具的种类和用途。
2. 简要说明常用图像裁剪工具的种类和用途。
3. 可以使用哪些工具进行图像抠图，各有何特点？
4. 如何在当前文件中移动图像？
5. 简要说明斜切图像的基本方法。

Chapter

12

第 12 章
图像调整与合成

调整图像颜色、利用图层以及蒙版合成图像是
Photoshop 最强大的功能，无论是平面设计还是网页美编
工作，都会遇到调整图像颜色及合成图像的问题。本章主
要针对这 3 方面内容来介绍相关的知识。

学习目标

- 学习利用各种图像颜色调整命令
  调整图像颜色。
- 学习各种修饰图像工具的应用。
- 学习和掌握【图形】面板、图层样
  式应用。
- 学习图像合成的方法和技巧。

12.1　图像色彩调整

在菜单【图像】/【调整】中包含 23 种调整图像颜色的命令，根据图像处理的需要。利用这些命令可以把图像调整成各种颜色效果。下面介绍几个常用的颜色调整命令。

图像色彩调整

12.1.1　【色阶】命令

【色阶】命令是图像处理时常用的调整色阶对比的命令。它通过调整图像中的暗调、中间调和高光区域的色阶分布情况来增强图像的色阶对比。选择菜单命令【图像】/【调整】/【色阶】，将弹出【色阶】对话框。

对于光线较暗的图像，用鼠标指针将右侧的白色滑块向左拖曳，可增大图像中高光区域的范围，使图像变亮，如图 12-1 所示。对于高亮度的图像，用鼠标指针将左侧的黑色滑块向右拖曳，可以增大图像中暗调的范围，使图像变暗。用鼠标指针将中间的灰色滑块向右拖曳，可以减少图像中的中间色调的范围，从而增大图像的对比度；同理，若将此滑块向左拖曳，可以增加中间色调的范围，从而减小图像的对比度。

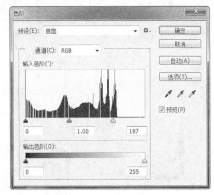

图 12-1　利用【色阶】命令调整图像对比度

12.1.2　【曲线】命令

利用【曲线】命令可以调整图像各个通道的明暗程度，从而更加精确地改变图像的颜色。选择菜单命令【图像】/【调整】/【曲线】，将弹出【曲线】对话框。

对于因曝光不足而色调偏暗的 RGB 颜色图像，可以将曲线调整至上凸的形态，使图像变亮，如图 12-2 所示。

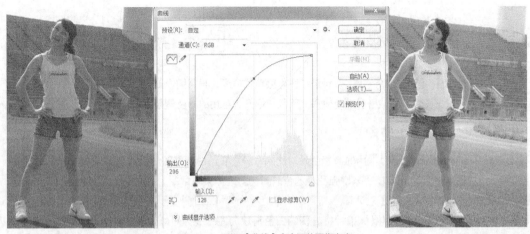

图 12-2 利用【曲线】命令调整图像亮度

对于因曝光过度而色调高亮的 RGB 颜色图像，可以将曲线调整至向下凹的形态，使图像的各色调区按比例减暗，从而使图像的色调变得更加饱和，如图 12-3 所示。

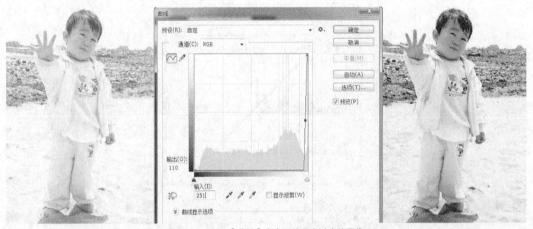

图 12-3 利用【曲线】命令调整曝光过度的图像

12.1.3 【色彩平衡】命令

【色彩平衡】命令是通过调整图像中各种颜色的混合量来改变整体色彩的。选择菜单命令【图像】/【调整】/【色彩平衡】，将弹出【色彩平衡】对话框。在【色彩平衡】对话框中调整滑块的位置，可以控制图像中互补颜色的混合量；下方的【色调平衡】选项用于选择需要调整的色调范围；选择【保持明度】选项，在调整图像色彩时可以保持画面亮度不变。

12.1.4 【亮度/对比度】命令

利用【亮度/对比度】命令可以增加偏灰图像的亮度和对比度。选择菜单命令【图像】/【调整】/【亮度/对比度】，将弹出【亮度/对比度】对话框。与【色阶】和【曲线】命令不同，【亮度/对比度】命令只能对图像的整体亮度和对比度进行调整，对单个颜色通道不起作用。图 12-4 所示为利用【亮度/对比度】命令调整的效果。

图 12-4　利用【亮度/对比度】命令调整图像对比度

12.1.5　【色相/饱和度】命令

利用【色相/饱和度】命令可以调整图像的色相、饱和度和亮度，它既可以作用于整个图像，也可以对指定的颜色单独调整。选择菜单命令【图像】/【调整】/【色相/饱和度】，将弹出【色相/饱和度】对话框，当选择【着色】复选项时，可以为图像重新上色，从而使图像产生单色调效果，如图 12-5 所示。

图 12-5　利用【色相/饱和度】命令调整的图像颜色

12.1.6　【照片滤镜】命令

【照片滤镜】命令类似于摄像机或照相机的滤色镜片，它可以对图像颜色进行过滤，使图像产生不同的滤色效果。选择菜单命令【图像】/【调整】/【照片滤镜】，将弹出【照片滤镜】对话框。图 12-6 所示为利用【照片滤镜】命令调整的效果。

图 12-6　利用【照片滤镜】命令调整的效果

12.2　图像修饰

利用修复图像工具可以轻松修复破损或有缺陷的图像。如果想去除照片中多余的区域或修补不完整的区域，利用相应的修复工具也可以轻松地完成。修饰工具是照片处理各种特效比较快捷的工具，包括模糊、锐化、减淡及加深处理等。

图像修饰

12.2.1　图章工具

图章工具包括【仿制图章】工具 和【图案图章】工具 。【仿制图章】工具的功能是复制和修复图像，它通过在图像中按照设定的取样点来覆盖原图像或应用到其他图像中来完成图像的复制操作。【图案图章】工具的功能是快速地复制图案，使用的图案素材可以从属性栏中的【图案】面板中选择，也可以将自己喜欢的图像利用【编辑】/【定义图案】将其定义为图案后使用。下面介绍这两个工具的使用方法。

1.【仿制图章】工具

选择 工具，按住 Alt 键，用鼠标指针在图像中的取样点位置单击（鼠标单击处的位置为复制图像的取样点），然后松开 Alt 键，将鼠标指针移动到需要修复的图像位置，按住鼠标左键拖曳鼠标指针，即可对图像进行修复。如要在两个文件之间复制图像，两个图像文件的颜色模式必须相同，否则将不能执行复制操作。修复去除图像中电线的前后对比效果如图 12-7 所示。

图 12-7　去除图像中电线的前后对比效果

2.【图案图章】工具

选择 工具后，在属性栏中根据需要设置相应的选项和参数，在图像中拖曳鼠标指针即可复制图案。如果想复制自定义图案，在准备的图像素材中利用【矩形选框】工具绘制要作为图案的选区，再选择菜单命令【编辑】/【定义图案】，即可把图像定义为图案，然后就可以利用该工具复制图案了。图 12-8 所示为使用此工具复制的图案效果。

图 12-8　复制的图案效果

12.2.2　修复工具

修复工具包括【污点修复画笔】工具 、【修复画笔】工具 、【修补】工具 和【红眼】工具 ，这 4 种工具都可用来修复有缺陷的图像。

1.【污点修复画笔】工具

利用【污点修复画笔】工具 可以快速去除照片中的污点，尤其是对人物面部的疤痕、雀斑等小面积范围内的缺陷修复最为有效，其修复原理是在所修饰图像位置的周围自动取样，然后将其与所修复位置的图像融合，最终得到理想的颜色匹配效果。其使用方法非常简单，选择 工具，在属性栏中设置合适的画笔大小和选项后，在图像的污点位置单击一下即可去除污点。图 12-9 所示为图像去除红痘前后的对比效果。

图 12-9　去除红痘前后的对比效果

2.【修复画笔】工具

【修复画笔】工具 与【污点修复画笔】工具 的修复原理基本相似，都是将目标位置没有缺陷的图像与被修复位置的图像进行融合后得到理想的匹配效果。但使用【修复画笔】工具 时需要先设置取样点，即按住 Alt 键，用鼠标指针在取样点位置单击（鼠标指针单击处的位置为复制图像的取样点），松开 Alt 键，然后在需要修复的图像位置按住鼠标左键拖曳鼠标指针，即可对图像中的缺陷进行修复，并使修复后的图像与取样点位置图像的纹理、光照、阴影和透明度相匹配，从而使修复后的图像不留痕迹地融入图像中，此工具对于较大面积的图像缺陷修复也非常有效。利用此工具去除图像上面的日期前后的对比效果如图 12-10 所示。

图 12-10　去除图像上面的日期前后的对比效果

3.【修补】工具

利用【修补】工具 可以用图像中相似的区域或图案来修复有缺陷的部位或制作合成效果，与【修复画笔】工具 一样，【修补】工具会将设定的样本纹理、光照和阴影与被修复图像区域进行混合后得到理想的效果。利用此工具去除照片中多余人物的前后对比效果如图 12-11 所示。

图 12-11　去除照片中多余人物的前后对比效果

4.【红眼】工具

在夜晚或光线较暗的房间里拍摄人物照片时，由于视网膜的反光作用，往往会出现红眼效果。利用【红眼】工具可以迅速地修复这种红眼效果。其使用方法非常简单，选择工具，在属性栏中设置合适的【瞳孔大小】和【变暗量】选项后，在人物的红眼位置单击一下即可校正红眼。图 12-12 所示为去除红眼前后的对比效果。

图 12-12　去除红眼前后的对比效果

12.3 图层

图层是 Photoshop 中非常重要的内容，几乎所有图像的合成操作及图形的绘制都离不开图层的应用。本节将介绍有关图层的知识，其中包括图层的概念、图层面板、图层类型、图层样式、图层的基本操作及应用技巧等。

图层

12.3.1　图层概念

图层就像一张透明的纸，透过图层透明区域可以清晰地看到下面图层中的图像。下面以一个简单的比喻来具体说明，这样对读者深入理解图层的概念会有帮助。例如要在纸上绘制一幅儿童画，首先绘制出背景（这个背景是不透明的）；然后在纸的上方添加一张完全透明的纸绘制草地；绘制完成后，在纸的上方再添加一张完全透明的纸绘制其余图形……以此类推，在绘制儿童画的每一部分之前，都要在纸的上方添加一张完全透明的纸，然后在添加的透明纸上绘制新的图形。绘制完成后，通过纸的透明区域可以看到下面的图形，从而得到一幅完整的作品。在这个绘制过程中，添加的每一张纸就是一个图层。图层原理说明图如图 12-13 所示。

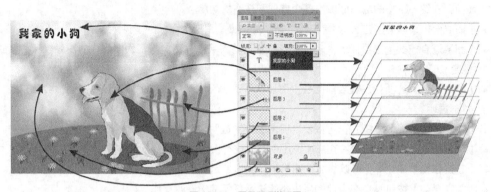

图 12-13　图层原理说明图

上面介绍了图层的概念，那么在绘制图形时为什么要建立图层呢？仍以上面的例子来说明。如果在一张纸上绘制儿童画，当全部绘制完成后，突然发现草地效果不太合适。这时候只能选择重新绘制这幅作品，因为对在一张纸上绘制的画面进行修改非常麻烦。而如果是分层绘制的，遇到这种情况就不必重新绘制了，只需找到绘制草地的透明纸（图层），将其删除，然后重新添加一张新纸（图层），绘制合适的草地放到刚才删除的纸（图层）的位置即可，这样可以大大节省绘图时间。另外，图层除了具有易修改的优点外，还可以在一个图层中随意拖动、复制和粘贴图形，并能对图层中的图形制作各种特效，而这些操作都不会影响其他图层中的图形。

12.3.2　图层面板

【图层】面板主要用来管理图像文件中的图层、图层组和图层效果，方便图像处理操作以及显示或隐藏当前文件中的图像，还可以进行图像不透明度、模式设置以及图层创建、锁定、复制、删除等操作。灵活掌握好【图层】面板的使用可以使设计者对图像的合成一目了然，并非常容易地来编辑和修改图像。

打开素材文件"素材\第 12 章\图层面板说明图.psd"，其画面效果及【图层】面板如图 12-14 所示。

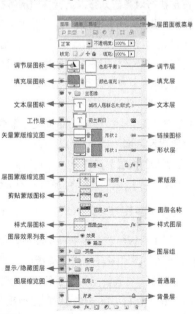

图 12-14　图层面板说明图

下面简要介绍一下【图层】面板中各个选项和按钮的功能。

- 【图层面板菜单】按钮 ：单击此按钮，可弹出【图层】面板的下拉菜单。
- 【图层混合模式】选项 正常 ：设置当前图层中的图像与下面图层中的图像以何种模式进行混合。
- 【不透明度】选项：设置当前图层中图像的不透明程度。数值越小，图像越透明；数值越大，图像越不透明。
- 【锁定透明像素】按钮 ：可以使当前图层中的透明区域保持透明。
- 【锁定图像像素】按钮 ：在当前图层中不能进行图形绘制以及其他命令操作。
- 【锁定位置】按钮 ：可以将当前图层中的图像锁定不被移动。
- 【锁定全部】按钮 ：在当前图层中不能进行任何编辑修改操作。
- 【填充】选项：设置图层中图形填充颜色的不透明度。
- 【显示/隐藏图层】图标 ：表示此图层处于可见状态。如果单击此图标，图标中的眼睛被隐藏，表示此图层处于不可见状态。
- 图层缩览图：用于显示本图层的缩略图，它随着该图层中图像的变化而随时更新，以便用户在进行图像处理时参考。
- 图层名称：显示各图层的名称。
- 图层组：图层组是图层的组合，它的作用相当于 Windows 系统管理器中的文件夹，主要用于组织和管理图层。移动或复制图层，图层组中的内容可以同时被移动或复制。单击面板底部的 按钮或选择菜单命令【图层】/【新建】/【图层组】，即可在【图层】面板中创建序列图层组。
- 【剪贴蒙版】图标 ：选择菜单命令【图层】/【创建剪贴蒙版】，当前图层将与下面的图层相结合建立剪贴蒙版，当前图层的前面出现剪贴蒙版图标，其下的图层即为剪贴蒙版图层。

在【图层】面板底部有 7 个按钮，其功能介绍如下。

- 【链接图层】按钮 ：通过链接两个或多个图层，可以一起移动链接图层中的内容，也可以对链接图层执行对齐与分布以及合并图层等操作。
- 【添加图层样式】按钮 ：可以对当前图层中的图像添加各种样式效果。
- 【添加图层蒙版】按钮 ：可以给图层添加蒙版。如果先在图像中创建适当的选区，再单击此按钮，可以根据选区范围在当前图层上建图层蒙版。
- 【创建新的填充或调整图层】按钮 ：可在当前图层上添加一个调整图层，对当前图层下边的图层进行色调、明暗等颜色效果调整。
- 【创建新图层】按钮 ：可以在【图层】面板中创建一个新的序列。序列类似于文件夹，以便图层的管理和查询。
- 【创建新的图层】按钮 ：可在当前图层上创建新图层。
- 【删除图层】按钮 ：可将当前图层删除。

12.3.3 图层类型

在【图层】面板中包含多种图层类型，每种类型的图层都有不同的功能和用途，利用不同的类型可以创建不同的效果，它们在【图层】面板中的显示状态也不同。下面介绍常用图层类型的功能。

- 背景图层：背景图层相当于绘画中最下方不透明的纸。在 Photoshop 中，一个图像文件中只有一个背景图层，它可以与普通图层进行相互转换，但无法交换堆叠次序。如果当前图层为背景图层，选择菜单命令【图层】/【新建】/【背景图层】，或在【图层】面板的背景图层上双击鼠标左键，便可以将背景图层转换为普通图层。

- 普通图层：普通图层相当于一张完全透明的纸，是 Photoshop 中最基本的图层类型。单击【图层】面板底部的 按钮，或选择菜单命令【图层】/【新建】/【图层】，即可在【图层】面板中新建一个普通图层。

- 填充图层和调整图层：用来控制图像颜色、色调、亮度及饱和度等的辅助图层。单击【图层】面板底部的 按钮，在弹出的下拉列表中选择任意一个选项，即可创建填充或调整图层。

- 效果图层：【图层】面板中的图层应用图层效果（如阴影、投影、发光、斜面和浮雕以及描边等）后，右侧会出现一个 fx（效果层）图标，此时，这一图层就是效果图层。注意，背景图层不能转换为效果图层。单击【图层】面板底部的 按钮，在弹出的下拉列表中选择任意一个选项，即可创建效果图层。

- 形状图层：使用工具箱中的矢量图形工具在文件中创建图形后，【图层】面板会自动生成形状图层。当选择菜单命令【图层】/【栅格化】/【形状】后，形状图层将被转换为普通图层。

- 蒙版图层：在图像中，图层蒙版中颜色的变化使其所在图层的相应位置产生透明效果。其中，该图层中与蒙版的白色部分相对应的图像不产生透明效果，与蒙版的黑色部分相对应的图像完全透明，与蒙版的灰色部分相对应的图像根据其灰度产生相应程度的透明。

- 文本图层：在文件中创建文字后，【图层】面板会自动生成文本图层，其缩览图显示为 T 图标。当对输入的文字进行变形后，文本图层将显示为变形文本图层，其缩览图显示为 图标。

12.3.4　图层操作

在图像处理过程中，任何操作都是基于图层进行的，通过对图层添加图层样式、设置混合模式等可以制作出丰富多彩的图像效果。本节将介绍图层的基本操作命令。

1．新建图层

新建图层的方法有如下两种。

- 选择菜单命令【图层】/【新建】。
- 单击【图层】面板底部的 按钮。

2．复制图层

复制图层的方法有如下 3 种。

- 选择菜单命令【图层】/【复制图层】，可以复制当前选择的图层。
- 在【图层】面板中将鼠标指针放置在要复制的图层上，按下鼠标左键并向下拖曳鼠标指针至 按钮上释放，也可将图层复制并生成一个"副本"层。
- 按 Ctrl+J 组合键可快速复制当前图层。

3．删除图层

删除图层的方法有如下 3 种。

- 选择菜单命令【图层】/【删除】/【图层】，可以将当前选择的图层删除。
- 拖曳要删除的图层至 按钮上或选择图层后单击 按钮，可将图层删除。
- 如果选取 工具并直接按 Delete 键，可以快速地把工作层删除。

4．图层的堆叠顺序

图层的叠放顺序对作品的效果有着直接的影响，因此，在作品绘制过程中，必须准确调整各图层在画面中的叠放顺序，其调整方法有如下两种。

- 菜单法：选择菜单命令【图层】/【排列】，将弹出【排列】子菜单。执行其中的相应命令，可以调整图层的位置。
- 手动法：在【图层】面板中要调整叠放顺序的图层上按下鼠标左键，然后向上或向下拖曳鼠标指针，此时【图层】面板中会有一线框跟随鼠标指针移动，当线框调整至要移动的位置后释放鼠标左键，当前图层即会调整至释放鼠标左键的图层位置。

5. 对齐和分布图层

使用图层的对齐和分布命令，可以以当前工作图层中的图像为依据，对【图层】面板中所有与当前工作图层同时选取或链接的图层进行对齐与分布操作。

- 图层的对齐：当【图层】面板中至少有两个同时被选取或链接的图层且背景图层不处于链接状态时，图层的对齐命令才可用。选择菜单命令【图层】/【对齐】，在弹出的子菜单中执行相应的命令，可以将图层中的图像对齐。
- 图层的分布：在【图层】面板中至少有 3 个同时被选取或链接的图层且背景图层不处于链接状态时，图层的分布命令才可用。选择菜单命令【图层】/【分布链接图层】，在弹出的子菜单中执行相应的命令，可以将图层中的图像分布。

6. 链接图层

在【图层】面板中选择要链接的多个图层，然后选择菜单命令【图层】/【链接图层】，或单击面板底部的 按钮，可以将选择的图层创建为链接图层，每个链接图层右侧都显示一个 图标。此时若用【移动】工具移动或变换图像，就可以对所有链接图层中的图像一起调整。

在【图层】面板中选择一个链接图层，然后选择菜单命令【图层】/【选择链接图层】，可以将所有与之链接的图层全部选择；再选择菜单命令【图层】/【取消图层链接】或单击【图层】面板底部的 按钮，可以解除它们的链接关系。

7. 合并图层

在存储图像文件时，图层太多将会增加图像文件所占的磁盘空间，所以当图形绘制完成后，可以将一些不必单独存在的图层合并，以减少图像文件的大小。合并图层的常用命令有【向下合并】、【合并可见图层】和【拼合图像】，各命令的功能介绍如下。

- 选择菜单命令【图层】/【向下合并】，可以将当前工作图层与其下面的图层合并。在【图层】面板中，如果有与当前图层链接的图层，此命令将显示为【合并链接图层】，执行此命令可以将所有链接的图层合并到当前工作图层中。如果当前图层是序列图层，执行此命令可以将当前序列中的所有图层合并。
- 选择菜单命令【图层】/【合并可见图层】，可以将【图层】面板中所有的可见图层合并，并生成背景图层。
- 选择菜单命令【图层】/【拼合图像】，可以将【图层】面板中的所有图层拼合，拼合后的图层生成为背景图层。

8. 栅格化图层

对于包含矢量数据和生成的数据图层，如文字图层、形状图层、矢量蒙版及填充图层等，不能使用绘画工具或滤镜命令等直接在这种类型的图层中进行编辑操作，只有将其栅格化才能使用。对于栅格化命令，操作方法有如下两种。

- 在【图层】面板中选择要栅格化的图层，然后选择菜单命令【图层】/【栅格化】中的任一命令，或在此图层上单击鼠标右键，在弹出的快捷菜单中选取相应的【栅格化】命令，即可将选择的图层栅格化，转换为普通图层。
- 选择菜单命令【图层】/【栅格化】/【所有图层】，可将【图层】面板中所有包含矢量数据或生成数据的图层栅格化。

12.4　图层样式

Photoshop 中提供了多种图层样式，利用这些样式可以给图形或图像添加类似投影、发光、渐变颜色及描边等各种类型的效果，利用图层样式尤其是在网页按钮的制作中更能发挥出其强大的功能。下面分别介绍图层样式面板及其在网页按钮制作中的使用方法。

图层样式

12.4.1　图层样式

选择菜单命令【图层】/【图层样式】/【混合选项】，弹出【图层样式】对话框，如图 12-15 所示。利用该对话框可以为图层添加投影、内阴影、外发光、内发光、斜面和浮雕等多种效果。

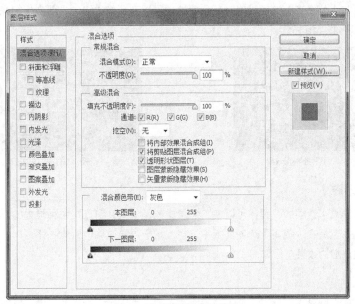

图 12-15　【图层样式】对话框

【图层样式】对话框的左侧是【样式】选项区，用于选择要添加的样式类型；右侧是参数设置区，用于设置各种样式的参数及选项。

1.【投影】

通过【投影】选项的设置，可以为工作层中的图像添加投影效果，并可以在右侧的参数设置区中设置投影的颜色、与下层图像的混合模式、不透明度、是否使用全局光、光线的投射角度、投影与图像的距离、投影的扩散程度及投影大小等，并可以设置投影的等高线样式和杂色数量。利用此选项添加的效果对比如图 12-16 所示。

2.【内阴影】

通过【内阴影】选项的设置，可以在工作层中的图像边缘向内添加阴影，从而使图像产生凹陷效果。在右侧的参数设置区中可以设置阴影的颜色、混合模式、不透明度、光源照射的角度、阴影的距离和大小等参数。利用此选项添加的效果对比如图 12-17 所示。

图 12-16　投影效果

图 12-17　内阴影效果

3.【外发光】

通过【外发光】选项的设置可以在工作层中图像的外边缘添加发光效果。在右侧的参数设置区中可以设置外发光的混合模式、不透明度、添加的杂色数量、发光颜色（或渐变色）、外发光的扩展程度、大小和品质等参数。利用此选项添加的效果对比如图 12-18 所示。

4.【内发光】

此选项的功能与【外发光】选项相似，只是此选项可以在图像边缘的内部产生发光效果，利用此选项添加的效果对比如图 12-19 所示。

图 12-18　外发光效果

图 12-19　内发光效果

5.【斜面和浮雕】

通过【斜面和浮雕】选项的设置，可以使工作层中的图像或文字产生各种样式的斜面浮雕效果。同时选择【纹理】选项，然后在【图案】选项面板中选择应用于浮雕效果的图案，还可以使图形产生各种纹理效果。利用此选项添加的效果对比如图 12-20 所示。

6.【光泽】

通过【光泽】选项的设置，可以根据工作层中图像的形状应用各种光影效果，从而使图像产生平滑过渡的光泽效果。选择此项后，可以在右侧的参数设置区中设置光泽的颜色、混合模式、不透明度、光线角度、距离和大小等参数。利用此选项添加的效果对比如图 12-21 所示。

图 12-20　斜面和浮雕效果

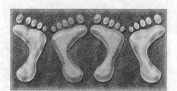

图 12-21　光泽效果

7.【颜色叠加】

【颜色叠加】样式可以在工作层上方覆盖一种颜色，并通过设置不同的颜色、混合模式和不透明度使图像产生类似于纯色填充层的特殊效果，效果对比如图 12-22 所示。

8.【渐变叠加】

【渐变叠加】样式可以在工作层的上方覆盖一种渐变叠加颜色，使图像产生渐变填充层的效果，效果对比如图 12-23 所示。

图 12-22　颜色叠加效果

图 12-23　渐变叠加效果

9.【图案叠加】

【图案叠加】样式可以在工作层的上方覆盖不同的图案效果，从而使工作层中的图像产生图案填充层的特殊效果，效果对比如图 12-24 所示。

10.【描边】

通过【描边】选项的设置，可以为工作层中的内容添加描边效果，描绘的边缘可以是一种颜色、渐变色或图案，效果对比如图 12-25 所示。

图 12-24　图案叠加效果

图 12-25　描边效果

12.4.2　制作网页按钮

网页中各页面之间的链接都是通过单击按钮来实现的。下面利用【图层样式】命令来学习简单的圆形按钮的制作。

STEP 1　按 Ctrl+O 组合键，打开素材文件"素材\第 12 章\蓝布.jpg"。

STEP 2　在【图层】面板中单击 按钮新建"图层 1"，将工具箱中的前景色设置为白色，选取【椭圆】工具 ，激活属性栏中的 形状 按钮，按住 Shift 键绘制一个白色的圆形，如图 12-26 所示。

STEP 3　选择菜单命令【图层】/【图层样式】/【投影】，弹出【图层样式】对话框，设置【投影】颜色为黑色，其他选项及参数如图 12-27 所示。

STEP 4　在【图层样式】对话框中单击【等高线】右侧的 按钮，弹出【等高线编辑器】对话框，将对话框中的直线调整至图 12-28 所示的形态，然后单击 确定 按钮。

STEP 5　选择【内发光】选项，设置其他选项和参数如图 12-29 所示。

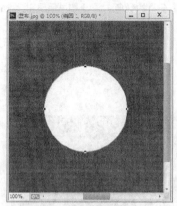

图 12-26　绘制的圆形

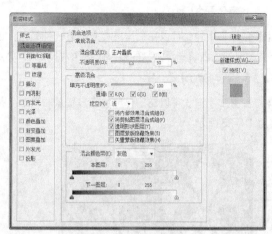

图 12-27　【图层样式】对话框

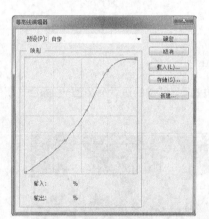

图 12-28　【等高线编辑器】对话框

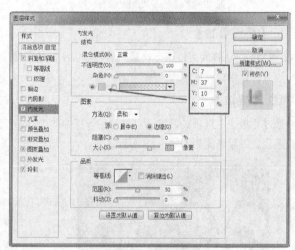

图 12-29　【内发光】选项设置

STEP 6 在【图层样式】对话框中再分别设置其他选项和参数如图 12-30 所示。

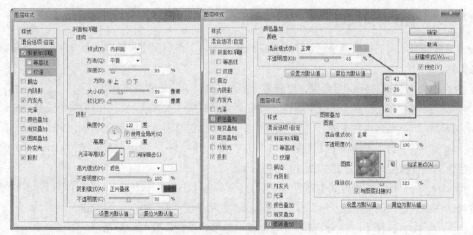

图 12-30　【图层样式】对话框

STEP **7** 单击 确定 按钮，添加图层样式后的图形效果如图 12-31 所示。

STEP **8** 在【图层】面板中复制"图层 1"为"图层 1 副本"，然后将复制的图形水平向右移动位置。

STEP **9** 在【图层】面板中"图层 1 副本"层下方的"内发光"样式层上双击鼠标左键，在弹出的【图层样式】对话框中将【内发光】的颜色设置为浅绿色(C:44,M:6,Y:36,K:0)。

STEP **10** 在【图层样式】对话框左侧的列表框中选择【颜色叠加】选项，在右侧的列表框中将其颜色设置为黄色(C:8,M:0 Y:50 K:0)，其他选项及参数保持不变，然后单击 确定 按钮，修改图层样式后的图形效果如图 12-32 所示。

图 12-31　添加图层样式后的形效果

图 12-32　修改图层样式后的图形效果

STEP **11** 在【图层】面板中复制"图层 1 副本"为"图层 1 副本 2"，使用相同的颜色修改方法，修改按钮的颜色为紫红色，如图 12-33 所示。

STEP **12** 利用 T 工具分别在按钮中输入如图 12-34 所示的文字，在【图层】面板中将文字层的【不透明度】参数设置为"70%"。

图 12-33　修改颜色后的效果

图 12-34　输入的文字

STEP **13** 选取 工具，激活属性栏中的 形状 按钮，单击【形状】下拉列表右侧的 按钮，在弹出的【形状】选项面板中单击右上角的 按钮，在弹出的下拉菜单中选择【全部】命令，然后在弹出的【Adobe Photoshop】提示对话框中单击 确定 按钮。

STEP **14** 在【形状】面板中选择图 12-35 所示的箭头形状，新建"图层 3"，绘制出图 12-36 所示的箭头形状。

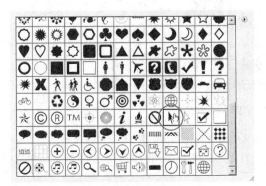

图 12-35　【形状】面板

图 12-36　绘制的箭头

STEP 15 选择菜单命令【图层】/【图层样式】/【混合选项】，分别设置【投影】和【描边】图层样式，然后单击 确定 按钮，制作完成的按钮效果如图 12-37 所示。

图 12-37　制作完成的按钮效果

STEP 16 按 Ctrl+S 组合键将此文件命名为"按钮.psd"后保存。

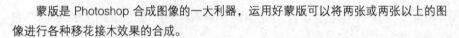

12.5　图像合成

Photoshop 具有强大的图像合成功能，本节将通过 3 个简单的实例介绍 Photoshop 的合成技术。

图像合成

12.5.1　利用蒙版合成图像

蒙版是 Photoshop 合成图像的一大利器，运用好蒙版可以将两张或两张以上的图像进行各种移花接木效果的合成。

STEP 1 打开素材文件"素材\第 12 章\照片 10.jpg"、"照片 11.jpg"和"相册.psd"。

STEP 2 将"照片 10.jpg"和"照片 11.jpg"图片移动复制到"相册.psd"文件中，如图 12-38 所示。

图 12-38　图像复制到"相册.psd"文件中

STEP 3 按住 Ctrl 键，单击"图层 2"的图层缩览图载入选区，如图 12-39 所示。

STEP 4 选择菜单命令【图层】/【图层蒙版】/【显示选区】，为"图层 5"添加蒙版，如图 12-40 所示。

STEP 5 单击"图层 5"图层缩览图与蒙版之间的 图标，将蒙版与图层的链接解除。

图 12-39　载入选区状态

图 12-40　添加的蒙版

STEP 6 单击"图层 5"的图层缩览图，将其设置为工作状态，选择菜单命令【编辑】/【自由变换】，将图片按照蒙版区域稍微缩小一下，如图 12-41 所示。

图 12-41　缩小图片状态

STEP 7 按 Enter 键，确定大小调整，然后将"图层 4"设置为工作层。

STEP 8 按住 Ctrl 键，单击"图层 1"的图层缩览图载入选区。

STEP 9 选择菜单命令【图层】/【图层蒙版】/【显示选区】，为"图层 4"添加蒙版，得到如图 12-42 所示的效果。

图 12-42　添加蒙版后的效果

STEP 10 在【图层】面板中，将"图层 3"拖曳到顶层，然后将"图层 1"和"图层 2"删除。

STEP 11 将"图层 5"设置为工作层，选择菜单命令【图层】/【图层样式】/【描边】，在弹出的【图层样式】对话框中设置【大小】参数为"7"、【颜色】为白色，然后单击 确定 按钮，最终描边后的图片效果如图 12-43 所示。

图 12-43　描边后的图片效果

STEP 12　按 Shift+Ctrl+S 组合键，将此文件命名为"蒙版合成图像.psd"后保存。

12.5.2　无缝拼接全景风景画

摄影爱好者面对美好的风景而没有一个长镜头的话，就很难拍下全景风景，如果能掌握 Photoshop 中的【文件】/【自动】/【Photomerge】命令的应用，就可以分块来拍摄美好的风景，然后再利用【Photomerge】命令将多幅照片合并到一起，得到无缝拼合的全景风景画。

下面介绍利用该命令拼合全景风景画的方法。

STEP 1　打开素材文件"素材\第 12 章\八大关_01.jpg"～"八大关_05.jpg"。

STEP 2　选择菜单命令【文件】/【自动】/【Photomerge】，弹出【Photomerge】对话框，单击 添加打开的文件(F) 按钮，将打开的图片添加至对话框中，如图 12-44 所示。

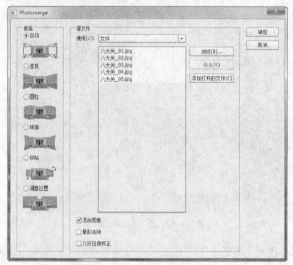

图 12-44　【Photomerge】对话框

要点提示

单击 添加打开的文件(F) 按钮后，系统会将当前打开的所有"*.JPG"格式的图片都加入，如果有不需要的图片文件，可选中图片文件名称，然后单击 移去(R) 按钮将其移除。

STEP 3 单击 确定 按钮，稍等片刻，系统将按照照片的景物状况自动合成，合成后的效果如图 12-45 所示。

图 12-45 合成后的效果

STEP 4 利用 工具将画面裁剪一下，得到如图 12-46 所示的效果。

图 12-46 裁剪后的画面

STEP 5 按 Ctrl+S 组合键，将此文件命名为"全景.jpg"后保存。

12.5.3 利用图层制作线纹效果

在网页中经常会看到一些很细的底纹线。这种线如果利用直线工具绘制将无法保持线的清晰度，如果利用图层特殊的中性色性质就可以做到。下面来学习其制作方法。

STEP 1 打开素材文件"素材\第 12 章\照片 06-7.jpg"，如图 12-47 所示。

利用图层制作线纹
效果

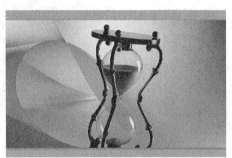

图 12-47 打开的图片

STEP 2 选择菜单命令【文件】/【新建】，在【新建】对话框中设置参数如图 12-48 所示，单击 确定 按钮新建文件。

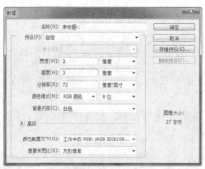

图 12-48 【新建】对话框

STEP 🖰3 按 Ctrl+0 组合键，将新建的小文件按照屏幕大小显示。

STEP 🖰4 按 D 键，将前景色设置为黑色，选择【铅笔】工具 ✐，设置主直径大小为 "1 px" 的笔头，然后在新建文件中绘制图 12-49 所示的黑色方点。

STEP 🖰5 选择菜单命令【编辑】/【定义图案】，在弹出的【图案名称】对话框中直接单击 确定 按钮，将黑色方点定义为图案，然后将 "未标题-1" 文件关闭。

STEP 🖰6 确认 "照片 06-7" 为工作文件，选择菜单命令【图层】/【新建】/【图层】，在弹出的【新建图层】对话框中设置选项，如图 12-50 所示，单击 确定 按钮，创建中性色图层。

图 12-49 绘制的黑色方点

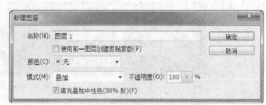

图 12-50 【新建图层】对话框

STEP 🖰7 选择菜单命令【编辑】/【填充】，弹出【填充】对话框，设置刚才定义的图案，如图 12-51 所示。

STEP 🖰8 单击 确定 按钮，在中性色图层中填充得到的线纹理效果如图 12-52 所示。

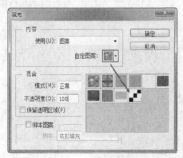

图 12-51 设置图案

图 12-52 填充的线效果

要点提示

填充纹理线后，读者所看到的效果可能不是线，这是显示问题，此时通过放大或缩小一下图像窗口的显示比例，就可看到线的效果。

STEP 9　单击【图层】面板下面的回按钮，为中性色图层添加蒙版。

STEP 10　选择✐工具，利用黑色就可以编辑蒙版控制中性色图层的作用范围，编辑后的效果如图 12-53 所示。

图 12-53　通过编辑蒙版后的线效果

STEP 11　按 Shift+Ctrl+S 组合键，将此文件命名为"线效果.psd"后保存。

12.6　习题

1. 图像色彩调整主要有哪些基本方法？
2. 简要说明图章工具的用途与用法。
3. 什么是图层，主要有哪些基本类型？
4. 什么是图层样式，如何设置？
5. 简要总结图像合成的基本方法和步骤。

第 13 章
网站美工设计及后台修改

　　本章通过一个房地产项目的网站主页设计实例，介绍网站主页版面设计的流程和方法。在本章最后还安排了切片和存储网页图片的有关知识内容，其中包括切片的类型、创建切片、编辑切片和存储网页图片等操作方法。通过本章的学习，融合前面讲过的所有知识，可以充分熟练掌握 Photoshop 软件操作技巧，起到综合应用效果。

学习目标

- 学习网站主页设计。
- 学习和掌握利用切片工具优化图片的方法。
- 学习和掌握网页图片的存储方法。

13.1 网站主页版面设计

网页在开始制作并发布之前，如果先利用 Photoshop 设计出其版面结构，然后利用相关的网页制作软件上传并发布，那么就可以在保证网页美观漂亮的同时节省很多制作时间，更高质量地完成网页的设计。

13.1.1 设计主图像

本小节在 Photoshop CC 软件中将网页中用到的图片素材合成，先来设计网页中的主图像。

设计主图像

STEP 1 启动 Photoshop CC 软件，新建【宽度】为"38"厘米、【高度】为"16"厘米、【分辨率】为"120"像素/英寸、【颜色模式】为【RGB 颜色】、【背景内容】为"背景色（C:75,M:60,Y:65,K:15）"的空白文件。

STEP 2 单击控制面板中的 按钮，新建"图层 1"，利用 工具绘制矩形选区，然后利用 工具为选区自上向下填充由蓝色（C:58,M:18,Y:12）到白色的线性渐变色，如图 13-1 所示。

STEP 3 选择菜单命令【图层】/【图层样式】/【描边】，在【描边】面板中设置【位置】为【内部】、【大小】为"17px"，为矩形选区描绘白色边缘，效果如图 13-2 所示。

STEP 4 打开素材文件"素材\第 13 章\天空.jpg"，将其移动复制到新建的文件中，并调整至如图 13-3 所示的大小及位置。

STEP 5 将"图层 2"的【图层混合模式】设置为【滤色】，然后选择菜单命令【图层】/【创建剪贴蒙版】，将天空图片与下方的矩形制作为蒙版图层，效果如图 13-4 所示。

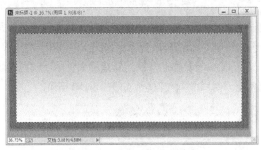

图 13-1 填充渐变色效果

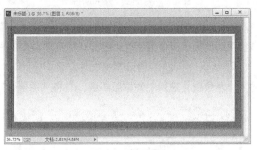

图 13-2 描边效果

图 13-3 复制到文件中的天空图片

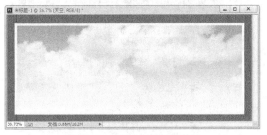

图 13-4 执行混合模式后的效果

STEP 6 打开素材文件"素材\第 13 章\草地.jpg"，将草地选择后移动复制到新建的文件中，并调整至如图 13-5 所示的大小及位置。

STEP 7 选择菜单命令【图层】/【创建剪贴蒙版】，将草地图片与下方的矩形制作为蒙版图层，效果如图 13-6 所示。

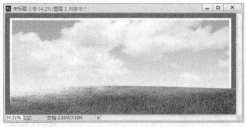

图 13-5 复制到文件中的草地

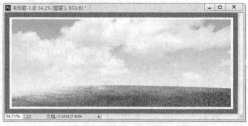

图 13-6 创建剪贴蒙版后的效果

STEP 8 打开素材文件"素材\第 13 章\路面.psd"，将其移动复制到新建的文件中，并调整至如图 13-7 所示的大小及位置。

STEP 9 选择菜单命令【图层】/【创建剪贴蒙版】，将路面图片与下方的矩形制作为蒙版图层，然后在【图层】面板中单击 按钮，为其添加图层蒙版，并利用 工具在路面图像的边缘绘制黑色编辑蒙版，制作出如图 13-8 所示的效果。

图 13-7 复制到文件中的路面

图 13-8 编辑蒙版后的效果

STEP 10 打开素材文件"素材\第 13 章\房子与树.psd"，将其移动复制到新建的文件中后分别调整图像的大小及位置，然后依次选择菜单命令【图层】/【创建剪贴蒙版】，制作出如图 13-9 所示的效果。

STEP 11 打开素材文件"素材\第 13 章\风车.jpg"，将其移动复制到新建的文件中后调整图像的大小及位置，然后制作蒙版图层，并将"图层 8"调整至"图层 5"的下方，如图 13-10 所示。

图 13-9 复制到文件中的图片

图 13-10 复制到文件中的风车图片

STEP 12 为"图层 8"添加图层蒙版，并利用 工具在风车图像的边缘绘制黑色编辑蒙版，制作出如图 13-11 所示的效果。

STEP 13 打开素材文件"素材\第 13 章\向日葵.psd"，将其中的向日葵移动复制到新建的文件中后分别调整图像的大小及位置，然后将生成的两个图层调整至所有图层的上方。

STEP 14 将"向日葵"图像所在的"图层 9"设置为工作层，然后选择菜单命令【图层】/【创建剪贴蒙版】，制作出如图 13-12 所示的效果。

STEP **15** 打开素材文件"素材\第 13 章\向日葵.psd",将其中的叶子移动复制到新建的文件中后分别调整图像的大小及位置,将"叶子"图像所在的"图层 10"设置为工作层,然后选择菜单命令【图层】/【图层样式】/【投影】,为其添加投影效果,各选项参数设置及添加后的效果如图 13-13 所示。

图 13-11　编辑蒙版后的效果　　　　　　　图 13-12　创建剪贴蒙版后的效果

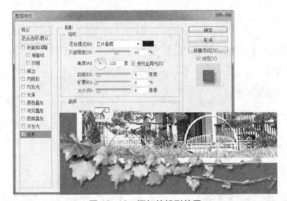

图 13-13　添加的投影效果

STEP **16** 利用 T 工具在画面上方的中间位置依次输入如图 13-14 所示的文字。至此,主图像合成完毕,整体效果如图 13-15 所示。

图 13-14　输入的文字

图 13-15　设计的主图像

下面将图层群组，以便于图层的管理。在设计比较大的作品时，要灵活运用此操作。

STEP 17 在【图层】面板中将除"背景"层外的其他图层同时选择，然后选择菜单命令【图层】/【新建】/【从图层建立组】，在弹出的【从图层新建组】对话框中将【名称】设置为"主图像"，然后单击 确定 按钮，将选择的图层建立为一个组。

STEP 18 按 Ctrl+S 组合键，将此文件命名为"主图像.psd"后保存。

13.1.2 设计网站背景

下面来设计网站的背景。

设计网站背景

STEP 1 启动 Photoshop CC，新建【宽度】为"1024"像素、【高度】为"1121"像素、【分辨率】为"72"像素/英寸、【颜色模式】为【RGB 颜色】、【背景内容】为"白色"的文件。

> **要点提示**
>
> 本例设计的作品最终要应用于网络，因此在设置页面的大小时，新建了【宽度】为"1024"像素（即全屏显示时的宽度）的文件，页面的【高度】可根据实际情况设置，本例设置的【高度】为"1121 像素"，原则上不要超过"768 像素"的 3 倍。

STEP 2 利用 工具为背景自上向下填充如图 13-16 所示的由黑色到深绿色（C:80,M:50,Y:100,K:20）的线性渐变色，然后选择 工具，设置合适的笔头大小后在画面的下方绘制绿色（C:65,M:25,Y:100,K:0），效果如图 13-17 所示。

图 13-16　填充渐变色效果

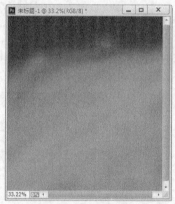

图 13-17　绘制的颜色

STEP 3 打开素材文件"素材\第 13 章\树叶.jpg"，将"树叶"图像选择后，移动复制到新建的文件中，并调整至如图 13-18 所示的大小。

STEP 4 利用 工具将下方的树叶选择，然后选择菜单命令【图层】/【新建】/【通过拷贝的图层】，将选区内的图像通过复制生成新的图层，然后将其移动到画面的右上角位置，如图 13-19 所示。

STEP 5 利用 工具结合菜单命令【图层】/【新建】/【通过拷贝的图层】、【编辑】/【自由变换】及移动复制操作，依次对树叶图像进行调整，最终效果如图 13-20 所示。

STEP 6 在【图层】面板中将除"背景"外的所有图层同时选择并合并，然后将合并后的图层命名为"图层 1"，再选择菜单命令【滤镜】/【模糊】/【高斯模糊】，在弹出的【高斯模糊】对话框中将【半径】的参数设置为"9"像素，然后单击 确定 按钮，效果如图 13-21 所示。

图 13-18　添加的树叶　　　　　　　　　　　　　　　图 13-19　复制的树叶

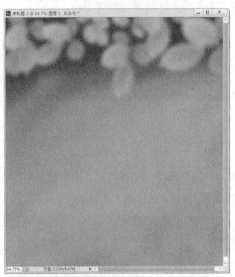

图 13-20　复制的树叶　　　　　　　　　　　　　　　图 13-21　模糊后的树叶

STEP 07　将"图层 1"的【不透明度】设置为"30%",完成背景的设计。

下面将前面设计的"主图像.psd"移动复制到新建的文件中,调整至如图 13-22 所示的位置。

图 13-22　主图像在版面中的位置

要点提示

由于新建的页面宽度为全屏显示的尺寸，但在实际情况下【宽度】的两边要留出 20px 左右的区域，以确保设计的内容能全部显示，因此，在调整主图像的大小之前，要先在页面中添加参考线。

13.1.3 设计页眉

下面来设计网站中的页眉。

STEP 1 接上例。新建图层，并命名为图层 2，然后利用 工具在画面的左上角绘制出如图 13-23 所示的图形并为其填充白色。

STEP 2 将白色图形的【不透明度】设置为"60%"，然后打开素材文件"素材\第 13 章\荷兰假日标志.psd"，并将其移动复制到新建的文件中，调整至合适的大小后放置到如图 13-24 所示的位置。

设计页眉

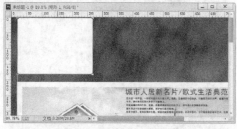

图 13-23 绘制的白色图形

图 13-24 添加的标志

STEP 3 利用 工具在新建的图层上绘制出如图 13-25 所示的白色线形，然后利用 工具对其下方进行擦除，效果如图 13-26 所示。

图 13-25 绘制白色线形

图 13-26 擦除线状态

STEP 4 用与步骤 3 相同的方法依次绘制出如图 13-27 所示的线形。

图 13-27 绘制线形

STEP 5 打开素材文件"素材\第 13 章\破碎的文字.psd"，将其移动复制到新建的文件中，锁定透明像素后为其填充白色。

STEP 6 将文字调整至合适的大小后放置到如图 13-28 所示的位置，然后将图层的【图层混合模式】设置为【叠加】，效果如图 13-29 所示。

图 13-28　添加的文字

图 13-29　设置图层混合模式后效果

STEP 7 利用 T 工具依次在 "破碎的文字" 上方输入如图 13-30 所示的黑色文字，然后将文字层的【图层混合模式】设置为【柔光】，【不透明度】设置为 "70%"。

STEP 8 打开素材文件 "素材\第 13 章\叶子.psd"，将其移动复制到新建的文件中，调整至合适的大小后放置到如图 13-31 所示的位置。

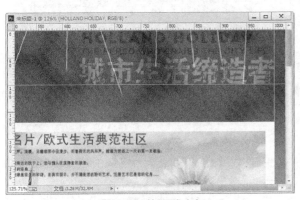

图 13-30　输入黑色文字

图 13-31　添加的叶子

STEP 9 选择菜单命令【图层】/【图层样式】/【投影】，为叶子图像添加默认参数设置的投影效果，然后依次复制图像，并制作出如图 13-32 所示的效果。

STEP 10 将除 "背景" 层、"图层 1" 层和 "主图像" 组外的所有图层同时选择，然后选择菜单命令【图层】/【新建】/【从图层建立组】，将选择的图层建立一个名称为 "页眉" 的组。

图 13-32　添加的投影

13.1.4　编排主要内容

下面来设计主页中的主要展示内容。

STEP 1 接上例。将 "图层 1" 设置为工作层，然后新建图层。

STEP 2 选择 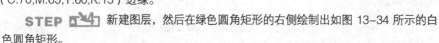 工具，并激活属性栏中的 [形状] 按钮，将【半径】参数设置为"15"像素，然后绘制出如图 13-33 所示的绿色（C:42,M:0,K:0,Y:96）圆角矩形。

STEP 3 选择菜单命令【图层】/【图层样式】/【描边】，在【描边】面板中将【位置】设置为【居中】、【大小】设置为"2"像素，为圆角矩形描绘深灰色（C:70,M:65,Y:60,K:15）边缘。

设计主要内容

STEP 4 新建图层，然后在绿色圆角矩形的右侧绘制出如图 13-34 所示的白色圆角矩形。

图 13-33　绘制的绿色图形

图 13-34　绘制的白色图形

STEP 5 利用【拷贝图层样式】和【粘贴图层样式】命令将绿色圆角矩形的描边样式复制到白色圆角矩形上，然后将白色图形的【不透明度】设置为"40%"。

STEP 6 打开素材文件"素材\第 13 章\人物.jpg"，将其移动复制到新建的文件中，调整大小后放置到绿色圆角矩形上，然后选择菜单命令【图层】/【图层样式】/【描边】，在【描边】面板中将【位置】设置为【内部】、【大小】设置为"2"像素，为其描绘白色边缘，如图 13-35 所示。

STEP 7 新建图层，利用 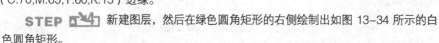 工具绘制出如图 13-36 所示的橘红色（C:5,M:50,Y:93,K:0）圆角矩形。

图 13-35　添加的图片

图 13-36　绘制圆角矩形

STEP 8 选择 工具，并激活属性栏中的 [形状:] 按钮，然后在【形状】下拉列表中选择如图 13-37 所示的箭头 → 形状。

STEP 9 确认前景色为白色，在如图 13-38 所示的位置绘制白色箭头图形，然后利用 工具将绘制的箭头图形选择。

STEP 10 利用【自由变换路径】命令将箭头图形调整至如图 13-39 所示的形态，然后按 Enter 键确认。

STEP 11 用移动复制操作将白色箭头图形向下移动复制，然后利用 T 工具在其右侧依次输入如图 13-40 所示的文字。

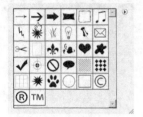

图 13-37　选取箭头

图 13-38　绘制的箭头

图 13-39　调整角度

STEP 12 用与步骤 7 ~ 11 相同的方法，在右侧的白色圆角矩形上依次绘制并输入如图 13-41 所示的图形及文字。

图 13-40　输入的文字

图 13-41　绘制的图形及输入的文字

STEP 13 新建图层，利用 工具绘制矩形，再进行移动复制操作依次复制出如图 13-42 所示的白色圆角矩形。在绘制矩形时，可先拉出标尺线，划分好区域大小，再绘制矩形。

STEP 14 打开素材文件"素材\第 13 章\素材 01.psd"，将"图层 4"中的图像移动复制到新建的文件中，并调整至如图 13-43 所示的大小及位置。

图 13-42　绘制的白色图形

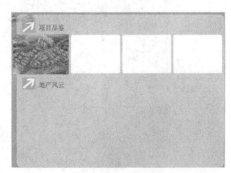

图 13-43　添加的图片

STEP 15 选择菜单命令【图层】/【创建剪贴蒙版】，效果如图 13-44 所示。

STEP 16 用与步骤 14～15 相同的方法，将"素材 01.psd"文件中其他 3 个图层中的图像移动复制到新建的文件中，制作出如图 13-45 所示的效果。

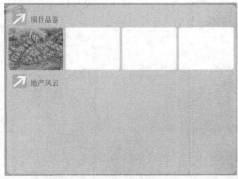

图 13-44　创建剪贴蒙版效果

图 13-45　添加的图片

STEP 17 利用【拷贝图层样式】和【粘贴图层样式】命令将人物图像上的描边样式复制到白色圆角矩形上，效果如图 13-46 所示。

STEP 18 用与步骤 13～17 相同的方法，制作出下排的图像，打开素材文件"素材\第 13 章\素材 02.psd"，效果如图 13-47 所示。

图 13-46　添加的描边效果

图 13-47　添加的图片

STEP 19 利用 T.工具在图像的上方依次输入如图 13-48 所示的文字。

图 13-48　输入的文字

STEP **20** 将除 "背景" 层、"图层 1" 层、"主图像" 组和 "页眉" 组外的所有图层同时选择，然后选择菜单命令【图层】/【新建】/【从图层建立组】，将选择的图层建立一个名称为 "内容" 的组。

设计按钮及页脚（1）设计按钮及页脚（2）

13.1.5　设计按钮及页脚

最后来设计主页中的按钮及页脚。

STEP **1** 接上例。新建图层，利用 ⊡ 工具绘制矩形选区，然后为其填充白色，如图 13-49 所示。

图 13-49　绘制的白色图形

STEP **2** 按 Ctrl+D 组合键取消对选区的选择，然后将白色图形的【不透明度】设置为 "20%"，效果如图 13-50 所示。

图 13-50　降低不透明度效果

STEP **3** 新建图层，利用 ⊡ 工具绘制出如图 13-51 所示的矩形并为其填充白色，然后利用 ☑ 工具在其右上角位置绘制选区，并按 Delete 键删除，效果如图 13-52 所示。

图 13-51　绘制的白色图形

图 13-52　删除后形态

STEP 14 继续利用 ☑ 工具绘制选区并按 Delete 键删除，效果如图 13-53 所示。再绘制出如图 13-54 所示的选区，将右侧的图像选择。

图 13-53 删除后形态

图 13-54 添加的选区

STEP 15 用移动复制操作依次向右移动复制图像，然后按 Ctrl+D 组合键取消对选区的选择，效果如图 13-55 所示。

图 13-55 复制出的图形

STEP 16 选择菜单命令【图层】/【图层样式】，为图形添加图层样式，各选项参数设置及生成的按钮效果如图 13-56 所示。

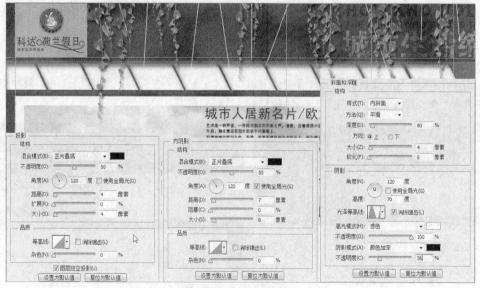
图 13-56 制作的按钮效果

STEP 7　利用 T 工具依次在按钮图形上输入如图 13-57 所示的黑色文字。

图 13-57　添加的文字

STEP 8　将按钮下方的白色矩形所在的层设置为工作层，然后为其添加投影样式，参数设置如图 13-58 所示。

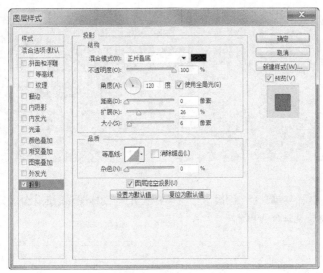

图 13-58　【图层样式】对话框

STEP 9　将添加投影样式后的图层复制为副本层，然后将其向下移动到如图 13-59 所示的位置。

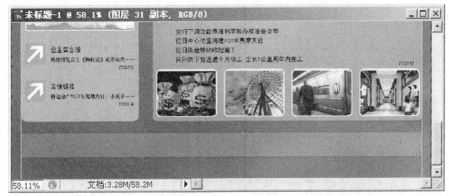

图 13-59　向下移动副本层

STEP **10** 新建图层，利用▢、▣和▽工具及移动复制操作依次绘制出如图 13-60 所示的黑色图形，然后将图层的【不透明度】设置为 "40%"。

图 13-60　绘制的图形

STEP **11** 打开素材文件 "素材\第 13 章\图标.psd"，然后将各图标图形移动复制到新建的文件中，调整至合适的大小后放置到如图 13-61 所示的位置。

图 13-61　添加的图形

STEP **12** 选择菜单命令【图层】/【图层样式】，为图标图形添加【外发光】和【渐变叠加】样式，各选项参数设置及添加后的效果如图 13-62 所示。

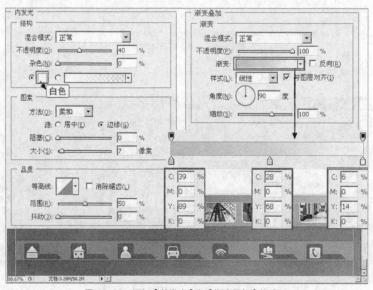

图 13-62　添加【外发光】和【渐变叠加】样式后

STEP 13　打开素材文件"素材\第 13 章\科达集团标志.psd",将其移动复制到新建的文件中,调整至合适的大小后放置到画面的左下角位置,然后利用工具 T 依次输入如图 13-63 所示的文字。

图 13-63　添加的标志及文字

STEP 14　将除"背景"层、"图层 1"层和各图层组外的其他图层同时选择,然后选择菜单命令【图层】/【新建】/【从图层建立组】,将选择的图层建立一个名称为"按钮"的组。

STEP 15　至此,网站设计完成,整体效果如图 13-64 所示。按 Ctrl+S 组合键将此文件命名为"网站主页.psd"后保存。

图 13-64　主页整体效果

13.2　图像切片

根据网站设计的要求,用于网页的图片与普通图片不同,网页图片要求在保证图片质量的前提下,要尽量减小图像文件的大小，从而减少图片在网页中打开显示的时间。

利用 Photoshop 提供的图像切片功能，可以把设计好的网页版面按照不同的功能划分为各个大小不同的矩形区域，当优化保存网页图片时，各个切片将作为独立的文件保存，这样进行优化过的图片，在网页上显示时可以提高图片的显示速度。本节将介绍有关切片的知识内容。

图像切片

13.2.1　切片的类型

图像的切片分为以下 3 种类型。

- 用户切片：用【切片】工具 创建的切片为用户切片，切片的四周以实线表示。
- 基于图层的切片：利用菜单命令【图层】/【新建基于图层的切片】创建的切片为基于图层的切片。
- 自动切片：在创建用户切片和基于图层的切片时，图像中剩余的区域将自动添加切片，称为自动切片，其四周以虚线表示。

13.2.2　创建切片

图像切片的创建方法有以下 3 种。

STEP 用切片工具创建切片

打开素材文件"素材\第 13 章\网站主页.psd"，在工具箱中选择【切片】工具，在画面中按下鼠标左键拖曳鼠标指针，释放鼠标左键后即可绘制出如图 13-65 所示的切片。

图 13-65　创建的切片

STEP 2　基于参考线创建切片

如果图像文件中按照切片的位置需要添加参考线，在工具箱中选择了 ✐ 工具后单击属性栏中的 基于参考线的切片 按钮，即可根据参考线添加切片，如图 13-66 所示。

图 13-66　创建的基于参考线的切片

STEP 3　基于图层创建切片

对于 PSD 格式分层的图像来说，可以根据图层来创建切片，创建的切片会包含图层中所有的图像内容，如果移动该图层或编辑其内容时，切片将自动跟随图层中的内容一起进行调整。在【图层】面板中选择需要创建切片的图层，如图 13-67 所示。选择菜单命令【图层】/【新建基于图层的切片】，即可完成切片的创建，如图 13-68 所示。

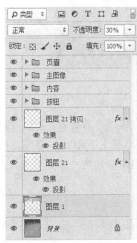

图 13-67　选择图层

图 13-68　创建的基于图层的切片

13.2.3 编辑切片

下面来介绍切片的各种编辑操作。

STEP 1 选择切片

选择【切片选择】工具，直接在自动切片区域单击，即可把切片选择。

STEP 2 调整切片

在被选择的切片四周会显示控制点，直接拖动控制点即可改变切片区域大小。

STEP 3 删除切片

直接按 Delete 键，即可把选择的切片删除，选择菜单命令【视图】/【清除切片】，可以删除图像中的所有切片。

STEP 4 划分切片

利用切片选择工具 先选择需要划分的切片，如图 13-69 所示，然后单击属性栏中的 划分... 按钮，在弹出的【划分切片】对话框中设置好划分切片的方式及个数，如图 13-70 所示，然后单击 确定 按钮即可得到如图 13-71 所示的划分切片。

图 13-69　选择切片

图 13-70　【划分切片】对话框

图 13-71　划分的切片

STEP 5 转换切片

由于自动切片和基于图层的切片会跟随着内容的变换而发生变换或自动更新，所以有时需要将自动切片和基于图层的切片转换为用户切片。转换方法为：选择【切片选择】工具，在切片区域内单击鼠标右键，在弹出的快捷菜单中选择【提升到用户切片】命令，即可将自动切片和基于图层的切片转换成用户切片。

STEP 6 查看编辑切片

选择【切片选择】工具，直接在切片内双击鼠标左键即可弹出如图 13-72 所示的【切片选项】对话框。

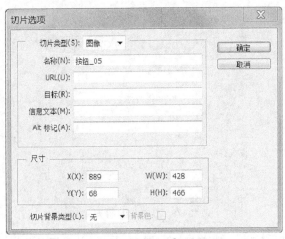

图 13-72　【切片选项】对话框

在【切片类型】下拉列表中一般选择【图像】选项，如果切片中包含有纯色的 HTML 文本，则应该设置【无图像】选项，这样优化输出后的切片不包含图像数据，可以提供更快的下载速度。在【尺寸】分组框中可以按照精确的数值来设置切片的大小。

STEP 7 隐藏、显示和清除切片

当图像文件中创建了切片后，选择菜单命令【视图】/【显示】/【切片】，可以把切片隐藏，再次执行该命令可以把切片显示。选择菜单命令【视图】/【清除切片】，可以把切片在图像文件中清除。

13.3 存储网页图片

存储网页图片

在 Photoshop 中用于存储为网页图片的方法有两种，一种是不保留添加到文件中的任何有关 Web 特性图片的普通存储，另一种是存储有关 Web 特性图片的优化存储。

13.3.1 存储为 JPG 格式图片

JPG 格式是一种图片存储质量较高且压缩量也较大的格式，把图片存储成该格式的操作方法如下。

STEP 1 选择菜单命令【文件】/【存储为】，在弹出的【另存为】对话框中设置【保存类型】为【JPEG（＊.JPG；＊.JPEG；＊.JPE）】。

STEP 2 设置存储图片的路径和名称后单击 保存(S) 按钮，弹出如图 13-73 所示的【JPEG 选项】对话框。

STEP 3 如果保存的图像文件是删除了"背景"层而包含有透明区域的图层，则在【杂边】下拉列表中可以设置用于填充图像透明图层区域的背景色。

STEP 4 【图像选项】分组框中的【品质】一般设置为【中】，这样可以在保证图片质量的前提下同时以较小的文件存储图片。

STEP 5 【格式选项】分组框中包含 3 个选项，可以根据情况进行选择设置。

- 【基线（"标准"）】：大多数 Web 浏览器都识别的格式。
- 【基线已优化】：图片以优化的颜色和较小的文件存储。

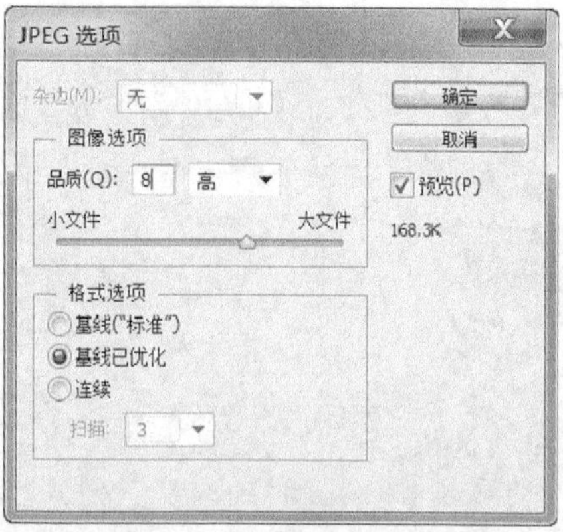

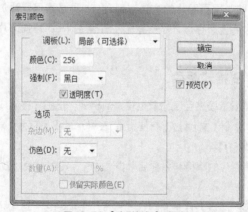

图 13-73 【JPEG 选项】对话框

- 【连续】：设置此选项并指定"扫描次数"，图片在网页上下载的过程中会显示一系列越来越详细的扫描。

STEP 6 所有选项都设置好后单击 [确定] 按钮，即可完成 JPG 格式图片的存储。

13.3.2 存储为 GIF 格式图片

GIF 格式是一种采用 8 位色压缩算法处理图像的图片格式，最多显示 256 色，可以保留图片透明背景，或者动画图片，把图片存储成该格式的操作方法如下。

STEP 1 选择菜单命令【文件】/【存储为】，在弹出的【另存为】对话框中设置【保存类型】为【CompuServe GIF（*.GIF）】。

STEP 2 设置存储图片的路径和名称后单击 [保存(S)] 按钮，弹出如图 13-74 所示的【索引颜色】对话框。

图 13-74 【索引颜色】对话框

STEP 3 在【调板】分组框中可以设置调板类型、颜色和强制等选项，如果没有特殊要求，一般按照默认选项进行设置。

STEP 4 如果保存的图像文件是删除了"背景"层而包含有透明区域的图层，在【杂边】下拉列表中可以设置用于填充图像透明图层区域的背景色。

STEP 5 单击 [确定] 按钮，弹出如图 13-75 所示的【GIF 选项】对话框，可以按照不同的要求进行设置。

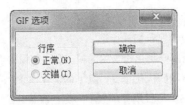

图 13-75　【GIF 选项】对话框

- 【正常】：选择此选项，图片在网页上下载完毕后才能在浏览器中显示图片。
- 【交错】：选择此选项，图片在网页上下载过程中浏览器上先显示低分辨率的图片，能提高下载时间，但会增大文件的大小。

STEP 6　单击 确定 按钮，即可完成 GIF 格式图片的存储。

13.3.3　优化存储网页图片

选择菜单命令【文件】/【存储为 Web 所用格式】，弹出如图 13-76 所示的对话框。

图 13-76　【存储为 Web 所用格式】对话框

- 查看优化效果：对话框左上角为查看优化图片的 4 个选项卡。单击【原稿】选项卡，显示的是图片未进行优化的原始效果；单击【优化】选项卡，显示的是图片优化后的效果；单击【双联】选项卡，可以同时显示图片的原稿和优化后的效果；点击【四联】选项卡，可以同时显示图片的原稿和 3 个版本的优化效果。

- 查看图像的工具：在对话框左侧有 6 个工具按钮，分别用于查看图像的不同部分、放大或缩小视图、选择切片、设置颜色、隐藏和显示切片标记。
- 优化设置：对话框的右侧为进行优化设置的区域。在【预设】下拉列表中可以根据对图片质量的要求设置不同的优化格式。不同的优化格式，其下的优化设置选项也会不同，图 13-77 所示分别为设置 "GIF" 格式和 "JPEG" 格式所显示的不同优化设置选项。

对于 "GIF" 格式的图片来说，可以适当设置 "损耗" 和减小 "颜色" 数量来得到较小的文件，一般设置不超过 "10" 的损耗值即可；对于 "JPEG" 格式的图片来说，可以适当降低图像的 "品质" 来得到较小的文件，一般设置为 "40" 左右即可。如果图像文件是删除了 "背景" 层而包含有透明区域的图层，在【杂边】下拉列表中可以设置用于填充图像透明图层区域的背景色。

- 【图像大小】分组框：修改对应参数，可以根据需要自定义输出图像的大小。
- 查看图像下载时间：在对话框的左下角显示了当前优化状态下图像文件的大小及下载该图片时所需要的下载时间。

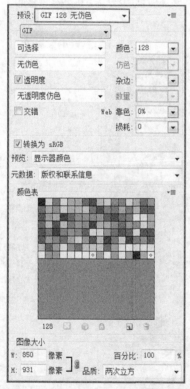

图 13-77　优化设置选项

所有选项设置完成后，可以通过浏览器查看效果。在【存储为 Web 所用格式】对话框左下角设置好【缩放级别】选项后，单击右边的 按钮即可在浏览器中浏览该图像效果，如图 13-78 所示。

关闭该浏览器，单击 存储...... 按钮，弹出【将优化结果存储为】对话框，如果在【格式】下拉列表中选择【HTML 和图像】选项，则文件存储后会把所有的切片图像文件保存并同时生成一个 "*.html" 网页文件；如果选择【仅限图像】选项，则只会把所有的切片图像文件保存，而不生成 "*.html" 网页文件；如果选择【仅限 HTML】选项，则保存一个 "*.html" 网页文件，而不保存切片图像。

图 13-78　在浏览器中浏览图像效果

13.4 习题

1. 网站主页版面设计主要包括哪些基本内容?
2. 设计网站背景时应该注意哪些问题?
3. 如何设计网站的页眉?
4. 图像切片主要有哪些基本类型?
5. 通常将网页图片存储为哪些典型格式?